全球生态环境遥感监测

2014

年度报告

廖小罕 施建成 等 编著

科学出版社

北京

内 容 简 介

"全球生态环境遥感监测年度报告"旨在利用全球的多源卫星遥感数据,遴选合适的主题与要素,针对与全球生态环境、人类可持续发展密切相关的热点、问题要素进行动态监测,形成一系列全球、热点区域和全国的生态环境遥感数据产品,完成全球范围、热点区域和全国不同时间尺度、不同空间分辨率的生态环境遥感监测和评价,编制基于遥感信息的全球、热点区域和全国生态环境分析的年度评估报告。年报重点关注当前全球生态环境热点地区,热点问题以及与人类可持续发展密切相关的生态环境要素变化动态,正在逐步形成较为全面的监测体系,力求从生态、环境、社会、人文等多个层面反映全球生态环境变化的状态。

本书集成了2014年度报告的四个专题报告,包括全球大宗粮油作物生产形势、全球大型国际重要湿地、中国-东盟区域生态环境状况和非洲土地覆盖专题内容,致力于为各国政府、研究机构和国际组织的环境问题研究和环境政策制定提供依据,同时也为全世界关注环境问题的团体与个人提供新的全球视角和应用服务。这些报告及数据产品可在国家综合地球观测数据共享平台网站(http://www.chinageoss.org/gee/2014/)免费获取,欢迎各研究机构、政府部门和国际组织下载使用。

审图号:GS(2015)1339号

图书在版编目(CIP)数据

全球生态环境遥感监测2014年度报告/廖小罕等编著.-北京:科学出版社,2015.12

ISBN 978-7-03-045958-9

Ⅰ.①全… Ⅱ.①廖… Ⅲ.①环境遥感—应用—生态环境—全球环境监测—研究报告—2014 Ⅳ.①X835

中国版本图书馆CIP数据核字(2015)第241923号

责任编辑:苗李莉 李 静 朱海燕/责任校对:钟 洋
责任印制:肖 兴/封面设计:图阅社

科 学 出 版 社 出版

北京东黄城根北街16号
邮政编码:100717
http://www.sciencep.com

中国科学院印刷厂 印刷

科学出版社发行 各地新华书店经销

*

2015年12月第 一 版 开本:889×1194 1/16
2015年12月第一次印刷 印张:20 1/2
字数:590 000

定价:258.00元
(如有印装质量问题,我社负责调换)

全球生态环境遥感监测2014年度报告

编写委员会

主 任	廖小罕	国家遥感中心
	施建成	遥感科学国家重点实验室／中国科学院遥感与数字地球研究所、北京师范大学
副主任	李加洪	国家遥感中心
	牛 铮	遥感科学国家重点实验室／中国科学院遥感与数字地球研究所、北京师范大学
	吴炳方	中国科学院遥感与数字地球研究所
	牛振国	中国科学院遥感与数字地球研究所
	宫 鹏	清华大学
	柳钦火	中国科学院遥感与数字地球研究所
	张松梅	国家遥感中心

《全球大宗粮油作物生产形势》报告编写组

组　　长：吴炳方

成　　员：（按贡献大小排列）

张　淼　曾红伟　闫娜娜　René Gommes　邹文涛　张　鑫　郑　阳

邢　强　于名召　常　胜　朱伟伟　Jiratiwan Kruasip　Mrinal Singha

Anna van der Heijden

责任专家：田国良　王纪华　王鹏新

《全球大型国际重要湿地》报告编写组

组　　长：牛振国

成　　员：（按贡献大小排列）

张海英　牛　铮　陈克林　杨桂山　刘纪远　张怀清　刘　爽　邢丽玮

宫　宁　许盼盼　张镱锂　吕宪国　田国良　刘　闯　千怀遂　刘红玉

齐述华　王野乔　高志海　张松梅　张　景　范贝贝　欧阳晓莹

责任专家：陈克林　张怀清

《中国－东盟区域生态环境状况》报告编写组

组　　长：柳钦火

成　　员：（按贡献大小排列）

仲　波　彭菁菁　李增元　付俊娥　赵　静　贾　立　张海龙　吴炳方

庞　勇　辛晓洲　李　静　胡光成　邹文涛　路京选　徐保东　胡　添

程志楚　曲　伟　张　淼　吴善龙　郑超磊　蒙诗栎　卢　麾　张志玉

汪　伟　曾也鲁　历　华　闻建光　杜永明　李　丽　余珊珊　曹　彪

范渭亮　窦宝成　彭志晴　李小军　范闻捷　高　帅　穆西晗　郑　光

李　熙　李海奎　高显连　雷渊才　张　鑫　曾红伟　郑　阳　李　新

刘绍民　晋　锐　马明国

责任专家：田国良　刘高焕　高志海

《非洲土地覆盖专题》报告编写组

组　长：宫　鹏

成　员：（按贡献大小排列）

　　　　俞　乐　　王　杰　　李丛丛　　冯多乐　　赵圆圆　　袁　翠　　辛秦川　　王　琪

　　　　徐　南　　胡腾云　　李雪草　　李智彪　　李雪冬　　陈　爽　　李梦娜　　郭　京

　　　　黄从红　　詹智成　　聂耀昱　　王晓昳　　徐　波　　李婉静　　Kwame Hackman

责任专家：张镱锂　　张增祥

全球生态环境遥感监测2014年度报告工作专家组

组　长：郭华东

副组长：廖小罕　　李加洪　　牛　铮

成　员：（按姓氏汉语拼音排序）

　　　　曹春香　　陈　军　　陈克林　　高志海　　宫　鹏　　李秀彬　　李增元　　李智彪

　　　　梁顺林　　林明森　　刘　闯　　刘高焕　　刘纪平　　柳钦火　　卢乃锰　　路京选

　　　　吕宪国　　千怀遂　　唐新明　　王　桥　　王纪华　　王鹏新　　王野乔　　吴炳方

　　　　徐　文　　许利平　　张怀清　　张镱锂　　张增祥

全球生态环境遥感监测2014年度报告工作顾问组

组　长：徐冠华

副组长：童庆禧　　郭华东

成　员：（按姓氏汉语拼音排序）

　　　　陈拂晓　　陈镜明　　傅伯杰　　谷树忠　　何昌垂　　金亚秋　　李纪人　　李朋德

　　　　廖小罕　　刘纪远　　孟　伟　　秦大河　　Stephen Briggs　　施建成　　唐守正

　　　　田国良　　王光谦　　吴国雄　　武国祥　　徐希孺　　杨桂山　　姚檀栋　　张国成

　　　　周成虎

在当前全球性生态环境问题日益突出的背景下，中国政府高度重视生态环境的保护和建设，提出了生态文明建设的战略目标，在科学研究、政策制定和行动落实等层面动员和集聚了大量社会资源，致力于中国和全球生态环境的研究和保护。作为重要的技术保障措施，中国逐步建立了气象、资源、环境和海洋等地球观测卫星及其应用系统，其观测能力很大程度上满足了中国在环境、资源和减灾等方面对地球观测数据的需要。同时，作为国际地球观测组织（GEO）的创始国和联合主席国，通过GEO合作平台，中国正在努力向世界开放共享其全球地球观测数据，提供相关的信息产品和服务。

为积极应对全球变化，在中国参加GEO工作部际协调小组的领导和财政部的支持下，科学技术部（以下简称"科技部"）于2012年启动了全球生态环境遥感监测年度报告工作。为保证年度报告工作的高效组织和报告质量，国家遥感中心（GEO中国秘书处）与遥感科学国家重点实验室通过共同组建生态环境遥感研究中心，建立起了年度报告工作的长效机制，跨部门组织国内优势科研团队参与年度报告数据的生成和编写，分别成立了顾问组、专家组和编写组，从组织、人力和技术上保障了年度报告工作的有序、高效开展。2013年5月，科技部首次向国内外正式公开发布了《全球生态环境遥感监测2012年度报告》，这是我国遥感科技界第一次向全球发出中国的声音，产生了广泛和良好的影响，被誉为开创性工作。此后，确定了将每年的世界环境日（6月5日）作为年度报告的发布时间，以引起全社会更多人对环境保护的重视，让公众了解中国遥感科技界为解决全球生态环境问题所做的工作。

2014年度报告继续关注全球生态环境热点问题以及热点区域，在前两年报告的基础上进一步继承和创新，重点选择了全球大宗粮油作物生产形势、全球大型国际重要湿地、非洲土地覆盖和中国-东盟区域生态环境状况四个专题。去年发布的全球大宗粮油作物生产形势专题报告得到了联合国粮农组织（FAO）和国际地球观测组织（GEO）的高度关注，本年度的专题报告还增加了季报的在线发布，及时客观地反映了全球不同国家和地区的农业生态环境状况和大宗粮油作物生产形势，增强了全球粮油信息透明度，对保障全球粮油贸易稳定与粮食安全具有重要作用。今年将湿地这一极具重要生态功能和服务价值的指标纳入本年度报告，这是国际上首次利用遥感技术在全球范围内对大型国际重要湿地的状况及变化进行监测分析，体现了中国在保护国际重要湿地方面所作的贡献，得到了湿地国际组织（Wetlands International）的高度赞许。此外，本年度报告第一次针对热点地区的生态环境状况开展遥感综合监测。非洲地表覆盖专题报告是GEO四个联合主席国（中国、南非、欧盟及美国）通力合作的结果，对促进中非合作、增进对非洲的进一步了解具有重要意义。中国-东盟是全球第三大自由贸易区和世界经济发展的引擎，又是21世纪海上丝绸之路的关键枢纽。中国-东盟区域生态环境专题报告监测该区域在经济和社会发展中带来的生态环境问题，对中国-东盟自贸区的建设和"一带一路"合作倡议的推进具有十分重要的意义。专家认为2014年报采用的遥感数据现势性强，技术方法可靠，内容对全球生态与粮食安全和环境政策等具有重要参考价值，是我国遥感界对全球生态环境研究所作的实质贡献。

2014年度报告注重吸收国家863计划地球观测与导航技术领域，以及相关部门的最新科研成果。年报除使用国外卫星遥感数据外，还充分利用了中国的气象、环境、资源等系列卫星连续观测数据，保障了年度报告工作的顺利开展。本年度举行各类研讨、咨询和评审会30余次，涉及相关领域知名专家近400人次，确保了报告的科学性。依托年报工作生产的全球数据产品均同步公开发布并提供网络下载服务。

开展全球生态环境遥感监测年度报告工作是一项长期而艰巨的任务，今后将在保持继承性的基础上，进一步关注全球生态环境热点，扩展全球生态环境持续监测的内容，加强对现有数据产品的验证与完善，每年选择合适的专题形成报告向全球发布，致力于为各国政府、研究机构和国际组织的环境问题研究和制定环境政策提供依据，同时也为全世界关注环境问题的团体与个人提供新的全球视角和应用服务。

国家遥感中心
2015年6月

目　录

前言

目　录

第三部分　中国–东盟区域生态环境状况

目　录

第四部分　非洲土地覆盖专题

目　录

第一部分
全球大宗粮油作物生产形势

全球生态环境遥感监测

2014 年度报告

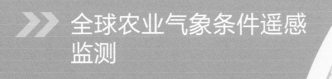

》 全球农业气象条件遥感
   监测

》 全球大宗粮油作物主产区
   农情遥感监测

》 中国大宗粮油作物主产区
   农情遥感监测

》 全球大宗粮油作物产量
   与供应形势分析

全球生态环境
遥感监测
2014
年度报告

一、引　言

1.1　背景与意义

粮油作物及其产品是人类生存的物质基础，事关国家的经济、政治和社会安全。在《全球生态环境遥感监测2013年度报告——大宗粮油作物生产形势》发布的基础上，2014年度报告继续关注大宗粮油作物长势及生产形势，监测作物包括全球产量最高的玉米、小麦和水稻三种谷物，以及全球最重要的油料作物大豆。

遥感技术是在全球范围实现宏观、动态、快速、实时、准确的生态环境动态监测不可或缺的手段，已广泛应用于大宗粮油作物长势监测与产量估测。中国科学院遥感应用研究所（遥感与数字地球研究所前身）于1998年建立了全球农情遥感速报系统（CropWatch）。该系统以遥感数据为主要数据源，以遥感农情指标监测为技术核心，仅结合有限的地面观测数据，构建了不同时空尺度的农情遥感监测多层次技术体系，利用多种原创方法及监测指标及时客观地评价粮油作物生长环境和大宗粮油作物生产形势，已经成为地球观测组织/全球农业监测计划（GeoGLAM）的主要组成部分。CropWatch以全球验证为精度保障，实现了独立的全球大范围的作物生产形势监测与分析，和欧盟的MARS及美国农业部的Crop Explorer系统并称为全球三大农情遥感监测系统，为联合国粮农组织农业市场信息系统（AMIS）提供粮油生产信息。

本书利用多源遥感数据，基于CropWatch对2014年度全球农业气象条件、全球农业主产区粮油作物种植与胁迫状况，以及全球粮食生产形势进行监测和分析，报告中的数据独立客观地反映了2014年全球不同国家和地区的大宗粮油作物生产状况。年报对增强全球粮油信息透明度，保障全球粮油贸易稳定与全球粮食安全具有重要参考价值。

本书基于2014年《全球农情遥感速报》四期季报撰写完成，季报已通过纸质版和CropWatch网站（http://www.cropwatch.com.cn/）发布，网站上还提供了大量详细的数据产品和方法介绍。

1.2　数据与方法概述

全球大宗粮油作物生产形势遥感监测所使用的遥感数据包括中国环境与减灾监测预报小卫星星座（HJ-1）A、B星和高分一号（GF-1）、资源一号（ZY-1）02C星、资源三号（ZY-3）、风云二号（FY-2）、风云三号（FY-3）气象卫星，以及美国对地观测计划系统的陆地星和海洋星的中分辨率成像光谱仪（MODIS）、热带测雨卫星（TRMM）数据。分析过程中所使用的参数数据包括归一化植被指数（NDVI）、气温、光合有效辐射

（PAR）、降水量、植被健康指数（VHI）、潜在生物量等，在此基础上采用农业气象指标、复种指数（CI）、耕地种植比例（CALF）、最佳植被状况指数（VCIx）、作物种植结构、时间序列聚类分析，以及NDVI过程监测等方法进行四种大宗粮油作物（玉米、小麦、水稻和大豆）的生长环境评估、长势监测及生产与供应形势分析。附录对以上各数据产品、方法以及本书的监测期进行了定义与介绍，对本书所使用空间单元的定义、各遥感指标的详细介绍和产品示例请参阅CropWatch网站的在线资源部分。

1.3　监测期

除特别说明外，本书的监测时间范围均为2014年1月～2015年1月。动态监测时将全年分为四个监测期（1～4月、4～7月、7～10月和10～次年1月），农业气象指标监测期分为2014年全年、2014年4～10月（北半球秋收作物生育期和南半球夏收作物生育期）以及2013年10月～2014年6月（北半球夏收作物生育期以及南半球秋收作物生育期）三个时间段，监测时段的设置与南北半球作物物候期和主要生育期相对应。此外，年报还对2015年1～5月北半球冬小麦生产形势进行监测和预测。

遥感获取的农业气象指标（包括降水量、气温和PAR）及VHI的历史监测时间范围为2001～2013年，距平对比分析采用的是2014年与2001～2013年的平均值进行比较。

考虑到农业活动对经济社会活动和其他限制指标（如环境胁迫）的动态响应和快速适应，农情遥感指标（包括潜在生物量、NDVI、CALF、VCIx以及CI）的历史监测范围为2009～2013年，距平对比分析是将2014年的指标值与2009～2013年的平均值进行对比。

二、全球农业气象条件遥感监测

农业生态区是本书全球农情分析的大尺度的标准空间单元。基于全球65个农业生态区，对农业环境指标异常的区域进行重点分析。每个环境指标都计算了四个监测期的数值，并与2001~2013年的平均值进行对比。农业生态区的划分及环境指标的计算方法及结果请访问CropWatch网站。

2014年农业气象条件异常变化的区域分布与2013年相比显得更为"支离破碎"，表现出更多小范围农业气象条件的异常现象。

2.1 2014年全年农业气象条件

2014年1~12月全球气温较往年明显偏高，大部分地区较往年偏高0.5℃以上，仅北美中东部与乌拉尔山脉至阿尔泰山脉之间的区域气温偏低（图2-1），良好的温度条件为全年作物生物量积累提供了保障。

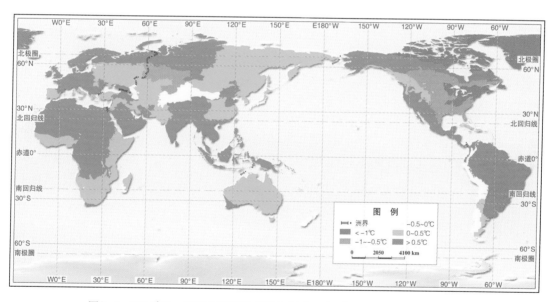

图2-1　2014年1~12月全球平均气温与过去13年（2001~2013年）的距平

2014年1~12月的降水较往年偏少的地区主要出现在南美洲（主要是巴西中北部）、新西兰、南非好望角和朝鲜半岛，降水量偏少20%以上（图2-2）。在这些地区，伴随着降水量的下降，温度小幅上升，光合有效辐射较往年偏高，增幅不超过3%（图2-3）。南

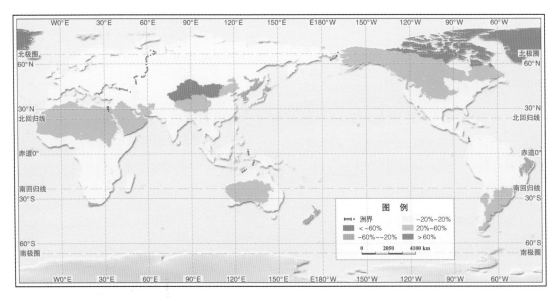

图2-2　2014年1~12月全球降水量与过去13年（2001~2013年）的距平

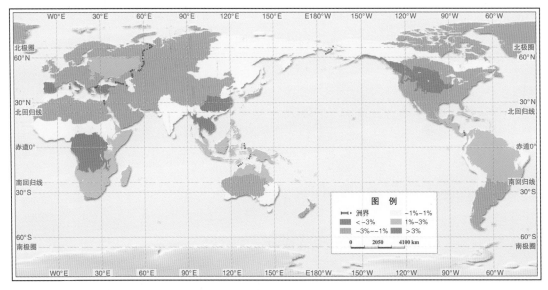

图2-3　2014年1~12月全球光合有效辐射与过去13年（2001~2013年）的距平

美洲的巴西东北部地区（偏少21%，其中，阿拉戈斯偏少42%）、圭亚那、委内瑞拉，以及欧洲的法国等沿海国家和地区降水短缺现象更为显著。

中国西部的新疆（160%）、西藏（127%）和青海（71%）以及吉尔吉斯斯坦（72%）降水充沛，对牧草生长有利。与此临近的周边地区降水量较常年也有一定程度的增加，包括从塔吉克斯坦到俄罗斯阿尔泰边疆区以及蒙古东部；中国的内蒙古、山西和四川等地降水略高于往年平均水平。伴随着降水的增加其云盖增多，导致了这些地区光合有效辐射较往年偏低（图2-3）。

2.2 北半球夏收和南半球秋收作物生育期农业气象条件

2013年10月～2014年6月是北半球夏收作物生育期，也是南半球秋收作物生育期。这一时期气候变化较为频繁，多数气候异常始现于2013年年末，集中出现在2014年年初。其中大范围降水匮乏的地方主要包括美国西海岸（-47%）、北非（-42%，其中，摩洛哥为-57%）、非洲好望角地区（-20%）、东亚（-29%）和大洋洲南部（昆士兰到维多利亚为-21%；纳拉伯至达令河为-29%；新西兰为-43%），其他受影响的地区主要分布在上述地区的周边临近区域，如中东的黎巴嫩（-60%）和叙利亚（-37%）（图2-4）。

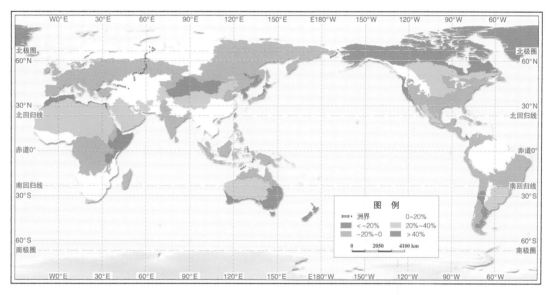

图2-4　2013年10月～2014年6月全球降水量与过去13年（2001～2013年）的距平

2014年1～4月农业气象条件的变化较为频繁。在这一时期，加拿大和美国的温度显著低于平均温度（图2-5）。除北美地区大范围低温外，寒冷的气候条件同样影响到印度的古吉拉特邦和旁遮普邦，以及相邻的中亚诸国，低温的影响甚至向西扩展到里海和地中海的东侧地区。温度偏高的地区覆盖了欧亚大陆的大部分地区，从日本北部到中国东部一直延伸到西欧，其中，欧洲大部分地区高于平均温度1～2℃。澳大利亚东部和巴西的东北部地区气温同样高于平均水平。在中美洲和南美洲北部、东北亚地区、中亚东部、新西兰和澳大利亚西南、东非，偏高的气温常伴随着不同程度的降水匮乏。干旱的气候条件出现在地中海南侧和东侧，这些地区自2013年年底一直延续少雨的天气特征。遥感监测获得的农情信息证实了农业气象指数反映的情况。在中欧和俄罗斯西部地区，伴随着温度的提高和作物物候期的提前，作物种植面积显著增加。VCIx作为指示植被长势状况的指标，其最高值出现在中欧和俄罗斯西部主产区的西部，高达0.98（波兰）。欧洲西部主产区内，大部分国家作物长势良好，作物种植面积保持平均水平。中亚农业主产区中，巴基斯坦和哈萨克斯坦的温度条件均低于平均水平，作物长势总体接近于平均水平。

7

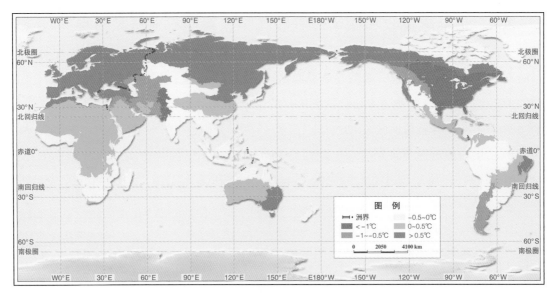

图2-5 2014年1～4月全球平均气温与过去13年（2001～2013年）的距平

2.3 北半球秋收和南半球夏收作物生育期农业气象条件

2014年4～10月是北半球秋收作物生育期，也是南半球夏收作物生育期。美国中北部和加拿大降水偏多，其中爱荷华州和内布拉斯加州降水量分别高出平均水平83%和73%（图2-6），光合有效辐射偏低3%，在局部地区（艾奥瓦州、明尼苏达州、威斯康星州、南达科他州和北达科他州）低于平均水平约5%（图2-7）。

在欧洲东南部，秋收作物收割伴随着来年夏收作物播种前的翻耕活动，马其顿、塞尔维亚、土耳其、克罗地亚、匈牙利和其临近地区的多雨寡照天气导致光合有效辐射偏低约5%（在保加利亚和黑山更甚）。一方面，过量的降水对冬季作物播种前的翻耕不利，大型机械深陷泥潭，无法进行正常的翻耕作业；另一方面，充足的降水为2015年夏收作物的生长创造了有利的土壤墒情条件。

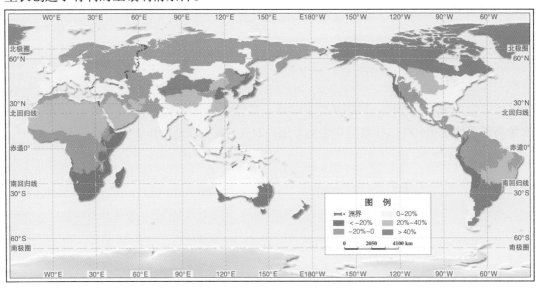

图2-6 2014年4～7月全球降水量与过去13年（2001～2013年）的距平

中国南部和东南沿海地区，包括福建、浙江、江西、湖南和贵州等省份，降水多出平均水平约30%，这些地区光合有效辐射略偏低，气温较平均水平偏高约1℃。

2014年4～7月降水不足的地区主要分布在东亚，其中，日本和朝鲜半岛的降水量显著低于平均水平（分别偏低34%和50%）。中国黄土高原地区、东北地区和华北平原降水也低于平均值，其中，降水量显著偏低的地区主要包括山东（-31%）、河南（-25%）、山西（-22%）、辽宁（-21%）和湖北（-16%）。降水的短缺与偏高的气温共同导致这些地区发生旱情，影响秋粮作物生长与产量形成。印度部分地区（主要包括旁遮普邦、古吉拉特邦、果阿邦和喀拉拉邦）也同样出现旱情。

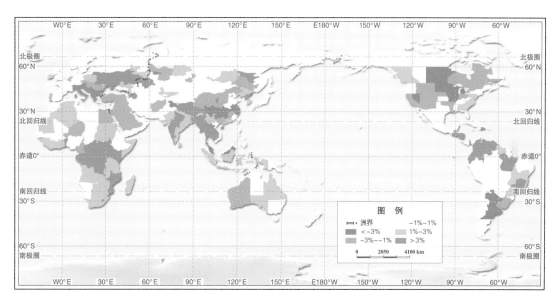

图2-7 2014年4～10月全球光合有效辐射与过去13年（2001～2013年）的距平

俄罗斯东部和中亚（哈萨克斯坦和乌兹别克斯坦）也存在一定程度的降水匮乏，这一地区降水量低于平均水平20%～50%。相比于1～4月，塔吉克斯坦、吉尔吉斯斯坦、中国的甘肃和新疆等地区干旱有所缓和。内蒙古周边地区降水高于平均水平，有利于当地农作物的生长。

在欧洲中南部和美洲，特别是南美地区，充足的降水对作物生长有利。南美主产区降水量高于平均水平50%，导致潜在生物量偏高24%，表明该地区作物生产形势良好。

2014年7～10月，全球大部分地区平均气温高于近13年同期平均水平（图2-8）。统计结果显示，南美洲南部和中部地区遭受了极端热浪的影响（温度分别偏高2.0℃和2.4℃，巴拉圭偏高2.6℃），同时降水量也超过平均水平15%～25%。偏高的气温可能会影响到作物生长，但并不会对单产造成显著影响。北美洲西海岸温度异常偏高2.6℃，降水偏高12%，光合有效辐射略低于平均水平。

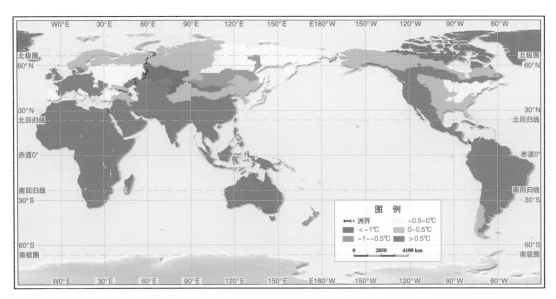

图2-8 2014年7~10月全球平均气温与过去13年（2001~2013年）的距平

在欧洲和亚洲的一些地区，从地中海到西伯利亚西部降水量偏低（−25%~−5%），均遭受了一定程度的干旱影响；在南半球的澳大利亚南部及北部地区、新西兰、南非开普敦西部、博茨瓦纳和斯威士兰，降水量偏低40%以上（图2-9），遭遇了更为严重的干旱。

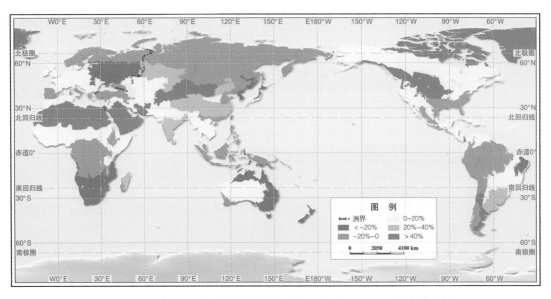

图2-9 2014年7~10月全球降水量与过去13年（2001~2013年）的距平

美国北部大平原（61%）、蒙古（255%）、中国的甘肃和新疆（198%）、乌兹别克斯坦（175%）、吉尔吉斯斯坦（181%）和塔吉克斯坦（311%）的降水量异常充沛。尽管强降水可能会带来一些潜在的灾害，但是充沛的降水会有效地补充土壤水分，非常有利于这一地区农牧业和冬季作物的生长。

三、全球大宗粮油作物主产区农情遥感监测

针对各大洲粮食主产区，综合利用农业气象条件指标和农情指标（最佳植被状况指数、种植耕地比例和复种指数）分析作物种植强度与胁迫在作物生育期内的变化特点，阐述与其相关的影响因子。

全球大宗粮油作物主产区分布如图3-1所示，包括非洲西部主产区、南美洲主产区、北美洲主产区、南亚与东南亚主产区、欧洲西部主产区、欧洲中部与俄罗斯西部主产区、澳大利亚南部主产区等全球七个洲际主产区，以及中国大宗粮油作物主产区。全球七个洲际农业主产区的筛选是基于全球各国的大宗粮油作物总产量，以及玉米、水稻、小麦和大豆四种作物种植面积的分布确定的，七个农业主产区覆盖了全球最重要的农业种植区。本章重点介绍全球七个洲际主产区的农情监测结果，中国大宗粮油作物主产区的分析详见报告第四部分。

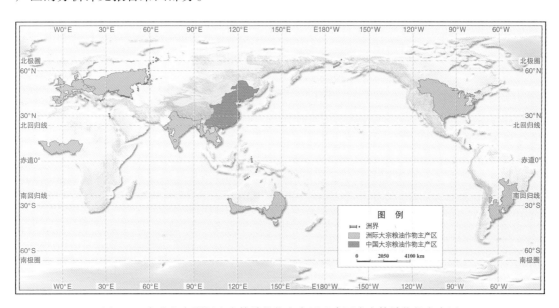

图3-1 全球七个洲际大宗粮油作物主产区及中国大宗粮油作物主产区

2014年南美洲主产区、南亚和东南亚主产区的复种指数超过了150%。大部分以冬季作物为主的国家，复种指数接近于120%。高纬度地区（如俄罗斯部分地区）多为一年一熟制作物，复种指数约为100%。受适宜的农业气象条件影响，南美洲主产区和澳大利亚南部主产区的复种指数小幅上升约2%；欧洲西部主产区（-6%）和南亚与东南亚主产区（-7%）复种指数显著下降。全球大部分农业主产国的复种指数变化不大，但柬埔寨、菲律宾和英国受极端农业气象条件的影响，复种指数分别下降约18%、14%和13%。南美

洲、北美洲和澳大利亚南部主产区耕地种植比例分别增加8%、4%和12%，耕地种植比例增加最为明显的地区是南美洲的阿根廷和巴西，其作物种植比例均提高了10%以上。

3.1 非洲西部主产区

非洲西部农业主产区大部分地区降水接近于平均水平，全区年降水量总体略高于多年平均水平（约7%）（表3-1）。1～4月降水低于平均水平的区域发生在主产区西部，其中利比里亚降水量偏低42%，塞拉利昂降水量偏低26%。4～7月，主产区南部和西部大部分区域农作物开始种植，遥感监测显示该区域降水略显不足，但潜在生物量总体仍高于近5年平均水平，仅科特迪瓦中北部和尼日利亚零星地区生物量偏低，主要是因为北部区域雨季开始时间异常所致（图3-2）。7～10月总体上降水与平均水平持平，高于平均水平的区域主要分布在最东部的3个国家（加纳偏多24%，尼日利亚偏多55%和塞拉利昂偏多19%）。该区北部虽然有洪水发生，但是充足的降水一方面为水库蓄水，另一方面也改善了土壤墒情，有利于作物生长。

表3-1　2014年非洲西部主产区的农业气象指标

时段	降水量		温度		光合有效辐射		潜在生物量
	当前值／mm	距平／%	当前值／℃	距平／℃	当前值／（MJ/m²）	距平／%	距平／%
4～10月	1143	5	27.7	0.5	1614	1	−4
1～12月	1472	7	27.8	0.5	3369	−1	5
10～6月	746	7	27.9	0.0	2646	−1	−11

注：10～6月代表2013年10月～2014年6月。

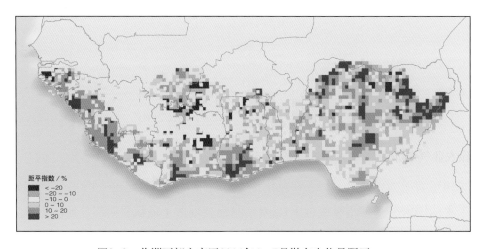

图3-2　非洲西部主产区2014年4～7月潜在生物量距平

受农业气象条件综合影响，2014年非洲西部主产区耕地种植比例总体低于近5年平均水平，仅4～7月的耕地种植比例较近5年平均水平偏高1.9%；全年复种指数可能受埃博拉疫情的影响，较近5年平均水平偏低4%（表3-2），主产区南部区域种植一年两熟制作物（图3-3）。该区域虽然是作物主产区，但以种植根和块茎类作物为主，仅部分地区种植双季玉米。尽管主产区内耕地种植比例总体下降，复种指数也低于平均水平，但较高的最佳植被状态指数监测结果表明，该主产区内作物长势总体良好，没有发生显著的异常。

表3-2　2014年1月～2015年1月非洲西部主产区的农情指标

时段	耕地种植比例		最佳植被状况指数	复种指数	
	当前值	距平 / %	当前值	当前值 / %	距平 / %
1～4月	0.70	-1.6	0.75		
4～7月	0.98	1.9	0.80	124	-4
7～10月	0.84	-1.1	0.81		
10～1月	0.82	-1.3	0.85		

注：10～1月代表2014年10月～2015年1月。

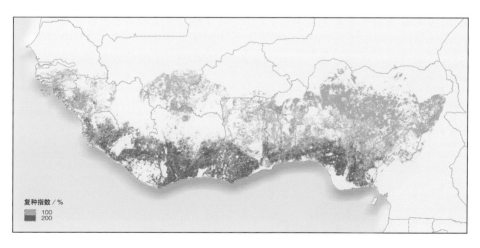

复种指数 / %
■ 100
■ 200

图3-3　非洲西部主产区2014年复种指数

除农业气象条件影响外，该区域还遭受了新的、持续的紧急突发事件的影响，如2014年5月在塞拉利昂、几内亚和利比里亚等国家暴发的埃博拉疫情，妨碍了农事活动以及农业生产投入要素的获取和使用，同时也影响到边境地区人员往来和货物的交易，对农业生产产生了一定的影响。南部和西部受埃博拉疫情影响更加严重。

世界粮农组织（FAO）和世界粮食计划署（WFP）最近评估了该区域粮食安全形势，指出该区域遭受严重营养不良的人口数量估计为200万，局部地区粮食短缺现象可能更严重。

3.2 南美洲主产区

2014年南美洲农业主产区农业气象条件总体上有利于作物发育和产量的形成。2014年全年降水量高出平均水平15%，为农作物生长提供了充足的水分条件；全年平均气温为22.1℃，较多年平均气温偏高1.1℃；光合有效辐射处于正常水平（表3-3）。其中，4~10月的降水量显著偏高，但因该时期内秋收作物基本收割，因此过多的降水并未对作物产生显著影响，反而为9月之后小麦的生长提供了适宜的土壤墒情。主产区内秋收作物生育期内（2013年10月~2014年6月）农业气象条件正常，降水量、平均气温和光合有效辐射量较平均水平略偏高，共同造成了潜在生物量偏高9%。

表3-3　2014年南美洲主产区的农业气象指标

时段	降水量		温度		光合有效辐射		潜在生物量
	当前值/mm	距平/%	当前值/℃	距平/℃	当前值/（MJ/m²）	距平/%	距平/%
4~10月	635	44	19.7	1.4	1267	-3	29
1~12月	1711	15	22.1	1.1	3188	1	9
10~6月	1382	6	22.5	0.4	2520	2	9

注：同表3-1。

从年内降水量和平均气温聚类分析图和聚类类别曲线图来看（图3-4、图3-5），主产区内的农业气象条件时空分布并不均衡。阿根廷境内主产区全年温度距平和降水量距平呈现相似的变化趋势：8月之前，温度始终处于平均温度上下小幅波动；8月中旬至11月，温度持续偏高，部分地区出现旱情，对秋粮作物生长产生一定的不利影响；降水量在6月上旬和9月下旬明显偏高。主产区内其他地区空间差异显著，巴拉圭南部地区、巴西的戈亚斯州和米纳斯吉拉斯州部分时段降水量显著偏少，加之8月之后大部分地区温度偏高，导致巴西境内从南马托格罗索州北部到圣保罗州在8月发生局部旱情。

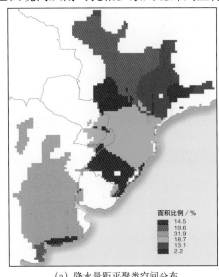

面积比例/%
14.5
19.6
31.9
18.7
13.1
2.2

(a) 降水量距平聚类空间分布

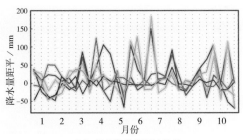

(b) 相应聚类类别过程线

图3-4　南美洲主产区降水量距平聚类空间分布及相应的聚类类别过程线

(a) 图不同颜色覆盖区域的距平变化过程分别对应着 (b) 图中相应颜色的变化曲线；相同颜色覆盖区域内各像元的
距平变化过程相似；(a) 图中面积百分比表示各颜色对应类别的面积占主产区耕地总面积比例

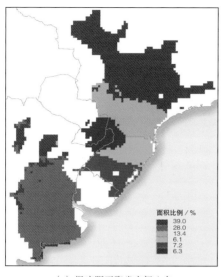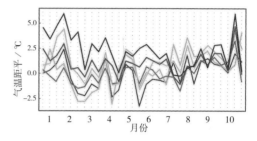

(a) 温度距平聚类空间分布　　　　　　(b) 相应聚类类别过程线

图3-5　南美洲主产区温度距平聚类空间分布及相应的聚类类别过程线

同图3-4

　　1～4月，主产区内作物长势总体良好，仅布兰卡港临近区域的最佳植被状况指数相对其他地区偏低，低于0.8（表3-4）。受降水偏少等不利天气因素影响，偏低的最佳植被状况指数和植被健康指数零散分布在巴西南部的马托格罗索州、戈亚斯州和米纳斯吉拉斯州；4～7月，作物长势总体正常；7月之后，虽然降水量总体正常，但受持续高温天气影响，主产区内部分地区仍然出现旱情，受旱情胁迫影响最严重的地区为阿根廷潘帕斯草原中部地区和巴西境内南马托格罗索州北部到圣保罗州等局部地区，全区约60%的耕地最佳植被状况指数低于0.8，部分地区甚至低于0.5（图3-6），最佳植被状况指数较低的区域多数处于冬闲阶段。

表3-4　2014年1月～2015年1月南美洲主产区的农情指标

时段	耕地种植比例		最佳植被状况指数	复种指数	
	当前值	距平 / %	当前值	当前值 / %	距平 / %
1～4月	0.99	0.0	0.86		
4～7月	0.97	1.2	0.86	169	2
7～10月	0.90	4.0	0.71		
10～1月	0.82	-1.0	0.86		

注：同表3-2。

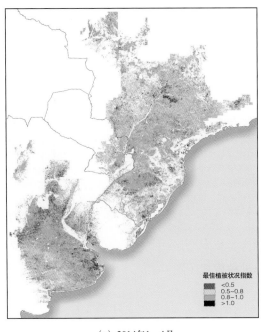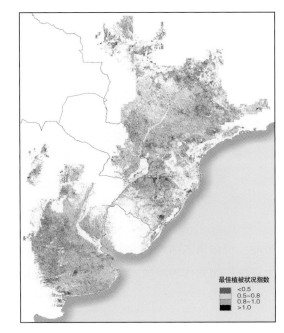

(a) 2014年1~4月　　　　　　　　　　　　　　(b) 2014年7~10月

图3-6　南美洲主产区最佳植被状况指数分布

　　2014年阿根廷作物长势总体良好，作物生长过程线总体超过去年和近5年平均水平，部分时段甚至超过近5年最佳水平（图3-7）。4~7月，降水量显著高于平均水平，对已经完成播种的冬小麦出苗和生长有利，阿根廷冬小麦长势显著偏好，物候期也有一定的提前，为冬小麦增产提供了前期保障。但8月之后，主产区持续的高温（较平均气温偏高2℃以上）导致小麦灌浆阶段缩短，加速了小麦成熟，从而对小麦主要产区的单产累积不利。

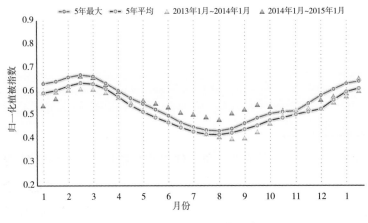

图3-7　阿根廷作物生长过程线

南美洲主产区的耕地种植比例总体较高，全年不同时段的监测结果显示主产区耕地种植比例始终高于90%（表3-4），受良好的农业气象条件影响，全年耕地种植比例均高于近5年平均水平，其中7～10月未种植耕地面积较大，达到主产区耕地面积的10%，未种植耕地零散分布在潘帕斯草原中部，该地区前一生长季的大豆于5月底收获完毕，而下一生长季作物至10月底尚未出苗，耕地处于冬闲阶段。2014年10月～2015年1月，由于冬小麦已完成收割，无作物种植的耕地占耕地总面积的18%，耕地种植比例较近5年同期下降约1%；但2014年年底的降水对秋收作物（主要是玉米和大豆）的生长和籽粒灌浆有利，最佳植被状况指数达到0.86，好于近5年的平均水平。

主产区平均复种指数为169%，较近5年平均水平提高2%。其中，巴拉圭南部和巴西南部（包括南大河州、圣卡塔琳娜州和巴拉那州），以及布宜诺斯艾利斯省中部地区主要为双季作物轮作种植模式，其余地区多采用单季种植模式（图3-8）。

图3-8　南美洲主产区复种指数

3.3　北美洲主产区

2014年，北美洲粮食主产区的农业气象条件与过去多年平均水平基本持平，降水量偏多7%，温度偏低0.8℃，光合有效辐射偏低2%（表3-5）。但就年内变化而言，北美粮食主产区的农业气象条件变化剧烈，极端低温、旱灾与洪涝灾害相继发生，对这一地区农作物的生长带来了不利影响。

表3-5　2014年北美主产区的农业气象指标

时段	降水量		温度		光合有效辐射		潜在生物量
	当前值／mm	距平／%	当前值／℃	距平／℃	当前值／（MJ/m²）	距平／%	距平／%
4～10月	692	21	19.8	-0.1	1833	-3	9
1～12月	1073	7	11.4	-0.8	2779	-2	8
10～6月	759	6	7.4	-1.3	1884	-2	0

注：同表3-1。

　　北美洲夏收作物生育期内（2013年10月～2014年6月），降水量为759mm，与过去13年相比偏高6%，但是降水距平聚类分析结果表明（图3-9），5月上旬至6月上旬在冬小麦主产区降水量明显减少，如堪萨斯州的距平百分比为-11%，俄克拉荷马州距平百分比为-21%，得克萨斯州距平百分比为-10%。此外，加利福尼亚州（-43%）、俄勒冈州（-39%）、华盛顿州（-36%）等也遭遇严重旱情。在降水显著减少的同时，5月中下旬至6月上旬，北美大部分区域经历一次明显的增温过程（图3-10），夏粮作物水分胁迫加剧，对产量造成不利影响。2014年4～7月的北美最佳植被状态指数（VCIx）空间分布表明（图3-11），得克萨斯州、俄克拉荷马州以及堪萨斯州部分地区的VCIx为0.5～0.8，部分地区的VCIx甚至低于0.5，进一步佐证了旱情对夏粮作物的不利影响。在此监测期内，加拿大南部的萨斯喀彻温省、艾伯塔省与曼尼托巴省的降水量分别偏高45%、31%与48%，土壤墒情的改善有利于该地区秋粮作物的播种与生长。

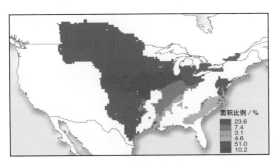

（a）降水量距平聚类空间分布

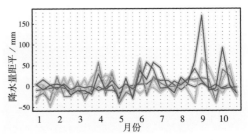

（b）相应聚类类别过程线

图3-9　北美洲主产区降水量距平聚类空间分布及相应的聚类类别过程线

同图3-4

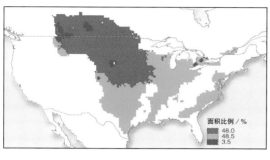

(a) 温度距平聚类空间分布

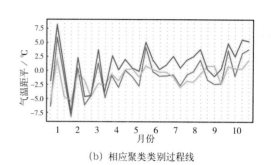

(b) 相应聚类类别过程线

图3-10 北美洲主产区温度距平聚类空间分布及相应的聚类类别过程线

同图3-4

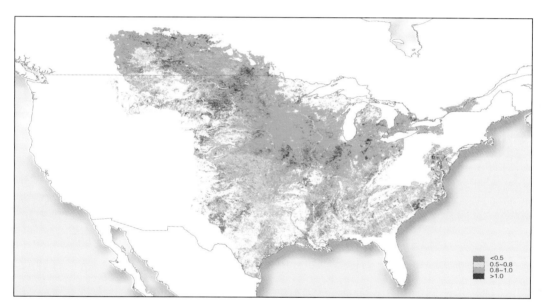

图3-11 北美洲主产区最佳植被状况指数（4～7月）

北美洲秋收作物生育期内（2014年4～10月），降水量为692mm，较往年同期平均水平偏高21%。自6月之后（7～10月），北美粮食主产区降水增加显著，旱情逐步缓解，如堪萨斯州的降水量距平比例为34%，艾奥瓦州降水量距平比例为83%，内布拉斯加州降水量距平比例为73%，伊利诺伊州降水量距平比例为42%。充足的降水不仅消除前期水分胁迫的影响，同时为秋粮，特别是大豆与玉米的生长提供了充足的水分供给。温度与过去13年平均水平相比基本持平，微跌0.1℃。降水增多导致光合有效辐射的减少，如艾奥瓦州的光合有效辐射距平比例为-7%，密歇根州的光合有效辐射距平比例为-5%，伊利诺伊州的光合有效辐射距平比例为-3%，密苏里州的光合有效辐射距平比例为-4%，光合有效辐射的减少在一定程度上削弱了作物的光合作用，从而削弱降水增长对产量的促进作用。图3-12（a）作物长势过程线表明，7～10月，美国作物长势基本与过去五年同期平均水平持平。与此同时，加拿大南部粮食主产区降水持续偏多，如萨斯喀彻温省（57%）、艾伯塔省（33%）与曼尼托巴省（51%），过多的降水一方面导致光合有效辐射的减少，如曼尼托巴省（-4%）与萨斯喀彻温省（-5%）。另一方面引发了较为严重的洪涝灾害，部分秋粮作物损毁严重，图3-12（b）作物长势过程线表明，自7月之后，加拿大作物长势明显不如过去5年以及去年同期平均水平。

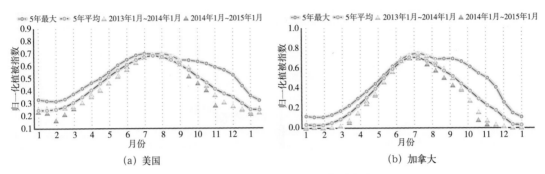

图3-12　美国与加拿大作物生长过程线

2014年1~4月，北美洲粮食主产区遭受低温冻灾的侵袭，如加拿大的曼尼托巴省与萨斯喀彻温省的平均温度分别为-4.8℃和-4.4℃，比多年同期平均水平分别偏低2.9℃与1.8℃；美国的明尼苏达州与北达科他州的平均温度分别为-0.7℃与-1.2℃，与多年同期平均水平相比分别偏低2.5℃与1.7℃，低温导致秋季作物的播种期后延，在此监测期内的耕地种植比例仅为53.2%，与过去5年同期平均水平相比减少8.0%，最佳植被状况指数仅为0.61。4~7月之后，随着温度的逐步回升，作物开始大范围的播种，已种植耕地比例增加为98.6%，与过去5年同期平均水平基本持平，最佳植被状况指数回升至0.86。7~10月，北美大部分地区降水增加，改善了土壤墒情，为秋粮作物的生长创造了良好的条件，耕地种植比例为0.93，与过去5年同期平均水平相比增长8%，最佳植被状况指数进一步增长至0.87。

2014年北美粮食主产区复种指数为121%，与过去5年同期平均水平相比减少2%（表3-6），其中，加拿大、美国玉米与大豆主产区受农业气象条件的影响，只能种植一年一熟制作物，其复种指数为100%；而美国南部部分地区，气候相对温暖湿润，每年可播种两季作物，其复种指数为200%（图3-13）。

表3-6　2014年北美洲主产区的农情指标

时段	耕地种植比例		最佳植被状况指数	复种指数	
	当前值	距平/%	当前值	当前值/%	距平/%
1~4月	0.53	-8	0.61		
4~7月	0.99	-0	0.86	121	-2
7~10月	0.93	8	0.87		
10~1月	0.82	4	0.82		

注：同表3-2。

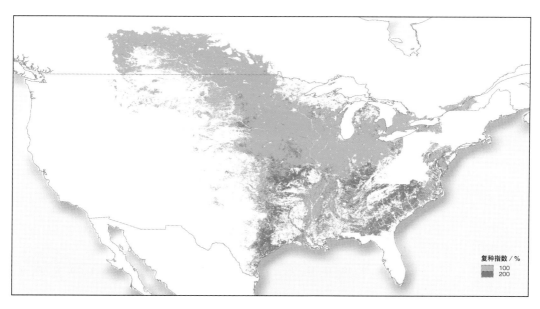

图3-13　北美洲主产区复种指数

3.4　南亚与东南亚主产区

南亚与东南亚农业主产区主要是一年一熟和两熟制，三熟制主要分布在印度西孟加拉邦、红河三角洲和越南的湄公河三角洲地区（图3-14）。水稻是该区的主要作物，小麦和玉米主要种植在印度和缅甸。总体上，孟加拉国、柬埔寨、泰国和越南作物长势较差，而印度、缅甸作物长势接近平均水平。4～7月，耕地种植比例较近5年平均水平偏高5.5%，增幅超过全球其他农业主产区（表3-7）。作物种植区主要分布在印度、孟加拉、缅甸的伊洛瓦底三角洲、越南的红河三角洲和湄公河三角洲、洞里萨湖地区，以及泰国中部和东北地区，未种植的耕地大多分布在印度拉贾斯坦邦北部。

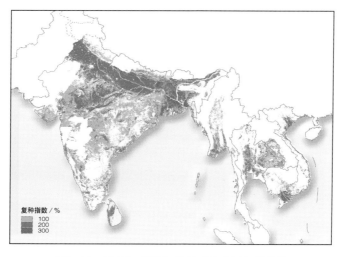

图3-14　2014年南亚与东南亚主产区复种指数

表3-7　2014年1月～2015年1月南亚与东南亚主产区的农情指标

时段	耕地种植比例		最佳植被状况指数	复种指数	
	当前值	距平／%	当前值	当前值／%	距平／%
1～4月	0.88	-1.8	0.84		
4～7月	0.92	5.5	0.73	157	-7
7～10月	0.87	-0.7	0.86		
10～1月	0.87	-0.9	0.85		

注：同表3-2。

2013年10月～2014年6月，主产区最佳植被状况指数高值区域集中在印度西北部地区，低值区域主要分布在印度东南部和主产区的东部。2013年10月～2014年1月对应印度东北部地区冬季作物生长期，植被健康指数呈现先增后减的态势。在印度中央邦，1～4月充沛的降水使得该地区的最佳植被状况指数高于平均水平，作物长势好于平均水平。同期，在印度中北部、马圭地区和缅甸的旱作区，作物长势好于平均水平。

2014年全年降水量高于平均水平8%，温度和光合有效辐射与近年平均水平保持一致（表3-8），主产区大部分地区作物长势好于平均水平。4～10月为主产区的雨季作物生育期，农业气象指标显示同过去13年平均水平相比，降水量增加了9%，温度偏高1.2℃，光合有效辐射增加了3%。空间分布上，印度的古吉拉特邦、拉贾斯坦邦和中央邦在5月降水明显增加，其余大部分国家的降水处于平均水平。可能受到厄尔尼诺的影响，在缅甸的旱作区，泰国的北部与中部，印度西北的旁遮普邦、北方邦、拉贾斯坦邦，以及中央邦地区在4～6月有比较明显的旱情，旱情的发生导致主产区内印度西北区域、缅甸的旱作区作物生长状况较差，最佳植被状态指数较低（小于0.5），最终导致整个主产区4～7月最佳植被状况指数仅为0.73。8月中旬在印度东北部的梅加拉亚邦与西部的阿萨姆邦、孟加拉国的兰朗布尔、达卡，以及锡尔赫特地区出现强降水过程（图3-15）。除8月之外，7～10月主产区总体降水和气温都稳定在平均水平，主产区最佳植被状况指数均值达0.86，作物长势总体较好，在泰国东北部，柬埔寨的班迭棉吉、马德望、暹粒省，以及印度的中央邦等地作物长势明显好于往年。10月，台风"哈德哈德"对印度的安德拉邦和奥里萨邦的农业生产造成了较大影响。

表3-8　2014年南亚与东南亚主产区的农业气象指标

时段	降水量		温度		光合有效辐射		潜在生物量
	当前值／mm	距平／%	当前值／℃	距平／℃	当前值／（MJ/m²）	距平／%	距平／%
4～10月	1430	9	29.1	1.2	1658	3	-7
1～12月	1681	8	25.8	0.6	3206	1	0
10～6月	704	5	24.6	-0.1	2488	1	-15

注：同表3-1。

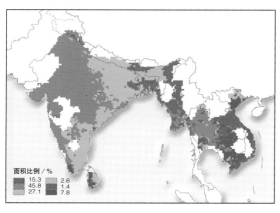
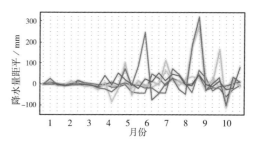

（a）降水量距平聚类空间分布　　　　　　（b）相应聚类类别过程线

图3-15　南亚与东南亚主产区降水量距平聚类空间分布及相应的聚类类别过程线

同图3-4

3.5　欧洲西部主产区

2014年欧洲西部农业主产区农业气象条件总体正常。全年降水量为762mm，较多年平均降水量偏低4%；平均气温为11.7℃，较多年平均气温偏高1.1℃；光合有效辐射较多年平均偏低2%。夏收作物生育期内（2013年10月～2014年6月），虽然温度适宜，但受降水量偏低5%的影响，潜在生物量水平偏低8%。秋收作物生育期内（4～10月），虽然降水量、平均气温和光合有效辐射量等农业气象指标均低于平均水平，但受益于7～8月充足的降水与适宜的气温，潜在生物量水平偏高3%（表3-9）。

表3-9　2014年欧洲西部主产区的农业气象指标

时段	降水量		温度		光合有效辐射		潜在生物量
	当前值／mm	距平／%	当前值／℃	距平／℃	当前值／（MJ/m²）	距平／%	距平／%
4～10月	401	−2	15.8	−0.2	1620	−1	3
1～12月	762	−4	11.7	1.1	2202	−2	0
10～6月	554	−5	9.1	1.2	1445	−1	−8

注：同表3-1。

与近13年平均水平相比，欧洲西部主产区年内降水量、平均气温聚类分析图，以及聚类类别过程线均反映出主产区内的农业气象条件时空分布差异较大（图3-16、图3-17）。其中，1～4月温度较为适宜，虽然降水量有所偏低，但是没有出现干旱胁迫；作物生长状况优于近5年平均水平，整个区域最佳植被状态指数（平均值达到0.9）间接证明了这一点。德国、法国以及英国2014年全年作物生长过程线同样也反映了良好的作物生长状况（图3-18）。受到降水偏少的影响，在西班牙南部和东部、法国的西南部，以及英国的剑桥郡和林肯郡等局部地区，最佳植被状态指数和植被健康指数值相对偏低，作物生长受到不利天气因素的影响（图3-19）。4～7月，大部分区域降水持续低于多年平均水平，温度呈现波动变化，受主产区内气候环境的影响，作物总体长势出现了显著的下降趋势。7月之后，虽然主产区内光合有效辐射低于平均水平的3%，但是水热条件适宜，有利于秋收作物生长末期的生长发育与成熟收割。但在意大利北部区域，7月、10月明显过量的降水影响到作物的生长及收获。

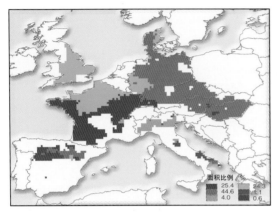

　　（a）降水量距平聚类空间分布　　　　　　（b）相应聚类类别过程线

图3-16　欧洲西部主产区降水量距平聚类空间分布及相应的聚类类别过程线

同图3-4

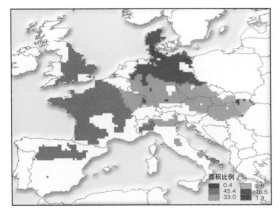

　　（a）气温距平聚类空间分布　　　　　　　（b）相应聚类类别过程线

图3-17　欧洲西部主产区温度距平聚类空间分布及相应的聚类类别过程线

同图3-4

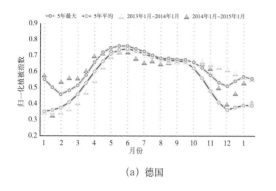

（a）德国

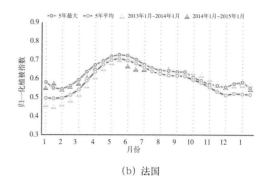

（b）法国

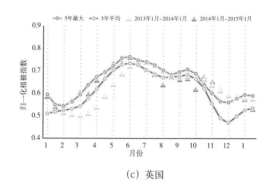

（c）英国

图3-18 欧洲西部主产区部分国家作物生长过程线

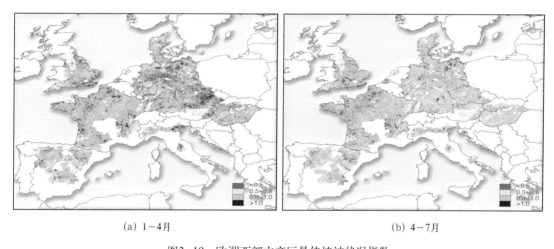

（a）1~4月   （b）4~7月

图3-19 欧洲西部主产区最佳植被状况指数

　　主产区主要种植小麦和玉米两种大宗作物。受益于夏收作物与秋收作物播种期（10月与6月）适宜的气温与充足的降水条件，2014年耕地种植比例总体较高，全年不同时段的监测结果显示主产区耕地种植比例始终高于0.93，且均高于近5年平均水平（表3-10）；而2014年7~10月与2014年10月~2015年1月未种植耕地面积最大，达到主产区耕地面积的7%，未种植耕地零散分布在西班牙中部地区，该地区主要种植的是夏收作物，5月底收获后直至10月底一直是农闲阶段。

表3-10　2014年1~10月欧洲西部主产区的农情指标

时段	耕地种植比例		最佳植被状况指数	复种指数	
	当前值	距平／%	当前值	当前值／%	距平／%
1~4月	0.97	1.0	0.90		
4~7月	0.99	0.0	0.86	120	-6
7~10月	0.93	1.0	0.83		
10~1月	0.93	3.0	0.90		

注：同表3-2。

主产区平均复种指数为120%，较近五年平均水平偏低6%（表3-10）。其中，法国的西部与东北部和德国西部部分地区主要是一年两熟制，其余地区多为一年一熟制（图3-20）。

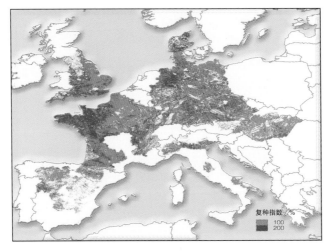

图3-20　欧洲西部主产区复种指数

3.6　欧洲中部与俄罗斯西部主产区

2014年，欧洲中部与俄罗斯西部主产区作物长势总体较好。2014年全年主产区的降水量较平均水平偏少14%，偏少的降水对主产区内作物的生长产生了一定影响，但未出现明显的旱情，2013年10月~2014年6月以及4~10月的两个主要作物生长期潜在生物量基本处于平均水平；全年平均温度为7.8℃，较多年平均气温偏高0.3℃；光合有效辐射高出平均水平2%，2014年主产区的温暖气候对作物生长有利（表3-11）。

表3-11　2014年欧洲中部和俄罗斯西部主产区的农业气象指标

时段	降水量		温度		光合有效辐射		潜在生物量
	当前值／mm	距平／%	当前值／℃	距平／℃	当前值（MJ/m²）	距平／%	距平／%
4~10月	320	-11	16.3	0.3	1619	3	0
1~12月	556	-14	7.8	0.3	2110	2	-10
10~6月	413	-9	5.0	1.1	1328	-1	-1

注：同表3-1。

根据2014年主产区降水量和平均气温聚类分析图和聚类类别曲线（图3-21、图3-22），主产区内的温度和降水条件在时空分布上存在一定差异。1~3月，俄罗斯西南部的克拉斯诺达尔边疆区和罗斯托夫州的降水高于平均水平，而其他地区降水接近或稍低于平均水平，偏少的降水导致主产区内部分地区潜在生物量略低于近5年平均水平。5~7月，监测区内的秋粮作物处于营养生长阶段，在罗马尼亚、乌克兰、白俄罗斯和俄罗斯西部，降水和温度的聚类分析都显示出相似的变化趋势，大部分地区的夏粮和秋粮作物都呈现了较好的长势。9月以后，监测区大部分的秋粮作物已经收割，白俄罗斯、乌克兰和俄罗斯西部的大部分地区的降水量明显减少，对处于越冬期的夏收作物生长不利。从12月末开始，降水量逐渐增加，气温高于多年平均水平，作物生长环境得到改善。

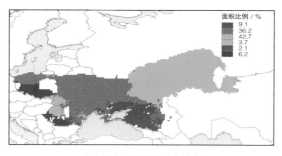

(a) 降水量距平聚类空间分布

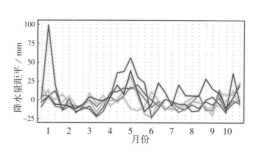

(b) 相应聚类类别过程线

图3-21 欧洲中部与俄罗斯西部主产区降水量距平聚类空间分布及相应的聚类类别过程线

同图3-4

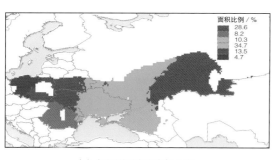

(a) 气温距平聚类空间分布

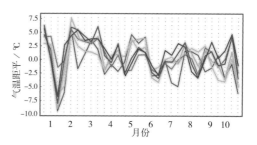

(b) 相应聚类类别过程线

图3-22 欧洲中部与俄罗斯西部主产区气温距平聚类空间分布及相应的聚类类别过程线

同图3-4

2014年4~10月，大部分耕地均已种植，耕地种植比例迅速增加至0.92以上，2014年10月~2015年1月，耕地种植比例下降至0.79，但较多年同期水平相比有所提高（表3-12），未种植耕地主要集中分布在俄罗斯靠近哈萨克斯坦的边境地区（图3-23）。

表3-12　2014年1月～2015年1月欧洲中部和俄罗斯西部主产区的农情指标

时段	耕地种植比例		最佳植被状况指数	复种指数	
	当前值	距平／%	当前值	当前值／%	距平／%
1～4月	0.88	−2.0	0.84		
4～7月	0.97	−0.5	0.87	101	−2
7～10月	0.92	0	0.75		
10～1月	0.79	5	0.63		

注：同表3-2。

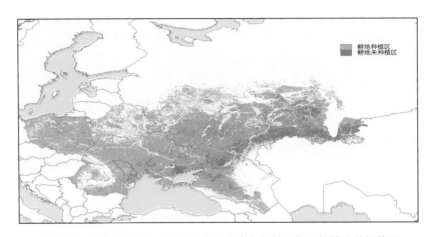

图3-23　2014年10月～2015年1月欧洲中部与俄罗斯西部耕地种植状况

　　1～4月，最佳植被状态指数显示波兰和罗马尼亚两国的作物长势呈现历史最高水平；4～7月，大部分秋收作物长势较好，主产区最佳植被状态指数达到0.87（表3-12），乌克兰和波兰部分地区的最佳植被状况指数达到1.0以上（图3-24）；2014年10月～2015年1月，全区最佳植被状况指数下降至0.63。

　　主产区主要种植一年一熟制作物，平均复种指数为101%，较近五年平均水平降低2%（表3-12）。

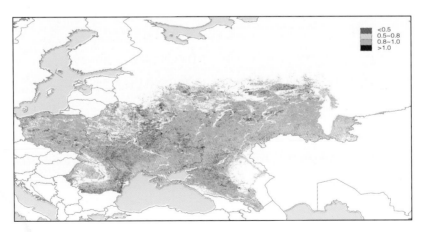

图3-24　2014年4～7月欧洲中部与俄罗斯西部主产区最佳植被状况指数分布

3.7 澳大利亚南部主产区

澳大利亚南部主产区的小麦主要种植在西澳大利亚州、南澳大利亚州、维多利亚州和新南威尔士州，5月是播种期，12月是收割期。从全年来看，澳大利亚南部降水量为498mm，与往年相比偏少18%，温度略偏高0.3℃，但年内温度均平波动显著，光合有效辐射持平。其中，4～10月降水量偏少28%，温度偏高0.7℃，光合有效辐射偏少3%；2013年10月～2014年6月降水量偏少23%，温度偏高0.7℃，光合有效辐射持平（表3-13）。显著偏少的降水对澳大利亚南部主产区的小麦作物生长产生不利影响。

表3-13　2014年澳大利亚南部主产区的农业气象指标

时段	降水量		温度		光合有效辐射		潜在生物量
	当前值 / mm	距平 / %	当前值 / ℃	距平 / ℃	当前值 / (MJ/m²)	距平 / %	距平 / %
4～10月	190	−28	13.2	0.7	1126	−3	−19
1～12月	498	−18	16.8	0.3	3267	0	−19
10～6月	374	−23	18.7	0.7	2665	1	−6

注：同表3-1。

澳大利亚南部主产区降水量时空分布极不均衡。降水距平聚类分析（图3-25）显示，降水量偏低的时段主要出现在1月至3月上旬，3月中旬至4月上旬大部分地区降水量偏高，其余时段大部分地区降水量略偏低，4～10月降水量总体偏低28%。3月中旬至4月上旬充足的降水为澳大利亚小麦的播种提供了适宜的水分条件。同时冬季（5～7月）温度明显高于平均水平（图3-26），适宜的水热条件为冬小麦的出苗和顺利越冬提供保障。然而，该区小麦主要生育期内（4～10月）明显偏少的降水直接影响该主产区的小麦产量。4～7月，主产区作物长势总体良好，除新南威尔士州东部和西南部外，绝大多数地区的耕地都已种植作物（种植比例总体达到0.96），主产区最佳植被状况指数为0.89（表3-14），但新南威尔士州中部的局部地区作物长势偏差（图3-27）。NDVI距平聚类分析结果（图3-28）显示，4～7月，主产区内大部分地区作物长势好于平均水平，主要原因是冬季适宜的水热条件导致冬小麦物候期有所提前。NDVI过程线（图3-29）反映出植被指数高峰期较去年和近5年平均水平提前约1个月。主产区NDVI过程线在7～8月达到最高峰，之后NDVI逐渐下降，9月开始，小麦进入成熟期。与平均水平相比，7～10月，气温偏高0.9℃，光合有效辐射偏高1%，降水量偏低36%，累积降水量仅为114mm，这一时段正好是其冬小麦的主要生长期。因此，澳大利亚南部小麦的生长受到一定的负面影响。较差的作物长势也从侧面表明，澳大利亚的灌溉没有能够完全弥补7～10月降水量的短缺。2014年澳大利亚小麦的产量下降约9%。

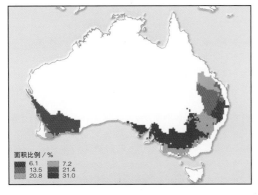
（a）降水量距平聚类空间分布

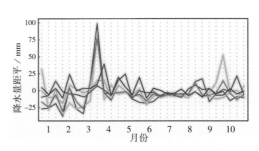
（b）相应聚类类别过程线

图3-25　澳大利亚南部主产区降水量距平聚类空间分布及相应的聚类类别过程线

同图3-4

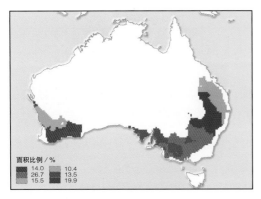
（a）气温距平聚类空间分布

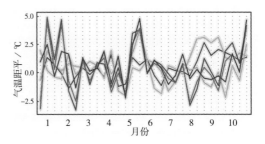
（b）相应聚类类别过程线

图3-26　澳大利亚南部主产区气温距平聚类空间分布及相应的聚类类别过程线

同图3-4

表3-14　2014年澳大利亚南部主产区的农情指标

时段	耕地种植比例		最佳植被状况指数	复种指数	
	当前值	距平／%	当前值	当前值／%	距平／%
1~4月	0.56	8	0.70		
4~7月	0.96	4.4	0.89	123	2
7~10月	0.80	12	0.79		
10~1月	0.71	5	0.62		

注：同表3-2。

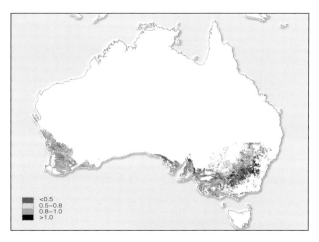

图3-27 2014年4～7月澳大利亚南部主产区最佳植被状况指数

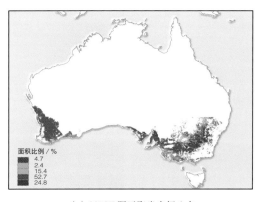

(a) NDVI距平聚类空间分布

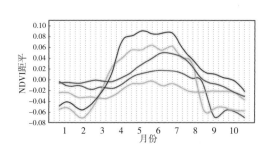

(b) 相应聚类类别过程线

图3-28 澳大利亚南部主产区NDVI距平聚类空间分布及相应的聚类类别过程线

同图3-4

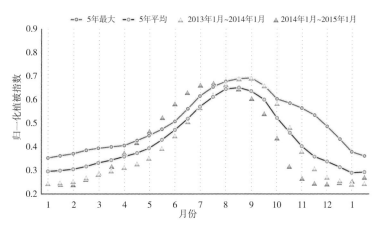

图3-29 2014年澳大利亚作物生长过程线

3.8 小结

非洲西部主产区：2014年该区全年农业气象条件总体正常，主产区内耕地利用强度低于平均水平，总体上作物长势较好，但降水量的时空变化直接影响了部分地区的农业生产。与此同时，主产区内爆发的埃博拉疫情直接影响到该主产区的农业生产活动，对区域粮食生产不利。

南美洲主产区：2014年该区农业气象条件总体有利于作物生长和产量形成，2013年年末的严重旱情，并未对2014年的农业生产产生显著影响；主产区内耕地种植比例总体较高。全年不同时段的监测结果显示，主产区耕地种植比例始终高于90%，复种指数达到169%，较近5年平均水平增加2%，说明2014年作物面积总体增加。

北美主产区：2014年全年农业气象条件年内变化剧烈，极端低温、旱灾与洪涝灾害相继发生。冬小麦灌浆期遭受旱情，对产量造成不利影响；秋粮生育期降水充沛，但过多的降水一方面导致光合有效辐射的减少；另一方面在加拿大农业主产区引发了较为严重的洪涝灾害，部分秋粮作物受损。全年多次极端天气共同导致该地区耕地种植比例和复种指数的小幅下降。

南亚与东南亚主产区：2014年该区农业气象条件总体正常，但受轻微厄尔尼诺现象影响，缅甸的旱作区，泰国的北部与中部，印度西北的旁遮普邦、北方邦、拉贾斯坦邦，以及中央邦地区在4~6月有比较明显的旱情，10月台风"哈德哈德"对印度的安德拉邦和奥里萨邦的农业生产造成较大影响。

欧洲西部主产区：该区农业气象条件总体正常，暖冬的天气对冬季作物越冬有利，夏收和秋收期间的光温条件总体良好，有利于作物的成熟收割。2014年主产区复种指数低于平均水平，其中法国的西部与东北部和德国西部部分地区主要为一年两熟制，其余地区多为一年一熟制。

欧洲中部与俄罗斯西部主产区：2014年该区农业气象条件总体有利于作物生长，全年作物长势良好，耕地利用强度较近5年平均水平小幅下降。2014年9月以后，白俄罗斯、乌克兰和俄罗斯西部的大部分地区的降水量明显减少，对2014~2015冬季作物的播种产生了一定影响。

澳大利亚南部主产区：该区全年农业气象条件总体偏差。尽管在小麦播种期前，充足的降水为小麦播种后的出苗与生长提供了水分保障，冬季偏高的气温导致小麦物候期总体提前，全年耕地利用强度高于平均水平，但是由于区内降水短缺明显，单产损失严重，导致该区的小麦总产量下降。

四、中国大宗粮油作物主产区农情遥感监测

针对中国粮食主产区，综合利用农业气象条件指标和农情指标（最佳植被状况指数、耕地种植比例和复种指数）分析作物种植强度与胁迫在作物生育期内的变化特点，阐述与其相关的影响因子。

中国大宗粮油作物主产区的确定参考了孙颔主编的《中国农业区划方案》以及国家测绘局编制的《中华人民共和国地图（农业区划版）》，选用其中覆盖中国主要粮油作物产区的七个农业分区作为分析单元（图4-1），包括东北区、内蒙古及长城沿线区、黄淮海区、黄土高原区、长江中下游区、西南区和华南区，上述区域大宗粮油作物产量占全国同类作物产量的80%以上。

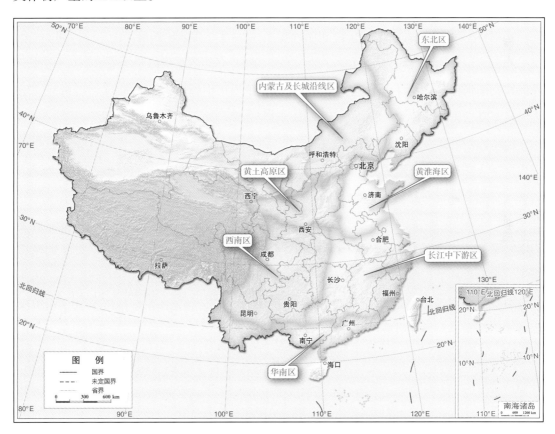

图4-1　中国大宗粮油作物主产区监测范围

本章主要针对作物长势开展详细分析，通过使用归一化植被指数距平聚类分析、作物生长过程线、最佳植被状况指数、耕地种植比例和生物量距平等指标对中国大宗粮油作物主产区作物长势进行逐一分析。

4.1 东北区

2014年全年，中国东北区光合有效辐射与近13年平均水平持平，温度略高于近13年平均水平，降水量偏低4%，潜在生物量偏低2%。其中，在4~10月该区作物的主要生长时段中，降水量与近13年平均相比偏低6%，温度偏高0.5℃，潜在生物量偏低4%（表4-1）。

表4-1 2014年东北地区农业气象指标

时段	降水量		温度		光合有效辐射		潜在生物量
	当前值/mm	距平/%	当前值/℃	距平/℃	当前值/(MJ/m²)	距平/%	距平/%
4~10月	503	−6	17.2	0.5	1694	1	−4
1~12月	626	−4	4.8	0.5	2579	0	−2
10~6月	304	0	0.4	1.8	1755	−2	−10

注：同表3-1。

2014年4月中旬之前，东北区没有作物生长。1~4月，该区降水异常，降水量与近13年平均相比偏低50%，但由于2013年10月~2014年1月充沛的冬季降水（68%），未影响到春播作物的播种。4~7月，该区降水量比近13年平均水平偏低9%，潜在生物量与近5年平均相比下降12%，但该区总体作物长势略好于近5年平均水平。

值得注意的是，受严重的干旱影响，辽宁和吉林中部区域7月之后作物长势低于近5年平均水平（图4-2），这些区域最佳植被状态指数明显偏低，为0.5~0.8。8月初持续的少雨天气导致东北部分地区尤其是辽宁西部遭受严重旱情影响，作物长势较差，NDVI显著低于平均水平（图4-3）；8月中下旬开始，降水量逐渐增加，旱情相应缓解，但已无法挽回玉米单产的损失。作物生长过程线显示，东北区植被指数的峰值不及去年和近5年平均水平。整个作物生长期内，辽宁作物生长受旱情影响较大，尤其是辽宁中西部区域，最佳植被状况指数不及东北其他地区。与之形成鲜明对比的是黑龙江南部地区全生育期NDVI均高于平均水平，最佳植被状况指数显示该地区作物长势超过近13年历史最优水平。2014年冬季东北区充足的降雪确保了土壤墒情，为2015年的春播作物的出苗和生长发育提供了有利的条件。

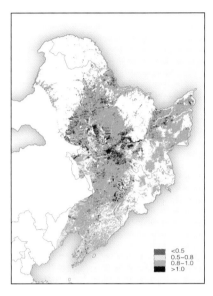

图4-2　2014年7～10月东北区最佳植被状况指数

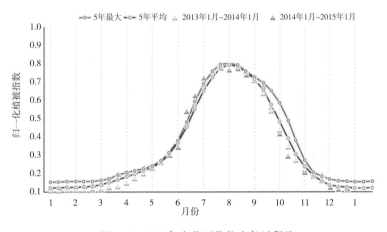

图4-3　2014年东北区作物生长过程线

4.2　内蒙古及长城沿线区

　　2014年，内蒙古及长城沿线区农业气象条件总体较好。与近13年平均水平相比，全年降水量偏多38%，全年平均气温偏高0.8℃，光合有效辐射稍低于近13年平均水平，为农作物生长提供了充足的水分和温度条件，潜在生物量偏高31%。但是年内降水分布不均衡，1～6月降水量偏多，7～8月降水量显著偏少（表4-2）；区域内分布也有差异，北部和中西部偏多，东南部偏少，导致辽宁西部、内蒙古中部及东南部地区农作物生长受到水分胁迫，发生旱情。

表4-2　2014年中国内蒙古及长城沿线区农业气象指标

时段	降水量		温度		光合有效辐射		潜在生物量
	当前值／mm	距平／%	当前值／℃	距平／℃	当前值／（MJ/m²）	距平／%	距平／%
4～10月	523	37	16.8	0.5	1798	−2	27
1～12月	608	38	6.1	0.8	2786	−2	31
10～6月	255	27	2.1	1.7	1923	−2	24

注：同表3-1。

　　1～4月充足的降水有利于该区作物的播种和生长。从作物长势过程线可知，4～6月，作物长势好于过去5年平均水平，但在7月受干旱天气影响，作物植被指数逐渐由高于平均水平转变为低于平均水平（图4-4），全区综合植被指数过程线同样显示出8月初的作物生长高峰值低于近5年平均水平和去年同期（图4-5）。最佳植被状态指数监测结果显示，辽宁西部、内蒙古中部和东南部，以及宁夏、陕西、山西和河北北部地区作物长势较差，进一步分析得知，少部分地区为非耕地，耕地区域为未种植区域。7月后，作物长势变差，虽然全区降水和平均温度均高于近13年平均水平，但降水分布极不均衡，内蒙古东南部地区持续少雨天气导致该地区出现严重干旱，东北部和中部7月末发生了暴雨和冰雹，同样对农业生产产生了一定的影响。作物长势较差的耕地区域潜在生物量也较低（图4-6）。该区耕地种植比例较低，4～10月（农作物主要生育期）仅为0.73，显著低于近5年平均水平，对农作物产量有一定影响。10月后，该区秋收作物已收割，12月以来多次降水过程为2015年春播作物提供了充足的水分条件。然而，由于大部分地区温度高于平均水平，可能会过早地消耗土壤储备的水分，从而对下一季春播作物的生长产生不利影响（表4-3）。

表4-3　2014年中国内蒙古及长城沿线区农情指标

时段	耕地种植比例		最佳植被状况指数	复种指数	
	当前值	距平／%	当前值	当前值／%	距平／%
1～4月	0.08	4.1	无作物		
4～7月	0.77	−13.5	0.81	106	4
7～10月	0.69	−1	0.79		
10～1月	0.64	1	0.78		

注：同表3-2。

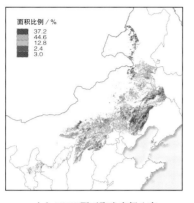

（a）NDVI距平聚类空间分布

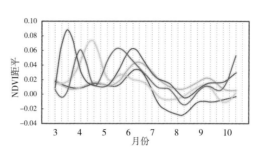

（b）相应聚类类别过程线

图4-4　内蒙古及长城沿线区NDVI距平聚类空间分布及相应的聚类类别过程线

同图3-4

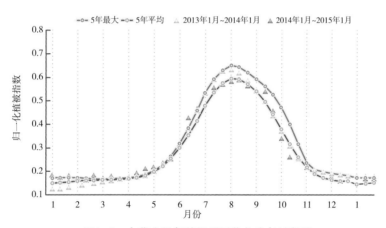

图4-5　内蒙古及长城沿线区作物生长过程线

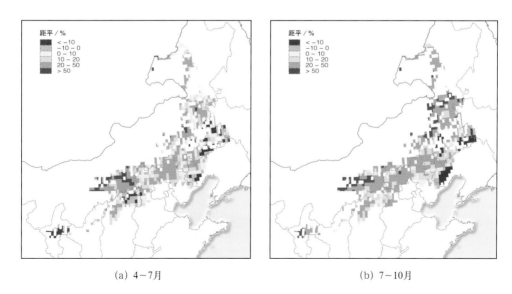

（a）4~7月

（b）7~10月

图4-6　内蒙古及长城沿线区潜在生物量距平

4.3 黄淮海区

2014年黄淮海区农业气象条件总体不利于作物生长和产量形成，直接导致该区部分省（市）作物单产下降，秋粮作物（主要包括玉米和大豆）的单产降幅更大。农业气象指标监测结果（表4-4）显示，黄淮海区2014年全年降水量为700mm，较平均水平偏低7%，其中，冬小麦返青后至玉米收获期间（4～10月），降水量低于平均水平13%，气温偏高约0.7℃，导致该区作物生长受到胁迫。2014年冬小麦生育期内（2013年10月～2014年6月），降水量偏低15%，少雨天气主要出现在2013年10月～2014年1月；2014年2～4月的降水有效缓解了越冬期的旱情，作物长势逐渐恢复并达到近5年最高水平。冬季偏高的气温以及越冬期后的有利天气条件使得冬小麦主产区的作物物候期有所提前，越冬前期的干旱天气并未对作物生长产生严重影响。

表4-4　2014年黄淮海区农业气象指标

时段	降水量		温度		光合有效辐射		潜在生物量
	当前值／mm	距平／%	当前值／℃	距平／℃	当前值／（MJ/m²）	距平／%	距平／%
4～10月	551	-13	23.2	0.7	1758	0	-4
1～12月	700	-7	15.0	0.9	2833	-1	4
10～6月	268	-15	11.5	1.2	2059	0	-10

注：同表3-1。

2014年4～7月，黄淮海区降水偏少，温度偏高，由此导致该区生物量偏低5%；其中河南中部、河北中部以及山东中东部受旱情影响，潜在生物量显著降低。7月下旬至8月初河南省中部地区旱情最为严重（图4-7），受旱耕地面积占全省耕地面积的31%；8月中旬之后旱情逐渐缓解，但7月底至8月上旬的严重旱情，导致后期部分玉米抽雄困难，单产受损。

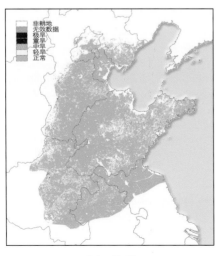
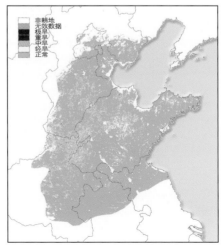

(a) 7月下旬　　　　　　　　　　　　　　(b) 8月上旬

图4-7　黄淮海区旱情遥感监测结果

　　植被指数距平聚类分析结果显示，黄淮海区夏收作物长势总体较好，仅河南、安徽北部和山东西部地区在4~5月作物长势未达到近5年平均水平；秋收作物播种后，大部分地区作物长势正常，但7月下旬之后，受旱情影响，作物长势明显偏差（图4-8）。全区作物生长过程线（图4-9）同样显示出夏粮长势良好，秋粮作物长势偏差的态势。其中，受前一年冬季温度偏高影响，夏粮作物物候期有所提前，生长高峰较去年和近5年平均水平提前约半个月（图4-9）；秋粮生长季平均NDVI显著偏低，直接反映出玉米、大豆等秋粮作物单产下降的形势。

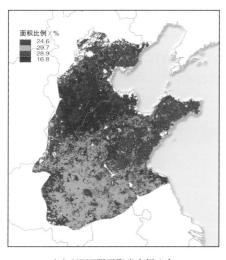

（a）NDVI距平聚类空间分布

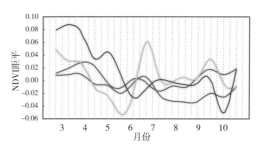

（b）相应聚类类别过程线

图4-8　黄淮海区NDVI距平聚类空间分布及相应的聚类类别过程线

同图3-4

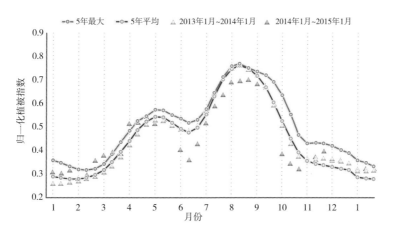

图4-9　黄淮海区作物长势过程线

就耕地利用强度而言，黄淮海区耕地种植比例总体低于近5年平均水平。其中，夏收作物生长季内（1～4月）的耕地种植比例为0.76，较近5年平均水平下降约4%（表4-5）；从空间分布看，未种植耕地主要集中在河北中部和渤海湾地区以及山东中东部部分地区，该地区主要种植棉花、春玉米等单季作物，通常于5月初开始播种（图4-10）。4～7月和7～10月大部分耕地均得到有效利用，耕地种植比例分别为0.99和0.93，较平均水平分别下降1%和3%，表明秋粮生长季内作物种植总面积小幅下降。7～10月，未种植耕地主要分布在天津、北京等城区周边地区，城市扩张可能是耕地利用率相对其他地区偏低的原因之一。该区2014年复种指数为157%，较近5年平均水平下降2%，反映出2014年全年种植面积有所下降。

表4-5　2013年黄淮海区农情指标

时段	耕地种植比例		最佳植被状况指数	复种指数	
	当前值	距平／%	当前值	当前值／%	距平／%
1～4月	0.76	-4	0.83		
4～7月	0.99	-1	0.81	157	-2
7～10月	0.93	-3	0.83		
10～1月	0.93	-3	0.83		

注：同表3-2。

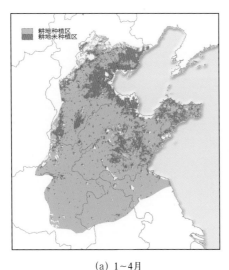

　　　　(a) 1～4月　　　　　　　　　　(b) 7～10月

图4-10　黄淮海区不同时期的耕地种植状况

4.4 黄土高原区

黄土高原区主要包括甘肃、宁夏、陕西、山西和河南西北部，该区的主要作物有春小麦、冬小麦、玉米、大豆和蔬菜。2014年该区降水和温度均高于近13年平均水平，2013年10月～2014年6月（冬小麦生育期）、2014年4月～10月（覆盖春季、秋季作物生育期）、2014年1～12月三个时段降水量分别偏多21%、11%和18%，温度分别偏高0.6℃、0.3℃和0.4℃，导致全年潜在生物量偏高17%，光合有效辐射在这三个时段均偏低（表4-6）。2014年，该区的最佳植被状况指数均高于0.81，作物长势总体良好；特别需要指出的是2014年10月～2015年1月，宁夏西南部部分地区的最佳植被状况指数极高（大于1），表明该区作物长势达到近13年最佳水平。全区复种指数为125%，比近5年平均水平高5%，表明2014年该区农田利用率较高（表4-7）。

表4-6 2014年中国黄土高原区农业气象指标

时段	降水量		温度		光合有效辐射		潜在生物量
	当前值／mm	距平／%	当前值／℃	距平／℃	当前值／（MJ/m²）	距平／%	距平／%
4～10月	524	11	18.3	0.3	1756	−2	0
1～12月	659	18	10.3	0.4	2868	−2	17
10～6月	287	21	7.1	0.6	2081	−1	6

注：同表3-1。

表4-7 2014年中国黄土高原区农情指标

时段	耕地种植比例		最佳植被状况指数	复种指数	
	当前值	距平／%	当前值	当前值／%	距平／%
1～4月	0.52	16.2	0.96		
4～7月	0.98	4.6	0.81	125	5
7～10月	0.78	−1	0.81		
10～1月	0.71	−4	0.83		

注：同表3-2。

2013年11月，天气条件有利于冬小麦的生长，而在12月，降水量明显低于上年，作物生长状况呈现出随着降水的变化而波动的情况。3～4月是黄土高原区冬小麦生长的重要阶段，虽然作物生长状况波动剧烈，作物长势仍好于近5年平均水平，尤其是山西北部和河南西北部，这与最佳植被状况指数分布相一致（图4-11）。2014年4～7月，由于充足的降水，适宜的温度和光照条件，甘肃中部、陕西北部以及山西的大部分地区，作物长势良好。与此相反，受严重干旱影响，河南西北部和陕西中部地区作物长势低于近5年平均水平（潜在生物量和最佳植被状况指数也证实了该现象）。秋粮生长季内全区耕地种植比例减少1%，未种植耕地主要分布于甘肃定西地区（图4-12）。

NDVI聚类分析结果显示（图4-13），玉米生长季内（7～10月），宁夏南部、陕西中部及山西南部地区，作物长势良好。9月初，农业气象条件适宜，总体有利于秋粮作物成熟。

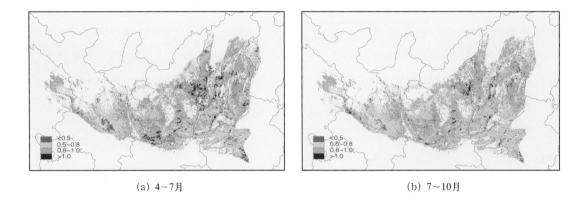

(a) 4～7月   (b) 7～10月

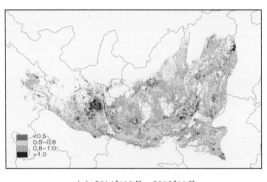

(c) 2014年10月～2015年1月

图4-11　黄土高原区最佳植被状况指数

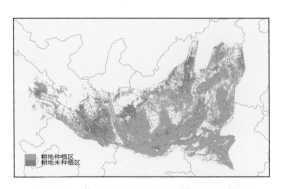

图4-12　黄土高原区7～10月耕地种植状况

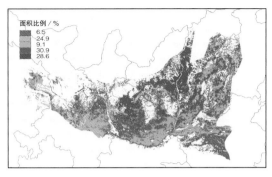
（a）NDVI距平聚类空间分布

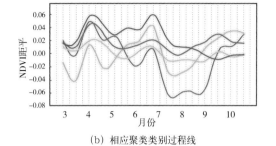
（b）相应聚类类别过程线

图4-13　黄土高原区NDVI距平聚类空间分布及相应的聚类类别过程线
同图3-4

4.5　长江中下游区

长江中下游区包括10个省份。在该地区北部的　河南、安徽和江苏，冬小麦在10月播种，5月末至6月初收获；在南部，早稻在4月末至5月初种植。2014年长江中下游区的降水量和温度与近13年平均水平相比，分别偏高10%和0.4℃，潜在生物量偏高1%（表4-8）。该地区大部分时间最佳植被状况指数高于0.86，表明该地区内作物长势良好。全年复种指数为183%，与5年平均水平相比偏低7%，说明2014年长江中下游区的种植强度在下降。该区域耕地种植比例一直高于0.95，表明该地区的耕地利用效率较高（表4-9）。

表4-8　2014年中国长江中下游区农业气象指标

时段	降水量		温度		光合有效辐射		潜在生物量
	当前值／mm	距平／%	当前值／℃	距平／℃	当前值／（MJ/m²）	距平／%	距平／%
4～10月	1283	21	24.3	0.3	1495	−6	−2
1～12月	1670	10	17.9	0.4	2573	−4	1
10～6月	1238	15	14.7	0.4	1850	−1	−1

注：同表3-1。

表4-9　2014年长江中下游区的农情指标

时段	耕地种植比例		最佳植被状况指数	复种指数	
	当前值	距平／%	当前值	当前值／%	距平／%
1～4月	0.95	0	0.86		
4～7月	0.99	−0.4	0.89	183	−7
7～10月	0.97	−1	0.86		
10～1月	0.95	0	0.83		

注：同表3-2。

2013年10月，低于平均水平的降水抑制了农作物的生长。进入11月，长江中下游大部地区气温和水分条件正常，有利于作物生长；至11月底，作物生长状况超过近5年平均水平。2014年1月，长江下游地区作物生长受到强降水影响，气温偏低，导致该地区中部作物（主要是冬小麦和油菜）长势稍差。

NDVI长势过程线表明（图4-14），虽然秋粮作物在生育期内长势出现波动，但在9月之后作物长势仍处于平均水平。NDVI聚类过程线（图4-15）显示出全年NDVI距平的剧烈波动，但1～4月、4～7月和7～10月的最佳植被状态指数始终高于0.86（表4-9），表明长江中下游区作物长势总体好于平均水平（图4-16）。2014年10月～2015年1月，约有75%的地区作物长势好于平均水平，但湖北南部和湖南北部地区的干旱限制了作物生长，潜在生物量较近5年平均水平偏低24%。

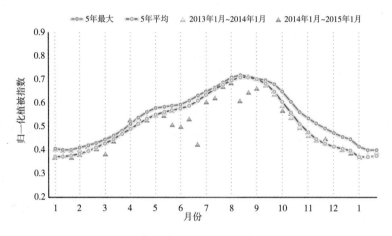

图4-14　长江中下游区作物生长过程线

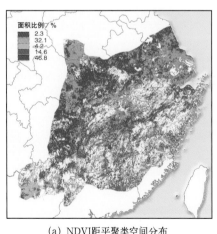

（a）NDVI距平聚类空间分布

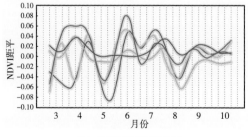

（b）相应聚类类别过程线

图4-15　长江中下游区NDVI距平聚类空间分布及相应的聚类类别过程线

同图3-4

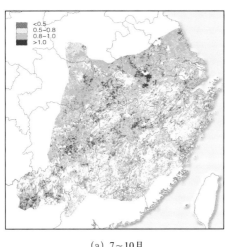 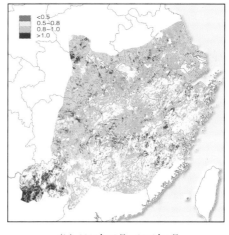

(a) 7~10月   (b) 2014年10月~2015年1月

图4-16 长江中下游区最佳植被状况指数

极端天气状况主要出现在该区南部（特别是广西东北部、广东北部以及福建大部分地区），早稻生长季内台风及相应的暴雨对作物生长造成一定的影响。由于长江中下游区是中国主要的水稻产地，几乎所有的耕地都得到合理利用，与近5年平均相比，耕地种植比例几乎没有发生变化。

4.6 西南区

西南区主要种植玉米、一季稻、冬小麦、油菜，以及薯类作物。其中玉米在全区均有种植，通常2~6月种植，7~9月收获；一季稻主要种植在四川东部、云南中部和西北部，以及贵州中部，通常4~5月种植，8~9月收获；冬小麦和油菜主要种植在四川东部、陕西南部，通常9~10月种植，次年5~6月收获。

2014年1~12月，西南区降水量与过去13年平均水平相比偏高13%，温度偏高0.4℃，光合有效辐射偏低5%，潜在生物量与过去5年平均水平相比，偏高4%，其中2014年4~10月光合有效辐射偏低7%，2013年10月~2014年6月，潜在生物量偏低13%（表4-10）。

表4-10 2014年中国西南区的农业气象指标

时段	降水量		温度		光合有效辐射		潜在生物量
	当前值/mm	距平/%	当前值/℃	距平/℃	当前值/（MJ/m²）	距平/%	距平/%
4~10月	952	10	21.0	0.5	1410	−7	−5
1~12月	1205	13	15.2	0.4	2380	−5	4
10~6月	651	9	12.5	0.1	1688	−4	−13

注：同表3-1。

该区作物长势在1~4月总体上处于5年平均水平，主要得益于适宜的农业气象条件，其中降水量偏高4%，平均温度和光合有效辐射分别偏高0.3℃和2%。但降水量的空间分布并不均衡，云南北部、广西西北部和湖南西部作物长势不佳，主要原因是这些地区1~4月内降水偏少。

在4~7月内西南区作物长势总体低于平均水平。潜在生物量较近5年平均水平偏低3%。区域作物长势过程线显示（图4-17），作物长势在5~6月显著低于平均水平，长势较差的区域包括云南和贵州北部、湖南西部、广西西北部等地区。NDVI距平聚类分析结果同样反映出该区域的较差长势（图4-18）。约占西南区44.2%的其他地区（包括四川东北部、甘肃南部、陕西南部、湖北西部和重庆西部），全年作物长势相对稳定，基本处于平均水平。全区耕地得到充分利用，耕地种植比例几乎达到100%。

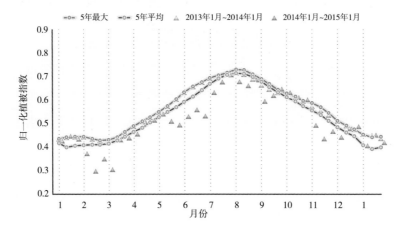

图4-17　2014年中国西南区作物生长过程线

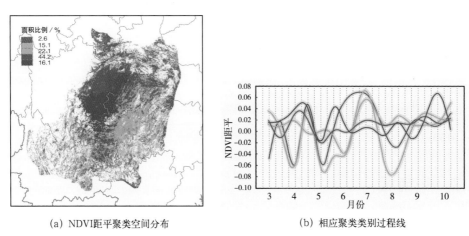

（a）NDVI距平聚类空间分布　　　　　（b）相应聚类类别过程线

图4-18　中国西南区NDVI距平聚类空间分布及相应的聚类类别过程线

同图3-4

7~10月，作物长势总体偏好。综合NDVI距平聚类图和聚类类别过程线，以及最佳植被状况指数分布来看（图4-17~图4-19），约82%的作物长势处于平均水平之上。在这一时段内该区几乎所有耕地都种植了作物，全年复种指数与近5年平均水平相比下降了11%（表4-11）。

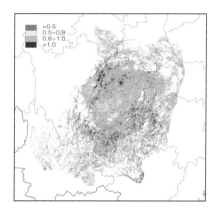

图4-19　2014年7~10月中国西南区最佳植被状况指数

2014年10月~2015年1月，作物长势总体超过近5年平均水平，全区降水量偏多81%，温度偏高0.8℃，光合有效辐射略偏少3%，在上述因子综合作用下，该区潜在生物量偏高59%，耕地种植比例与近5年平均水平持平。总体上该时段内，全区大部分地区作物长势好于平均水平，包括重庆、贵州、云南北部、湖南西部、湖北西部、甘肃南部和广西西北部（表4-11）。

表4-11　2014年中国西南区的农情指标

时段	耕地种植比例		最佳植被状况指数	复种指数	
	当前值	距平／%	当前值	当前值／%	距平／%
1~4月	0.97	0.3	0.86		
4~7月	0.99	−0.1	0.89	182	−11
7~10月	0.99	0.1	0.90		
10-1月	0.98	0	0.91		

注：同表3-2。

4.7　华南区

华南区主要作物为双季稻，主要种植在广西南部、广东南部和福建南部，通常早稻是3~4月播种，6~7月收获；晚稻是6~7月播种，10~11月收获。全年来看，华南区早稻长势低于近5年平均水平、晚稻长势趋于平均水平。与过去13年平均水平相比，该区2014年全年降水处于正常水平，温度偏高0.6℃，光合有效辐射偏低1%。其中，4~10月降水量偏高5%，温度偏高1.2℃；2013年10月~2014年6月，降水量偏多16%（表4-12）。与近5年平均水平相比，耕地种植比例没有明显变化，复种指数偏低13%（表4-13）。

表4-12　2014年华南区的农业气象指标

| 时段 | 降水量 | | 温度 | | 光合有效辐射 | | 潜在生物量 |
	当前值／mm	距平／%	当前值／℃	距平／℃	当前值／(MJ/m²)	距平／%	距平／%
4～10月	1345	5	24.9	1.2	1524	0	−9
1～12月	1526	−1	20.3	0.6	2716	−1	−10
10～6月	1003	16	18.0	0.0	1979	0	−11

注：同表3-1。

表4-13　2014年华南区的农情指标

| 时段 | 耕地种植比例 | | 最佳植被状况指数 | 复种指数 | |
	当前值	距平／%	当前值	当前值／%	距平／%
1～4月	0.97	−0.2	0.83		
4～7月	0.99	−0.1	0.85	221	−13
7～10月	0.97	0.1	0.87		
10～1月	0.96	0	0.88		

注：同表3-2。

　　4～7月，华南区作物长势总体低于近5年平均水平，作物生长过程线和NDVI距平聚类图（图4-20、图4-21）也表明全区约60%的耕地作物长势在5月中上旬明显偏差，主要分布在广东、广西和福建沿海地带，最佳植被状况指数为0.5～0.8也主要分布在此区域。4～7月，华南区大部分未种植耕地分布在云南南部。

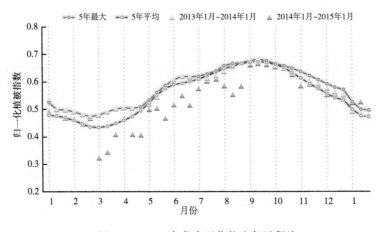

图4-20　2014年华南区作物生长过程线

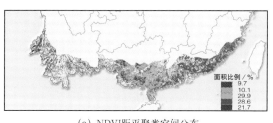

(a) NDVI距平聚类空间分布 　　　　　　(b) 相应聚类类别过程线

图4-21　华南区NDVI距平聚类空间分布及相应的聚类类别过程线

同图3-4

　　7～10月监测时段覆盖了早稻收获—晚稻播种—晚稻成熟的过程，华南区的作物长势总体处于平均水平。其中，南部的最佳植被状况指数为0.5～0.8（图4-22）。在福建南部、广东中部和南部，作物生长过程线略高于平均水平，表明该地区的水稻长势良好，单产有望增加，这与偏高的降水量有关（福建降水量偏多21%，广东降水量偏多12%）。8月下旬开始，南方地区作物长势稳定在近5年平均水平，仅广东雷州半岛部分区域在9月初和10月初作物长势较差（图4-20、图4-22和表4-13）。

　　2014年10月～2015年1月，作物长势与近5年平均水平持平，降水量偏高20%，温度偏高0.5℃，光合有效辐射偏低3%。福建省降水量与近5年平均水平相比，明显偏少76%，降水量仅有57mm，不利于该地区冬小麦生长。全区最佳植被状况指数为0.88，耕地种植比例与近5年平均水平持平。作物长势好的地区主要分布在广西南部和云南南部，最佳植被状况指数为0.8～1.0，甚至超过1.0，意味着该地区的晚稻和冬小麦有望增产（图4-22、表4-13）。

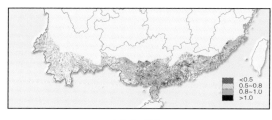

(a) 4～7月

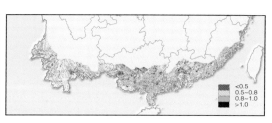

(b) 7～10月

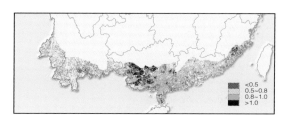

(c) 2014年10月～2015年1月

图4-22　华南区最佳植被状况指数

4.8 小结

与近13年相比，2014年冬小麦生育期内的农业气象条件总体正常，部分地区降水量虽偏少，但作物关键需水期并未出现旱情，为夏粮单产增加奠定了基础。受冬季温度偏高影响，冬小麦越冬存活率高于近年，耕地种植比例有所提高，夏粮增产。

秋粮生育期内，降水量时空分布不均，黄淮海平原和环渤海湾地区在7~8月降水明显偏少，该时段恰逢玉米等大宗秋粮作物关键生育期，对秋粮作物生长发育不利。河南西部和南部、辽宁中西部等地区在7月底前后，旱情最为严重，部分地区玉米抽雄困难；虽然8月中下旬之后降水增加，旱情得到缓解，但该地区的秋粮作物单产下降。黑龙江省作为全国最重要的产粮基地之一，农业气象条件适宜，作物长势超过历史最佳水平，该省秋粮作物的增产在一定程度上弥补了受旱地区的秋粮减产造成的损失，但是全国秋粮总体减产。

2014年，内蒙古及长城沿线区和黄土高原区受较好的气候条件影响，复种指数高于近5年平均水平（分别偏高4%和5%）。受干旱和其他异常气候影响，长江中下游区复种指数下降约7%，西南区和华南区复种指数分别下降约11%和13%。全国耕地种植比例总体有所下降，其中，西南区和华南区降幅最为显著，黄土高原区和黄淮海区秋粮生长季耕地种植比例小幅下降。2014年全国复种指数明显低于近5年平均水平。

五、全球大宗粮油作物产量与供应形势分析

5.1　全球和中国大宗粮油作物产量

全球和中国大宗粮油作物产量预测结果已在2014年四期《全球农情遥感速报》季报中公开发布，发布时间分别为2014年2月、5月、8月和11月。本书以全球和中国大宗粮油作物产量预测结果为基础，结合最新的遥感数据和地面观测数据，对31个大宗粮油作物主产国，以及部分国家的省州尺度的2014年农业气象条件、作物胁迫状况、耕地利用强度等进行综合分析与汇总，并利用模型对31个大宗粮油作物主产国，以及部分国家的省州尺度的产量预测结果进行复核，形成了本节中2014年全球和中国大宗粮油作物产量估算结果。

5.1.1　全球大宗粮油作物产量

2014年全球大宗粮油作物产量创历史新高，玉米、水稻、小麦和大豆四种大宗粮油作物产量累积达到27.64亿t。其中，全球小麦总产为71972万t，同比增加1.6%，大豆总产达到29482万t，同比大幅增长6.1%；全球玉米与水稻总产分别为99378万t和75551万t，同比分别增加0.2%和0.4%。全球产量详情见表5-1。

2014年，31个粮油作物主产国玉米产量同比减少0.7%，水稻产量同比略减0.2%，小麦产量同比增产2.3%，大豆产量同比大幅增长8.6%。除全球大豆三巨头（美国、巴西和阿根廷）外，其他大豆生产国总产量严重下滑。玉米与水稻在全球粮食总产中仍处于主导地位，其地位的巩固是以其他秋粮作物种植面积的减少为代价的，其中，春小麦与大豆种植面积减少尤为明显。

表5-1　2014年全球小麦、水稻、玉米以及大豆产量

国　家	玉米		水稻		小麦		大豆	
	产量/万t	变幅/%	产量/万t	变幅/%	产量/万t	变幅/%	产量/万t	变幅/%
亚洲								
中国	19195	-1.1	20117	0.5	11974	1.3	1308	-1.3
印度	2017	-13.4	15696	-1.4	9566	2.3	1163	-2.7
巴基斯坦	471	-1.9	949	-3.2	2439	0.7		
泰国	508	0.3	3914	0.9				
越南	509	-1.9	4399	-0.2				
缅甸			2846	1.7				
孟加拉国			5087	-1.2				
柬埔寨			947	1.4				

续表

国 家	玉米		水稻		小麦		大豆	
	产量/万t	变幅/%	产量/万t	变幅/%	产量/万t	变幅/%	产量/万t	变幅/%
菲律宾	751	1.8	1936	5.0				
印度尼西亚	1836	−0.8	6928	−2.8				
伊朗					1335	−4.7		
土耳其	586	−0.7			2074	−6.0		
哈萨克斯坦					1384	−0.7		
乌兹别克斯坦					627	−8.3		
欧洲								
英国					1462	22.6		
罗马尼亚	1115	−1.8			744	1.9		
法国	1505	0.0			3975	3.0		
波兰					1061	12.1		
德国	465	6.0			2768	10.6		
俄罗斯	1176	1.0			5327	2.3	151	−7.8
乌克兰	2998	−3.1			2310	1.3	385	38.9
非洲								
埃塞俄比亚	674	1.0						
埃及	595	−8.4	651	−3.6	951	0.5		
尼日利亚	1063	2.2	468	−0.5				
南非	1253	1.3						
北美洲								
美国	34895	−1.3	1010	18.0	5673	−2.3	9603	7.3
加拿大	1191	−16.1			3329	−11.3	542	4.3
墨西哥	2395	5.7						
南美洲								
巴西	7867	−2.3	1185	0.8	671	9.0	8904	9.0
阿根廷	2508	1.3			1205	14.8	5245	4.5
大洋洲								
澳大利亚					2458	−9.0		
小计	85573	−0.7	66133	−0.2	61333	2.3	27301	8.6
其他国家	13805	8.6	9418	6.4	10639	−2.9	2181	−26.5
全球	99378	0.2	75551	0.4	71972	1.6	29482	6.1

注：表中空白处表示无数据或者产量远小于0.1万t；中国的产量数据不包含台湾省的产量。

在主要粮食出口大国中，除美国、巴西和阿根廷三国的大豆产量显著增长7%之外，其余作物的总产量基本保持稳定。

尽管美国玉米单产增长了2.3%，但是受面积减少3.6%的影响，导致玉米总产量下跌1.3%，同处北美的加拿大玉米总产量大幅度减少16.1%，亚洲的印度玉米同比减产13.4%（印度为2014年全球第七大玉米生产国）。

除埃及水稻产量同比减少3.6%以及美国水稻总产量大幅增长18%之外，其余国家水稻的产量基本保持稳定。

与2013年相比，小麦产量变幅较大。2014年南美洲小麦生育期内，风调雨顺，水分充足，温度适宜，小麦产量同比大幅增长，其中巴西增长9.0%，阿根廷增长14.8%。2014年欧洲小麦生育期内，气候适宜，小麦产量显著增长，其中，德国、波兰与英国的小麦产量分别增加10.6%、12.1%与22.6%。小麦减产幅度最大的为加拿大，2014年小麦产量同比减少11.3%。从地中海东岸至中亚的广大地区，2014年4~7月降水量远小于过去13年同期平均水平，导致冬小麦大幅减产，如伊朗、土耳其、哈萨克斯坦与乌兹别克斯坦等国的冬小麦产量同比减少1%~8%。

与2013年相比，中国、印度、俄罗斯大豆产量分别减少1.3%、2.7%和7.8%。而美国、巴西和阿根廷的大豆产量同比分别增长7.3%、9.0%和4.5%。

5.1.2 中国大宗粮油作物产量

2014年四种大宗粮油作物总产量为52593万t，与2013年大宗粮油作物总产量基本持平，微增18万t。其中，小麦产量为11973.5万t，同比增产1.3%；水稻产量20116.7万t，同比增产0.5%；大豆产量1307.9万t，同比减产1.3%；玉米总产量19195.2万t，同比减产1.1%（表5-2）。受小麦种植面积扩大和单产增长的双重影响，全国小麦产量同比增长。受益于2014年全国中稻产量的显著增加（与2013年相比增产1.1%），全国水稻产量同比增加。2014年秋粮生长季内，包括河南、辽宁等省份遭受严重旱情，玉米单产有所下降，导致2014年全国玉米产量同比下降。由于全国大豆种植面积进一步缩减，2014年全国大豆产量继续减少。

表5-2 2014年中国各省份小麦、水稻、玉米以及大豆产量

省份	玉米		水稻		小麦		大豆	
	产量/万t	变幅/%	产量/万t	变幅/%	产量/万t	变幅/%	产量/万t	变幅/%
安徽	363.2	-4.4	1715.1	2.4	1137.5	2.9	109.8	0.2
重庆	209.9	3.0	478.5	-1.7	111.9	-1.1		
福建			281.2	-0.3				
甘肃	460.4	-6.8			267.1	-2.7		
广东			1107.3	-0.3				
广西			1098.3	0.3				
贵州	500.4	6.0	514.8	0.4				
河北	1623.7	-2.4			1060.9	3.6	17.2	-1.1
黑龙江	2630.3	3.2	2023.1	0.9	45.9	-4.8	458.6	-0.9

续表

省份	玉米		水稻		小麦		大豆	
	产量／万t	变幅／%	产量／万t	变幅／%	产量／万t	变幅／%	产量／万t	变幅／%
河南	1600.8	−4.1	389.5	−5.0	2574.7	1.0	73.7	−5.0
湖北			1591.2	0.3	445.0	0.9		
湖南			2539.4	−0.6				
内蒙古	1436.0	−5.3			188.3	−1.1	83.6	−1.0
江苏	222.7	2.6	1656.9	−0.9	950.1	4.1	78.1	−2.0
江西			1736.5	0.8				
吉林	2403.2	0.4	502.2	−0.9			66.0	1.7
辽宁	1288.9	−2.9	470.9	0.3			51.1	−1.7
宁夏	179.7	6.6	54.5	18.1				
陕西	387.0	−3.2	104.0	−1.1	395.3	1.6		
山东	1835.6	−1.2			2188.6	−1.6	65.9	−5.4
山西	959.3	−2.0			209.5	6.4	18.7	−2.7
四川	710.1	0.6	1467.6	0.6	459.6	0.6		
云南	561.3	−4.7	533.2	5.1				
浙江			278.6	−1.0				
小计	17372.5	−1.2	18542.8	0.3	10034.4	1.1	1022.7	−1.4
其他	1822.7	−0.4	1573.9	3.0	1939.1	2.4	285.2	−0.8
中国总计*	19195.2	−1.1	20116.7	0.5	11973.5	1.3	1307.9	−1.3

*表示中国总产量中不包含台湾省的作物产量。

2014年中国单一作物分省产量占该作物全国总产比例最高的是黑龙江省的大豆，大豆产量占全国大豆总产量的35%。河南、内蒙古、江苏、吉林和山东也是中国的大豆主产省，大豆产量占全国大豆总产的比例也都高于5%。黑龙江、吉林和山东三省是中国的玉米主产区，玉米产量占全国总产的比例分别为14%、13%和10%。河南和山东作为全国小麦的主产区，小麦产量占全国小麦总产量的比例分别高达22%和18%，同属于全国小麦主产省的安徽、河北和江苏，各自小麦产量占全国小麦总产的比例也都接近于10%。作为中国的水稻主产省的湖南、黑龙江、安徽、江西、湖北和四川，水稻产量合计占全国水稻总产的比例高达56%。

在监测的24个省份中，宁夏的水稻产量受种植面积大幅提升的影响，产量增幅高达18.1%。甘肃、内蒙古、云南和安徽玉米产量降幅最大，同比分别减少6.8%、5.3%、4.7%和4.4%，这主要是由于单产和种植面积均有所下降。受7~8月严重干旱的影响，河南、陕西和辽宁等省份玉米减产。山西小麦单产大幅增长，总产量同比增加6.4%；黑龙江小麦种植面积继续缩减，导致小麦产量减少4.8%。与全国其余大豆主产省产量均呈现下降趋势不同，安徽和吉林大豆产量受种植面积增加的影响，大豆产量分别增加0.2%和1.7%。

对于不同生长季的水稻，中稻主产省产量增加，同比增产0.9%，而早、晚稻主产省产量较2013年分别下降约1.1%和0.3%（表5-3），主要原因是中稻生育期内，农业气象条件总体正常，单产得到保证，而早稻主产区受台风、暴雨（如广东、广西）等不利天气的影响，单产有所降低。

表5-3 2014年中国各省份早、中、晚稻产量

省份	中稻		早稻		晚稻	
	产量/万t	变幅/%	产量/万t	变幅/%	产量/万t	变幅/%
安徽	1344.8	3.1	191.0	−1.1	179.2	1.3
重庆	478.5	−1.7				
福建			168.0	0.4	113.2	−1.4
广东			520.7	−1.4	586.6	0.7
广西			542.8	−1.1	555.6	1.6
贵州	514.8	0.4				
黑龙江	2023.1	0.9				
河南	389.5	−5.0				
湖北	1068.8	1.1	239.9	−2.2	282.6	−0.9
湖南	833.8	3.1	827.8	−3.2	877.7	−1.5
江苏	1656.9	−0.9				
江西	287.6	3.2	729.7	1.8	719.2	−1
吉林	502.2	−0.9				
辽宁	470.9	0.3				
宁夏	54.5	18.1				
陕西	104.0	−1.1				
四川	1467.6	0.6				
云南	533.2	5.1				
浙江			150.9	−1.4	127.7	−0.6
小计	11730.2	0.9	3370.8	−1.1	3441.8	−0.3
其余省份	1286.5	3.1	167.9	−1.2	119.6	8.2
中国总计*	13016.7	1.1	3538.7	−1.1	3561.4	0.0

*表示中国总产量中不包含台湾省的作物产量。

受秋粮生育期内旱情影响，2014年玉米产量的下降导致秋粮减产184万t，为40484万t；夏粮总产量为12354万t，增产约167万t；全年粮食总产量为56377万t，同比减产55万t，减幅为0.1%。

5.1.3　2015年全球冬小麦生产形势分析

2014～2015年北半球冬小麦越冬期内，大部分地区光合有效辐射偏低，降水量高于平均水平，对冬小麦越冬期过后的返青、拔节有利。与此同时，北美洲小麦产区和俄罗斯小麦产区温度略偏低，对小麦顺利越冬有一定负面影响，但冬季偏低的气温在一定程度上增强了冬小麦越冬后对异常农业气象条件的适应和抵抗能力。全球范围内，虽然巴基斯坦、俄罗斯、哈萨克斯坦、乌克兰等国作物长势欠佳，但从总体上看，2014～2015年全球冬小麦长势良好。

中国冬小麦主产区越冬期间，农业气象条件总体良好，冬季平均气温略偏高，同时降水偏多，光合有效辐射正常，总体有利于冬小麦越冬和返青后生长。全国夏收作物长势总体良好，黄淮海平原和汾渭平原大部分地区作物长势好于近5年平均水平；同时，监测结果显示，2015年夏收作物主产省份的作物播种面积较2013～2014年增加1.5%，若后期农业气象条件正常，冬小麦有望增产。

5.2　全球大宗粮油作物供应形势

1）玉米

美国、阿根廷、巴西、法国、乌克兰、印度、南非和罗马尼亚等国是全球最重要的玉米出口国，这些国家的玉米生产形势直接关系到全球玉米市场的供应形势。受降水异常影响，雨养条件下玉米产量波动剧烈，导致全球玉米主要出口国玉米总产量年度波动明显，部分年份年际供应数量变化幅度高达5%。其中，2007～2012年，玉米供应数量呈现先增后减的趋势；2009年全球玉米供应数量最高，之后供应数量逐渐下降。2013～2014年，美国玉米产量较2012年干旱年份有显著增加，全球玉米供应数量接近2007年以来的最高供应水平（图5-1）。

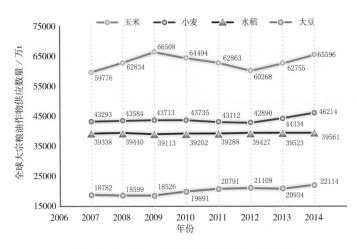

图5-1　全球大宗粮油作物供应形势变化趋势

2）水稻

水稻主要出口国多分布在亚洲，包括泰国、越南、巴基斯坦、印度、柬埔寨等国在内的东南亚诸国贡献了全球水稻出口总量的75%以上。全球水稻主要出口国水稻总产量变幅较小，年际供应数量变幅小于1%。2007年以来，全球水稻供应数量稳定在39000万～39600万t，其中2009年水稻供应数量最低，之后受粮价上涨的影响，东南亚各国加强了水稻的自给自足力度，全球水稻产量保持稳定，水稻供应数量稳步增加。

3）小麦

美国、法国、加拿大、澳大利亚、俄罗斯、哈萨克斯坦和德国等国是全球主要的小麦出口国。2012年之前，小麦主要出口国供应数量总体稳定，年际波动较小，2007～2010年供应数量小幅增加，但2011年和2012年的供应数量逐渐减低；2013～2014年全球小麦产量连续两年保持快速增长，小麦供应数量显著增加，明显高于近5年平均水平。

4）大豆

美国、巴西和阿根廷是全球最主要的大豆出口国，三个国家出口的大豆数量常年占全球大豆出口总量的85%以上。2009年之后全球主产国大豆供应数量逐渐增加，2010年全球大豆供应数量增加幅度较大。2011～2013年，全球大豆供应数量连续三年保持稳定。2014年全球主要大豆生产国大豆产量均大幅增加，全球大豆供应数量达到22114万t，为近2007年来最高水平，较2009年的供应数量增加约20%。近10年来，全球大豆供应数量增加趋势显著。

5.3 中国粮油作物进口来源国生产形势分析

2014年，受价格、运输成本，以及国家转基因技术政策变化等因素的综合影响，中国的主要粮食进口来源国发生了些许变化。就粮食进口数量及交易金额而言，美国、巴西、泰国、南非、越南、澳大利亚是中国主要的粮油作物进口来源国，进口的粮油作物包括美国的大豆、小麦和玉米，巴西的大豆，泰国的水稻，南非的玉米，越南的水稻，澳大利亚的小麦。除此之外，中国还从印度、马来西亚、俄罗斯与乌克兰等国进口部分粮食。十年前，中国从未从印度进口粮食，但近几年来，中国从印度进口的粮食数量迅速增长，印度正在成为中国新的粮食贸易伙伴。

1）小麦进口来源国生产形势分析

2014年中国小麦主要进口来源国小麦生产形势趋紧。中国小麦进口来源国小麦总产量同比下降541万t，降幅3.6%。其中，英国小麦产量较2013年增幅最大，高达22.6%；哈萨克斯坦的小麦产量与2013年相比基本持平。加拿大小麦产量较2013年降幅最大，高达11.3%；澳大利亚和美国的小麦产量也分别下降9.0%和2.3%（表5-4）。加拿大、澳大利亚和美国作为中国最主要的小麦进口来源国，其产量的下降可能会影响到小麦出口总量；

英国小麦的大幅增产以及哈萨克斯坦的稳产为中国进口小麦提供了更多选择，2015年可适当增加从英国和哈萨克斯坦进口小麦的数量。

2）水稻进口来源国生产形势分析

2014年，中国水稻主要进口来源国水稻总产量较2013年下降52万t，降幅为0.2%，中国水稻进口来源国生产形势总体正常。印度、巴基斯坦和越南水稻产量与2013年相比分别下降223万t、31万t和9万t，降幅分别为1.4%、3.2%和0.2%。泰国和缅甸水稻产量与2013年相比小幅增加，增幅分别为0.9%和1.7%。尽管美国水稻产量同比增长18.0%，但是与印度、泰国和缅甸相比，其稻谷的总产量依然较低。中国最主要的两个水稻进口来源国（越南和泰国）2014年水稻产量保持稳定，美国水稻大幅增加，2015年可适当增加从美国进口水稻的数量，减少从巴基斯坦、印度等水稻减产国家的进口量。

3）玉米进口来源国生产形势分析

2014年中国主要玉米进口来源国玉米总产量较2013年下降909万t，虽然降幅仅为1.8%，但909万t的产量缩减量已远超中国每年的玉米进口总量，可能会对2015~2016年的玉米进口造成一定影响。美国和巴西作为中国进口玉米最大的来源国，其2014年玉米产量较2013年分别下降460万t和185万t，降幅分别为1.3%和2.3%；印度玉米产量同比缩减312万t。2015~2016年，中国政府可适当增加从南非、俄罗斯、墨西哥等增产国家进口玉米的数量。

4）大豆进口来源国生产形势分析

2014年中国大豆进口来源国大豆总产量的增幅远高于小麦、玉米和稻谷的增幅，与2013年相比，产量增加1636万t，增幅7.2%，大豆进口来源国生产形势乐观。作为中国大豆最核心的进口来源，2014年美国大豆产量同比增长7.3%。2014年巴西和阿根廷大豆产量也同比增长9%和4.5%，与美国并列为增幅最高的三个大豆生产和出口国。

表5-4　2014年中国小麦、稻谷、玉米以及大豆主要进口来源国产量

	2013年产量／万t	2014年产量／万t	增减产数量／万t	增减幅／%
小麦进口来源国				
美国	5807	5673	−134	−2.3
澳大利亚	2701	2458	−243	−9.0
加拿大	3753	3329	−424	−11.3
英国	1192	1462	270	22.6
哈萨克斯坦	1394	1384	−10	−0.7
小计	14847	14306	−541	−3.6
稻谷进口来源国				
泰国	3879	3914	35	0.9
越南	4408	4399	−9	−0.2

	2013年产量/万t	2014年产量/万t	增减产数量/万t	增减幅/%
美国	856	1010	154	18.0
埃及	675	651	−24	−3.6
印度	15919	15696	−223	−1.4
缅甸	2800	2846	46	1.7
巴基斯坦	980	949	−31	−3.2
小计	29517	29465	−52	−0.2
玉米进口来源国				
美国	35355	34895	−460	−1.3
巴西	8052	7867	−185	−2.3
阿根廷	2476	2508	32	1.3
印度	2329	2017	−312	−13.4
南非	1237	1253	16	1.3
小计	49449	48540	−909	−1.8
大豆进口来源国				
美国	8950	9603	653	7.3
巴西	8169	8904	735	9
阿根廷	5019	5245	226	4.5
加拿大	520	542	22	4.3
小计	22657	24294	1637	7.2

六、结 论

1）2014年全球大宗粮油作物总产增加，其中，玉米、水稻产量基本持平，小麦和大豆产量好于上年

2014年气候异常和自然灾害呈现地域性、阶段性特征，全球大宗粮油作物播种面积保持稳定。全球玉米、水稻、小麦和大豆四种大宗粮油作物总产量达到27.64亿t，同比增产1.2%。其中，全球玉米与水稻总产分别为99378万t和75551万t，与2013年产量变化不大，分别小幅增加0.2%和0.4%；小麦总产为71972万t，同比增产1.6%，大豆总产达到29482万t，同比大幅增长6.1%。

2）2014年中国大宗粮油作物总产量与2013年基本持平

2014年中国大宗粮油作物总产量为52593万t，与2013年基本持平，微增18万t。其中，小麦产量11974万t，比2013年增产约1.3%；水稻产量20117万t，比2013年增产约0.5%；大豆产量1308万t，同比减产约1.3%；玉米总产量19195万t，同比减产约1.1%。

3）2014年全球大宗粮油作物供应形势良好，中国大豆进口来源国生产形势乐观，玉米、水稻和小麦进口来源国产量小幅下降

2014年，全球玉米、水稻、小麦和大豆四种大宗粮油作物供应数量均处于近10年来较高水平，全球供应形势良好；2014年，美国、巴西、泰国、南非、越南、澳大利亚是中国主要的粮油作物进口来源国。这些进口来源国大豆总产量显著增加，为2015年大豆的进口提供了充足的货源；玉米、水稻和小麦进口来源国产量小幅下降。部分国家（如印度和英国）受益于近年大宗粮油作物产量的不断增加，逐渐成为中国新的粮食贸易伙伴；中国逐步发展出多源化的粮油作物贸易伙伴，更多的进口来源，能够确保政府在进口决策时有更多的选择。

4）2015年北半球冬小麦生产前景看好

2014～2015年冬小麦越冬期间，北半球大部分地区降水高于平均水平，为冬小麦越冬期过后的返青、拔节提供了充足的水分条件；总体上2014～2015年全球冬小麦长势良好，仅乌克兰以及与之相邻的俄罗斯部分地区作物长势偏差；中国冬小麦主产区作物长势好于去年和近5年平均水平，同时种植面积小幅增加，若冬小麦收获前农业气象条件正常，中国冬小麦有望增产。

致　谢

本专题由中国科学院遥感与数字地球研究所数字农业研究室的全球农情遥感速报（CropWatch）团队撰写。

本专题得到了中华人民共和国科学技术部、国家粮食局以及中国科学院的项目和经费支持，包括：国家高技术研究发展计划（863）（No.2012AA12A307）、国家国际科技合作专项项目（No.2011DFG72280）、国家粮食局公益专项（201313009-02；201413003-7）、中国科学院科技服务网络计划（KFJ-EW-STS-017）、中国科学院外国专家特聘研究员计划（2013T1Z0016）和中科院遥感地球所"全球环境与资源空间信息系统"项目。

感谢中国资源卫星应用中心、国家卫星气象中心、中国气象科学数据共享服务网等对本书工作提供的支持。感谢欧盟联合研究中心粮食安全部门（FOODSEC/JRC）的François Kayitakire和Ferdinando Urbano提供的作物掩膜数据；感谢VITO公司的Herman Eerens，Dominique Haesen，以及 Antoine Royer提供的SPIRITS 软件、SPOT-VGT遥感影像、生长季掩膜和慷慨的建议；感谢Patrizia Monteduro 和Pasquale Steduto提供的GeoNetwork产品的技术细节；感谢国际应用系统分析研究所和Steffen Fritz提供的国际土地利用地图。

附　录

1. 数据

在书中，全球农业环境评估及环境指标计算所使用的基础数据包括全球的气温、降水量、光合有效辐射产品；全球大宗粮油作物生产形势分析所使用的基础分析数据包括潜在生物量、归一化植被指数和植被健康指数等。

1）归一化植被指数

本书所用的归一化植被指数主要是美国国家航空航天局（NASA）提供的2001年1月～2015年1月的MODIS NDVI数据。利用全球耕地分布数据对NDVI数据进行掩膜处理，剔除非耕地地区，确保NDVI数据集适于粮油作物长势监测及估产等研究。此外，年报还使用了比利时弗拉芒技术研究院（VITO）提供的法国SPOT卫星VEGETATION传感器的长时间序列（1999～2012年）的NDVI平均数据，分辨率为0.185°。

2）气温

本书生产的气温产品为覆盖全球（0.25°×0.25°）的旬产品，产品时间范围为2001年1月～2015年1月。该产品数据源为美国国家气候中心（NCDC）生产的全球地表日数据集（GSOD），包含全球9000多个站点的气温、露点温度、海平面气压、风速、降水量、雪深等观测参量。

3）光合有效辐射

光合有效辐射是影响作物生长的一个重要参数，是指波长范围为400～700nm的太阳短波辐射。本书所用的2001～2013年旬累积PAR数据来自NASA小时尺度的全球产品，统一重采样为0.25°×0.25°；2014年1月的PAR数据由欧盟联合研究中心（EC/JRC）提供。

4）降水量

年报生产了2001年1月～2015年1月的旬降水产品，空间分辨率为0.25°×0.25°，覆盖范围为90°N～50°S之间的陆地。该产品有两个数据源：①第7版的热带测雨卫星（TRMM）遥感降水数据集，空间分辨率为0.25°×0.25°，覆盖范围为50°N～50°S；②气象存档与反演系统产品，空间分辨率为0.25°×0.25°，覆盖范围为50°～90°N。

5）植被健康指数

植被健康指数可以有效地指示作物生长状况。本书采用温度状态指数和植被状态指数加权的方法计算植被健康指数。温度状态指数和植被状态指数数据均可以通过美国国家海洋和大气管理局（NOAA）国家气候数据中心的卫星数据应用和研究数据库下载。

6）潜在生物量

潜在生物量指一个地区可能达到的最大生物量。本书基于Lieth"迈阿密"模型计算了净初级生产力，并以此作为潜在生物量。迈阿密模型中考虑了温度和降水量两个环境要素，单位为克干物质每平方米（gDM/m²）。

2. 方法

在全球尺度上，利用三个农业环境指标（降水量、PAR和气温）以及潜在生物量对全球农业环境进行评估；在七个洲际主产区的监测上，增加了植被健康指数、复种指数、最佳植被状况指数和耕地种植比例四个农情遥感指标对各洲际主产区的作物长势及农田利用强度进行了分析；对全球总产80%以上的30个主产国进行了玉米、小麦、水稻和大豆四种大宗粮油作物的产量分析，对中国通过加入种植结构和耕地比例指标进行了省级尺度的产量分析。图1显示了年报的整体技术方法路线图。

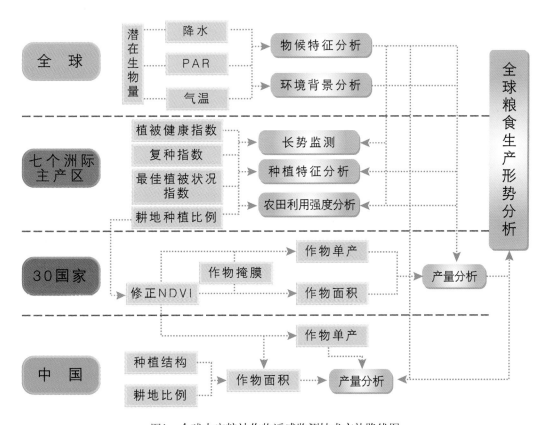

图1　全球大宗粮油作物遥感监测技术方法路线图

1）农业环境指标获取

农业环境指标包括环境三要素（降水量、温度、PAR）和潜在生物量，为粮油作物生产形势等农情分析提供大范围的全球环境背景信息。农业环境指标的计算基于25km空间分辨率的光、温、水数据，利用多年平均潜在生物量作为权重（像元的潜在生产力越高，权重值越大），结合耕地掩膜计算降水量、气温和PAR在不同区域，以及用户定义时段内的累积值。其中，"降水量""气温""PAR"等因子并不是实际的环境变量，而是在各个农业生态区的耕地上经农业生产潜力加权平均后的指标。例如，具有较高农业生产潜力地区的"降水量"指标是对该区耕地面积上的平均降水赋予较高权重值，进行加权平均计算得出的一个表征指标；"温度""PAR"指标的计算与此类似。

2）复种指数提取

复种指数是考虑同一田地上一年内接连种植两季或两季以上作物的种植方式，描述耕地在生长季中利用程度的指标，通常以全年总收获面积与耕地面积比值计算，也可以用来描述某一区域的粮食生产能力。年报采用经过平滑后的MODIS时间序列NDVI曲线，提取曲线峰值个数、峰值宽度和峰值等指标，计算耕地复种指数。

3）耕地种植比例计算

年报中，引入耕地种植比例（CALF）是为了在用户关心时期内，特定区域内的耕地播种面积变化情况。基于像元NDVI峰值、多年NDVI峰值均值（NDVIm），以及标准差（NDVIstd），利用阈值法和决策树算法区分耕种与未耕种耕地。

4）植被状况分析

本书基于Kogan提出的植被状况指数，采用"最佳植被状况指数"（VCIx）来描述监测期内当前最佳植被状态与历史同期的比较。最佳植被状况指数的值越高，代表研究期内作物生长状态越好，最佳植被状况指数大于1时，说明监测时段的作物长势超过历史最佳水平。因此，最佳植被状况指数更适宜描述生育期内的作物状况。

5）时间序列聚类分析

时间序列聚类方法是自动或半自动地比较各像元的时间序列曲线，把具有相似特征曲线的像元归为同一类别，最终输出不同分类结果的过程。这种方法的优势在于能够综合分析时间序列数据，捕捉其典型空间分布特征。本专题应用VITO为联合研究中心农业资源监测中心（JRC/MARS）开发的SPIRITS软件，对NDVI时间序列影像（当前作物生长季与近5年平均的差值），以及降水量和温度（当前作物生长季与近13年平均的差值）进行了时序聚类分析。

6）基于NDVI的作物生长过程监测

基于NDVI数据，绘制研究区耕地面积上的平均NDVI值时间变化曲线，并与该区上一年度、近5年平均、近5年最大NDVI的过程曲线进行对比分析，以此反映研究区作物长势的动态变化情况。

7）作物种植结构采集

作物种植结构是指在某一行政单元或区域内，每种作物的播种面积占总播种面积的比例，该指标仅用于中国的作物种植面积估算。作物种植结构数据通过利用种植成数地面采样仪器（GVG）在特定区域内开展地面观测，来估算每一区域各种作物的种植比例。

8）作物种植面积估算

中国、美国、加拿大、澳大利亚和埃及的作物种植面积和其他国家的作物种植面积估算方法有所不同。对于中国、美国、加拿大、澳大利亚和埃及，报告利用作物种植比例（播种面积/耕地面积）和作物种植结构（某种作物播种面积/总播种面积）对播种面积进行估算。其中，中国的耕地种植比率基于高分辨率的环境星（HJ-1 CCD）数据和高分一号（GF-1）数据通过非监督分类获取，美国和加拿大等国家的耕地种植比例基于MODIS数据估算；中国的作物种植结构通过GVG系统由田间采样获取，美国和加拿大等国家的作物种植结构由主产区线采样抽样统计获取。通过农田面积乘以作物种植比例和作物种植结构估算不同作物的播种面积。

对于其他无条件开展地面观测的主产国种植面积估算，报告引入耕地种植比率（CALF）的概念进行计算，公式如下：

$$面积_i = a + b \times \mathrm{CALF}_i$$

式中，a和b分别为利用2002～2013年时间序列耕地种植比率和2002～2013年FAOSTAT或各国发布的面积统计数据线性回归得到的两个系数，各个国家的耕地种植比率通过CropWatch系统计算得出。通过当年和去年的种植面积值计算面积变幅。

9）作物总产量估算

CropWatch基于上一年度的作物产量，通过对当年作物单产和面积相比于上一年变幅的计算，估算当年的作物产量。计算公式如下：

$$总产_i = 总产_{i-1} \times （1 + \Delta 单产_i）\times （1 + \Delta 面积_i）$$

式中，i为关注年份；Δ单产$_i$和Δ面积$_i$分别为当年单产和面积相比于上一年的变化比率。

对于中国，各种作物的总产通过单产与面积的乘积进行估算，公式如下所示：

$$总产 = 单产 \times 面积$$

对于31个粮食主产国，单产的变幅是通过建立当年的NDVI与上一年的NDVI时间序列函数关系获得。计算公式如下：

$$\Delta 单产_i = f（\mathrm{NDVI}_i, \mathrm{NDVI}_{i-1}）$$

式中，NDVI_i和NDVI_{i-1}分别为当年和上一年经过作物掩膜后的NDVI序列空间均值。综合考虑各个国家不同作物的物候，可以根据NDVI时间序列曲线的峰值或均值计算单产的变幅。

10）全球验证

以上各遥感农情指标及产量的验证是基于全球28个研究区的地面观测工作而进行的。其中，国内的观测站点包括山东禹城、黑龙江红星农场、广东台山、河北衡水、浙江德清等试验站；国外观测验证区包括俄罗斯、南美洲阿根廷、美国大豆与玉米主产区等地的地面观测点。另外，通过与正大集团以及中国科学院东北地理与农业生态研究所的合作，获取了中国2000多个样方的作物单产调查数据，为国内省级尺度的作物生产形势监测提供了数据与验证支持。

3. 主要参考文献

国家测绘局. 2008. 中华人民共和国地图——农业区划版. http://219.238.166.215/mcp/MapProduct/Cut/%E5%86%9C%E4%B8%9A%E5%8C%BA%E5%88%92%E7%89%88/900%E4%B8%87%E5%86%9C%E4%B8%9A%E5%8C%BA%E5%88%92%E7%89%88（%E5%8D%97%E6%B5%B7%E8%AF%B8%E5%B2%9B）/Map.htm. 2014–12–26.

吴炳方, 李强子. 2004. 基于两个独立抽样框架的农作物种植面积遥感估算方法. 遥感学报, 8（6）: 551~569.

吴炳方, 田亦陈, 李强子. 2004. GVG农情采样系统及其应用. 遥感学报, 8（6）: 570~580.

吴炳方, 范锦龙, 田亦陈, 等. 2004. 全国作物种植结构快速调查技术与应用. 遥感学报, 8（6）: 618~627.

孙颔. 1994. 中国农业自然资源与区域发展. 南京：江苏科学技术出版社.

张淼, 吴炳方, 于名召, 等. 2015. 未种植耕地动态变化遥感识别方法. 遥感学报, 19（4）: 1993~2002.

Grieser J, Gommes R, Cofield S, et al. 2006. World Maps of Climatological Net Primary Production of Biomass, NPP. ftp://tecproda01.fao.org/public/climpag/downs/globgrids/npp/npp.pdf. http://www.fao.org/nr/climpag/globgrids/NPP_en.asp. 2014–12–26.

Joint Research Centre, European Commission. 2014. Web tools. http://mars.jrc.ec.europa.eu/mars/Web–Tools.2014–12–26.

Jain M, Mondal P, DeFries R, et al. 2013. Mapping cropping intensity of smallholder farms: A comparison of methods using multiple sensors. Remote Sensing of Environment, 134: 210~223.

Kogan F. 1995. Application of vegetation index and brightness temperature for drought detection. Advances in Space Research, 15:91~100.

Kogan F. 2001. Operational space technology for global vegetation assessment. Bulletin of the American Meteorological Society, 82:1949~1964.

Kogan F, Stark A, Gitelson L, et al. 2004. Derivation of pasture biomass in Mongolia from AVHRR-based vegetation health indices. International Journal of Remote Sensing, 25（14）:2889~2896.

Kogan F. 1990. Remote sensing of weather impacts on vegetation in non-homogenous areas. International Journal of Remote Sensing, 11:1405~1419.

Lieth H. 1972. Modeling the primary productivity of the earth. Nature and Resources, 2（5）:10.

Li Q, Wu B. 2012. Crop planting and type proportion method for crop acreage estimation of complex agricultural landscapes. International Journal of Applied Earth Observation and Geoinformation, 16: 101~112.

NASA. 2014. Level 1 Atmosphere archive and distribution system （LAADS Web）. http://Ladsweb.nascom.nasa.gov/data/search.html.2014-12-26.

NASA. 2014. Global change master directory （GCMD）. http://gcmd.gsfc.nasa.gov.2014-12-26.

NASA. 2014. Goddard earth sciences data and information services center （GES DISC）. http://disc.sci.gsfc.nasa.gov/mdisc.2014-12-26.

NASA. 2014. Tropical rainfall measuring mission. http://trmm.gsfc.nasa.gov.2014-12-26.

European Commission. 2014. Food sec meteodata distribution page. http://marswiki.jrc.ec.europa.eu/datadownload/index.php.2014-12-26.

NOAA. 2014. NOAA STAR Center for satellite applications and research. ftp://ftp.star.nesdis.noaa.gov/pub/corp/scsb/wguo/data/gvix/gvix_weekly. 2014-12-26.

Wu B, Zhang M, Zeng H, et al. 2014. New indicators for global crop monitoring in cropwatch——Case study in Huang-Huai-Hai Plain. IOP Conference Series: Earth and Environmental Science, 17（1）: 012050.

Wu B, Meng J, Li Q, et al. 2014. Remote sensing-based global crop monitoring: Experiences with China's CropWatch System. International Journal of Digital Earth, 7（2）:113~137.

Zhang M, Wu B, Meng J, et al. 2014. Fallow land mapping for better crop monitoring in Huang-Huai-Hai Plain using HJ-1 CCD data. IOP Conference Series: Earth and Environmental Science, 17（1）:012048.

第二部分
全球大型国际
重要湿地

全球生态环境
遥感监测
2014
年度报告

全球大型国际重要湿地的
分布与变化特征

典型国际重要湿地
变化分析

中国典型国际重要
湿地变化分析

全球生态环境
遥感监测
2014
年度报告

一、引　言

1.1　背景与意义

湿地不仅是地球表层最富生物多样性的生态系统之一，也是人类赖以生存和发展的重要环境资本。湿地因具有保护生物多样性、涵养水源、净化水质、调蓄洪水、补充地下水、调节气候、维持生态平衡等多种极为重要的生态功能和服务价值，常被誉为"地球之肾"、"天然水库"和"天然物种库"。

世界各国对湿地保护高度重视，1971年2月2日，来自18个国家的代表在伊朗拉姆萨尔共同签署了《关于特别是作为水禽栖息地的国际重要湿地公约》（以下简称《湿地公约》）。中国于1992年正式加入《湿地公约》。截至2015年5月，公约缔约国已达168个。

在全球变化背景下，随着经济发展和人类活动不断加剧，全球很多湿地发生了明显退化甚至丧失，据联合国环境规划署最新报道，自20世纪以来，全球湿地约64%已经丧失。如何应对湿地变化所引起的全球生态环境问题引起了广泛关注，尤其是国际重要湿地的保护显得更为重要。

及时掌握和了解国际重要湿地生态系统动态变化状况，对湿地研究和管理具有十分重要的意义。遥感具有传统手段不具备的技术优势，能够高效、准确、客观的在大尺度上对湿地的时空分布和动态变化进行监测。本书利用卫星遥感数据，对2001年和2013年全球100处大型国际重要湿地以及中国20处国际重要湿地的状况及变化进行监测分析，独立客观地评价了大型国际重要湿地的生态环境状况，受到了湿地国际（Wetlands International）组织的充分肯定。这是中国首次，也是国际上第一次利用遥感技术在全球范围对大型国际重要湿地进行监测，体现了中国在保护国际重要湿地方面的贡献。

1.2　监测对象

湿地：根据《湿地公约》，将"湿地"定义为"不问其为自然或人工、长久或暂时性的沼泽地、泥炭地或水域地带、静止或流动、淡水、半咸水、咸水体，包括低潮时水深不超过6m的水域"。

国际重要湿地：是指根据《湿地公约》规定，每个缔约国指定的其领土内列入《国际重要湿地名录》（下称《湿地名录》）的湿地。这些湿地在生态学、植物学、动物学、湖沼学或水文学方面具有国际意义，尤其是一年四季均对水禽具有国际意义。截至2015年5月，全球被列入《湿地名录》的国际重要湿地共计2193处，总面积约为2.09亿hm^2（https://rsis.ramsar.org/），中国被列入《湿地名录》的国际重要湿地达46处，总面积超过400万hm^2。

湿地分类：《湿地公约》中将湿地分为滨海/海岸带湿地、内陆湿地和人工湿地三大类，42个小类。本专题以《湿地公约》的分类体系为参考，考虑到所采用的卫星遥感影像的空间分辨率和遥感技术的实际分类能力，建立了国际重要湿地遥感制图分类系统（附表1），其中，人工湿地包括水产养殖场/盐场、水库、水田和其他人工水体，其他均属自然湿地类型。

监测对象：为保证监测的可靠性，本书依据可查证确切分布范围、面积较大、地图信息完整、兼顾全球典型生态气候区和各大洲均匀分布的原则，在国际重要湿地数据库中选取100处大型国际重要湿地（大于20万hm²）作为本书的监测对象（附表2），对其中不同湿地类型的10处典型国际重要湿地进行重点分析。为了解中国湿地的时空动态变化状况，针对20处国际重要湿地进行重点分析。

1.3 监测内容与指标

1）湿地类型和面积

湿地与非湿地类型之间的相互转化、湿地类型之间的相互转化、湿地面积的增减等是反映湿地生态环境状况的重要指标。国际重要湿地设立的出发点是为了保护作为生物栖息地的湿地及其生物多样性，区内也存在着非湿地类型。一般而言，如果湿地类型转变为非湿地类型或自然湿地转变为人工湿地，则意味着国际重要湿地的生态环境状况变差，不利于生物多样性的保护；反之，则认为国际重要湿地的生态环境状况向好的方向转变。

2）湿地景观完整性

利用景观生态学的理论和方法，借助于遥感和地理信息系统工具，可以实现对湿地景观完整性的评价。湿地景观完整性指数区间为［0,1］，指数越高，表明湿地景观的完整性越高，就越有利于湿地生态系统功能的维持和发挥。不同时期湿地景观完整性指数的变化也指示了湿地生态系统完整性特征的变化。

3）湿地生态系统的干扰/退化

人类因生产、生活需要对湿地进行的不同程度的开发和利用（如农业开垦、水库建坝、鱼塘养殖等），必然对湿地产生不同程度的干扰。另外，由于自然环境条件的变化（如降水、温度变化等），也同样会对湿地生态系统产生影响。这两种因素的综合作用，往往导致湿地生态系统由湿地景观类型向非湿地景观类型或者由自然湿地向人工湿地景观转变；而在人为有效保护和恢复措施下，也会发生非湿地景观向湿地景观的转变，因此可以用湿地生态系统干扰或退化程度来定量监测这种变化过程，为湿地管理和决策提供支持。湿地退化/干扰指数区间为［0,1］，完全无干扰/退化时为0，干扰/退化越严重，数值越高。

1.4 数据与方法

1）遥感数据与监测方法

全球100处大型国际重要湿地的监测以2001年和2013年的中等分辨率成像光谱仪（MODIS）植被指数产品（16天合成，每年23期，空间分辨率为250m）为主要数据源；中国国际重要湿地的监测以2001年和2013年的MODIS反射率产品（8天合成，每年46期，空间分辨率为250m）为主要数据源。同时以高分辨率遥感影像及其他地理数据作为辅助数据，采用滤波、主成分变换、监督分类和非监督分类等多种技术方法结合，对湿地进行遥感监测和分类制图，最小制图单元面积为56.25hm²（3×3像元）。具体方法及技术流程见附录中第2节、附图1及附图2。

2）质量控制方法

为保证湿地制图精度，在2001年和2013年两个时期的湿地遥感制图过程中均采用人工目视解译方式，参考高分辨率遥感影像以及《湿地公约》等主要网站提供的湿地类型图和照片等信息，针对每处国际重要湿地进行了训练样本的采集。同时，在分类过程中加入了增强型水体指数、归一化水体指数和坡度等参数，实现湿地分类精度的提高。其中，坡度因子的加入可以有效地排除较大坡度范围的土地覆盖类型；水体指数的加入增强了水与背景的差异，有利于水体的提取，同时有利于水田与其他农用地的区分。

3）精度检验

利用高分辨率遥感影像对全球大型国际重要湿地制图结果进行精度检验。在各大洲（南极洲除外）随机抽选10个国际重要湿地作为待检验区域，将分类结果中的所有地物类型进行随机采样，抽取每一类型总像元数的1%作为检验样本，共计2386个，利用高分一号、资源三号等国内外高分辨率卫星影像进行对照，完成对所有类型的精度检验。其中，2001年总精度为88%，Kappa系数为0.86；2013年总精度为89%，Kappa系数为0.87（附表3、附表4）。

中国国际重要湿地制图的精度检验同样利用高分辨率遥感影像，结合长时间序列的遥感植被指数对分类结果进行检验，在20处国际重要湿地内均匀选择了1624个样本。2001年的总体精度85%，Kappa系数为0.83，2013年的总体精度为88%，Kappa系数为0.86（附表5、附表6）。

二、全球大型国际重要湿地的分布与变化特征

2.1 全球国际重要湿地的空间分布概况

2001年后，国际重要湿地的数量比以往有了明显增长（图2-1）。至2015年5月，被列入《湿地名录》的国际重要湿地共有2193处（https://rsis.ramsar.org/）。本书完成了其中2131处国际重要湿地边界的识别与提取（图2-2）。

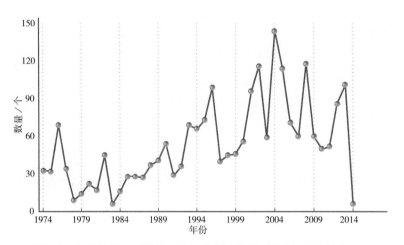

图2-1　全球被列入《湿地名录》的湿地数量（1974～2014年）

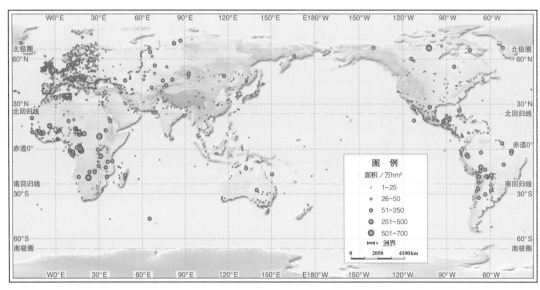

图2-2　全球国际重要湿地分布

2.1.1　国际重要湿地在各大洲的分布

全球国际重要湿地在各大洲分布数量极其不均，湿地面积也相差悬殊。欧洲拥有的国际重要湿地数量最多，其次为非洲和亚洲（表2-1）；全球最小的国际重要湿地面积不足1hm²（澳大利亚的霍斯尼泉，2010年前），而面积最大的则达600多万公顷（刚果民主共和国的恩吉利–通巴–曼多比湿地）；从各大洲国际重要湿地总面积来看，非洲的国际重要湿地总面积最大，大洋洲的国际重要湿地面积最小（图2-3、图2-4）。

表2-1　各洲国际重要湿地数量

洲名*	国际重要湿地数量／个
亚洲	315
欧洲	898
非洲	330
南美洲	102
北美洲	295
大洋洲	72
南极洲	2

注：*表示除此之外，还有117个国际重要湿地位于海洋。

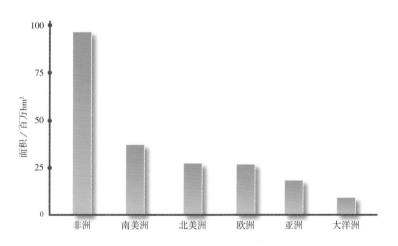

图2-3　各洲国际重要湿地面积

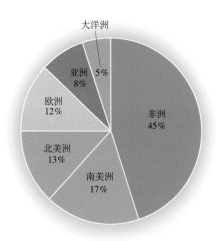

图2-4 各洲国际重要湿地面积比例

2.1.2 国际重要湿地在各生态区的分布

根据全球生态区（global ecological zones, GEZ）（附图3），对国际重要湿地在各生态区的分布情况进行统计，发现各生态区内国际重要湿地的分布也不均匀。国际重要湿地主要位于温带海洋性森林、温带大陆性森林、亚热带干旱森林、热带季雨林、热带雨林等区域。北方苔原林地、温带荒漠区域的国际重要湿地数量较少（表2-2）。

表2-2 各生态区国际重要湿地数量

生态区*	国际重要湿地数量／个
北方针叶林	114
北方山地系统	60
北方苔原林地	6
极地苔原	28
亚热带荒漠	43
亚热带湿润森林	91
亚热带山地系统	71
亚热带干旱森林	214
亚热带草原	94
温带大陆性森林	240
温带荒漠	18
温带山地系统	86
温带海洋性森林	392
温带草原	64
热带荒漠	56
热带旱生林	119
热带季雨林	202
热带山地系统	79
热带雨林	180
热带灌木林	61

注：*表示除此之外，另有46个国际重要湿地位于海洋或其他水域。

2.2　全球大型国际重要湿地面积与类型变化

2.2.1　全球大型国际重要湿地的总体变化特征

本书选择100处大型国际重要湿地（图2-5、表2-3）进行遥感变化监测，2001年和2013年结果表明：全球大型国际重要湿地内，非湿地面积约占56%，湿地总面积减少不足1%，说明全球尺度上湿地面积总体保持稳定状态。但是在湿地内部，由于气温、降水等自然条件的波动和部分人类活动的影响，湿地类型之间发生了不同程度的波动。人工湿地类型中，水田面积在2001～2013年约减少27%（4.32万hm^2，占国际重要湿地面积的0.03%，下同[①]），而同期水库面积增加24%（0.37万hm^2，不足0.01%）（图2-6）。

内陆湿地面积变化的剧烈程度高于人工湿地和滨海湿地。例如，季节性草本沼泽湿地和洪泛湿地面积分别增加约21%（154.02万hm^2，占1.11%）和6%（6.94万hm^2，占0.05%）；而内陆森林/灌丛沼泽面积减少近30%（163.50万hm^2，占1.18%）；河流和湖泊面积则分别减少9%（5.22万hm^2，占0.04%）和12%（6.82万hm^2，占0.49%）。整体上内陆湿地呈现出面积减小的趋势。一方面说明全球湿地减少的趋势在这些大型国际重要湿地内同样存在；另一方面也表明气候的年际波动性是造成内陆湿地不稳定的原因。

2001～2013年，滨海森林/灌丛沼泽面积增加约13%（6.11万hm^2，占0.44%），除此以外，其余类型变化小于3%（1.50万hm^2，占0.02%），处于相对稳定状态。这可能与滨海湿地较少受到水文条件的变化影响，而主要受气温等气象条件变化的影响有关。

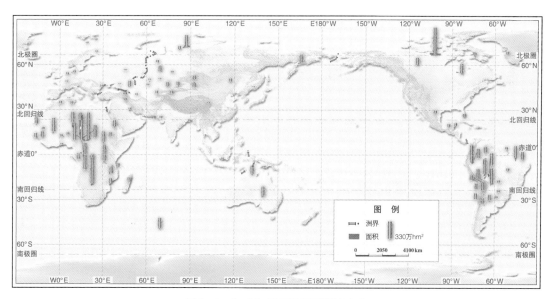

图2-5　全球大型国际重要湿地分布

[①] 本章若无特别说明，括号内比例数字均指占全球（大洲/生态区）大型国际重要湿地总面积的百分比。

表2-3　报告中各洲大型国际重要湿地数量

洲名	国际重要湿地数量／个
亚洲	27
欧洲	10
非洲	30
南美洲	20
北美洲	10
大洋洲	2
南极洲	1

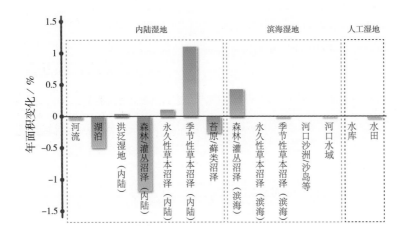

图2-6　2001～2013年全球大型国际重要湿地内湿地类型变化

2.2.2　各洲大型国际重要湿地内的湿地类型及面积变化

2001～2013年各洲大型国际重要湿地内湿地类型面积及变化如图2-7所示，可以看出，各洲国际重要湿地的类型构成差异比较大，且类型变化具有多样性。各洲国际重要湿地的变化情况分述如下。

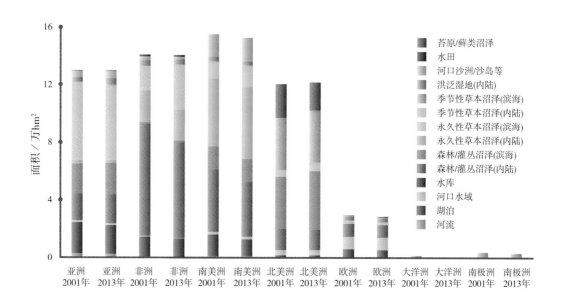

图2-7　各洲大型国际重要湿地内湿地类型及面积（2001年、2013年）

1）亚洲

亚洲选择的20处大型国际重要湿地主要以季节性草本沼泽（内陆）、湖泊、内陆和滨海森林/灌丛沼泽为主，占保护区总面积的62%，非湿地面积约占26%（图2-8（a））。2001～2013年，湿地总面积减少约1%，表现为湖泊、内陆季节性草本沼泽和永久性草本沼泽减少，而洪泛湿地和森林/灌丛沼泽增加（图2-9（a））。其中，24.58%的滨海季节性草本沼泽（1.52万hm²，约占0.08%）、15.58%的内陆永久性草本沼泽（3.98万hm²，占0.22%）和14.87%的滨海永久性草本沼泽（1.29万hm²，约占0.07%）转变为非湿地，这可能与水分的供给不足导致湿地退化有关。

另外，在自然湿地类型内部也存在着明显的变化，如水体与洪泛湿地、季节性草本沼泽与洪泛湿地之间的转变（附表8）。2001～2013年，乌兹别克斯坦的艾达尔-阿纳西湖（Aydar-Arnasay Lakes System）国际重要湿地内，有9.64万hm²（占15.14%）永久性草本沼泽转变为水体，0.42万hm²转变为季节性草本沼泽（占0.66%）；有1.50万hm²（占2.36%）水体转变为永久性草本沼泽。这些变化应该与气候条件的年际波动有关。

2）欧洲

欧洲选择的10处大型国际重要湿地主要以河口水域（约占25%）、内陆森林/灌丛沼泽（约占23%）、湖泊（约占15%）为主，非湿地面积约占22%（图2-8（b））。2001～2013年，湿地总面积减少约3%（11万hm²），主要表现为湖泊和森林/灌丛沼泽的减少（图2-9（b））。另外，本区域有少量水库这一人工湿地类型存在，其中有12%（0.19万hm²，约占0.04%）转变为非湿地，这可能与欧洲开发时间较长有关。季节性内陆草本沼泽总面积所占比例虽然不高，但其中有34%（7.82万hm²，占1.85%）转变为非湿地（旱地）（附表9）。

3）非洲

被列入《湿地名录》的国际重要湿地以非洲面积为最大，本书对其中的30处大型湿地进行了监测。与其他大陆不同的是，森林/灌丛和草地等非湿地类型在国际重要湿地中占有优势的面积比例（占76%，图2-8（c）），主要湿地类型为内陆森林/灌丛沼泽（占11%）。从总体来看，2001～2013年非洲国际重要湿地的面积变化不大（减少2万hm²）。

但是受水文气候等自然因素的影响，湿地类型之间变化较大，主要表现为季节性草本沼泽增加和内陆森林/灌丛沼泽的减少（图2-9（c））。一方面，17%的河流（1.65万hm²，约占0.03%）和20%的内陆洪泛湿地（7.47万hm²，占0.12%）等类型转变为非湿地；另一方面，内陆森林/灌丛沼泽和草本沼泽向森林/灌丛和草地类型转变，同时，13%的内陆洪泛湿地（4.69万hm²，约占0.08%）转变为湖泊等水体类型。2001～2013年，坦桑尼亚的马拉加拉西-缪约瓦斯湿地（Malagarasi-Muyovozi Wetlands）中，有0.70万hm²（占0.19%）水体转变为永久性草本沼泽；14.34万hm²（占3.87%）永久性草本沼泽转变为季节性草本沼泽，说明水文条件年际的波动导致了这些湿地类型之间的转变（附表10）。

4）南美洲

南美洲选择的20处大型国际重要湿地中，非湿地（森林/灌丛和草地）占有较大比例（约占53%）（图2-8（d）），而湿地类型以森林/灌丛湿地（约占20%）和永久性草本沼泽（约占18%）为主，季节性湿地面积所占比例较小。2001～2013年，湿地面积总体减小26万hm²，主要表现为森林/灌丛沼泽和湖泊面积的大幅减少，而永久性草本沼泽和河口湿地等类型增加（图2-9（d））。森林/灌丛沼泽主要向森林/灌丛等非湿地类型转变，而湖泊主要转变为季节性湿地。另外，也有季节性草本沼泽转变为人工覆盖/裸地等非湿地类型（附表11）。上述这些变化的产生一方面与降水等年际波动有关，另一方面则与人类的农业开发活动密切相关。

5）北美洲

北美洲选择的10处大型国际重要湿地，以季节性草本沼泽（滨海）、滨海森林/灌丛沼泽、苔原/藓类沼泽和内陆森林/灌丛沼泽为主（占93%）（图2-8（e））。总体来看，2001～2013年北美洲国际重要湿地面积增加14万hm²，是全球各洲中唯一表现为湿地面积增加的大陆（图2-9（e））。国际重要湿地内湿地类型的转变主要发生在滨海季节性沼泽类型与洪泛湿地、滨海森林/灌丛沼泽、苔原/藓类沼泽和湖泊等4种类型之间（附表12），可能与气候导致降水变率的年际波动有关。

6）大洋洲

大洋洲选择的2处大型国际重要湿地中，湿地总面积不足5%，主要以季节性草本沼泽（滨海）为主。2001～2013年，湿地面积约减少8万hm²，季节性草本沼泽（滨海）约有90%（4.30万hm²，不足0.01%）转变为森林/灌丛。大洋洲也是湿地面积变化相对较大的大洲之一（图2-8（f））。

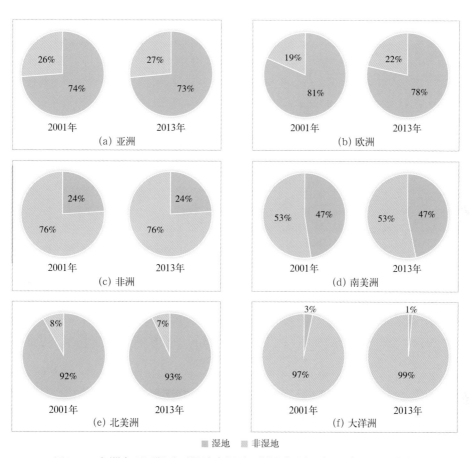

图2-8　各洲大型国际重要湿地内湿地/非湿地比例（2001年、2013年）

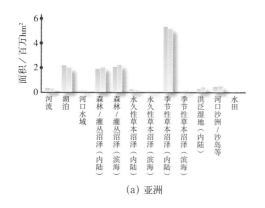

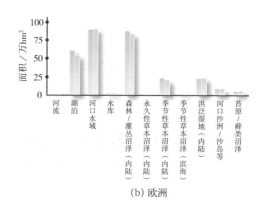

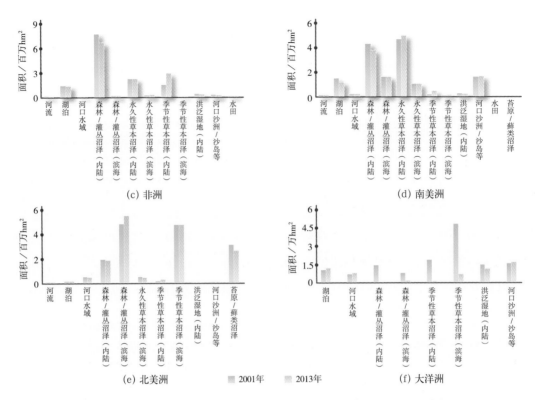

(c) 非洲　　　　　　　　　　　　　　　(d) 南美洲

(e) 北美洲　　■ 2001年　　■ 2013年　　(f) 大洋洲

图2-9　各洲大型国际重要湿地内湿地类型及面积（2001年、2013年）

2.2.3　典型生态区大型国际重要湿地的面积变化

大型国际重要湿地在各生态区的分布情况如表2-4所示，主要分布在热带生态区内。本书对热带雨林、热带荒漠、亚热带草原、温带草原、北方针叶林、极地苔原6个生态区内的大型国际重要湿地进行监测和分析。

表2-4　大型国际重要湿地在各生态区分布数量

生态区*	大型国际重要湿地数量／个
北方针叶林	2
北方山地系统	1
北方苔原林地	3
极地苔原	8
亚热带荒漠	2
亚热带山地系统	1
亚热带草原	3
温带大陆性森林	4
温带荒漠	7
温带山地系统	1
温带海洋性森林	3
温带草原	4

生态区*	大型国际重要湿地数量／个
热带荒漠	5
热带旱生林	10
热带季雨林	13
热带山地系统	5
热带雨林	17
热带灌木林	6

注：*表示除此之外，另有5个国际重要湿地位于海洋或其他水域。

从图2-10可以看出，各生态区内湿地面积都出现了不同幅度的减少，其中，位于温带草原的国际重要湿地内湿地面积减少比例最大；另外，除北方针叶林和极地苔原温带草原外，其余3个生态区的国际重要湿地内，湿地所占比例都低于非湿地的比例。

1）热带雨林

热带雨林生态区的大型国际重要湿地内，湿地面积约占1/3。湿地类型以内陆森林/灌丛沼泽和永久性草本沼泽等湿地类型为主。

2001～2013年，热带雨林地区的主要湿地类型中，既存在由森林/灌丛沼泽向森林/灌丛转变、由季节性草本沼泽向草地转变，也存在水体（湖泊和河流）与洪泛湿地、季节性草本沼泽之间的相互转变。这一现象说明气候尤其是降水的年际波动可能是造成湿地类型变化的原因，但总体上呈现森林/灌丛沼泽减少和草本沼泽增加的趋势（图2-11（a））。

2）热带荒漠

热带荒漠地区的大型国际重要湿地内，湿地总面积约占30%，主要以湖泊、洪泛湿地和河口沙洲/沙岛等湿地类型为主。

2001～2013年，热带荒漠地区的国际重要湿地内湿地面积基本维持不变，主要变化特点表现为湖泊、洪泛湿地的减少和季节性草本沼泽的增加（图2-11（b））。湖泊面积变化最大，约有20%（9.20万hm²，约占3%）转变为人工覆盖/裸地、季节性草本沼泽（内陆）、洪泛湿地；同时也存在洪泛湿地转变为湖泊的情况。另外，草本沼泽和河口沙洲/沙岛等也存在转换关系。这一现象说明总体上该生态区内湿地来水减少和降水的波动是造成湿地类型变化的原因。

3）亚热带草原

亚热带草原地区的大型国际重要湿地内，湿地总面积约占40%，主要以内陆永久性草本沼泽为主（图2-11（c））。

2001～2013年，亚热带草原地区国际重要湿地内的湿地面积总体上减少约2%（图2-10（c）），主要表现为永久性草本沼泽、洪泛湿地的减少，其中，永久性草本沼泽主要转变为草地和人工覆盖/裸地等非湿地类型；而洪泛湿地主要转变为人工覆盖/裸地类型。另外，也存在草地、森林/灌丛等转为永久性草本沼泽的现象。

4）温带草原

温带草原地区的大型国际重要湿地内，湿地总面积约占一半以上（图2-10（d））。2001～2013年，该区主要湿地类型变化不大，以内陆森林/灌丛沼泽、湖泊、季节性草本沼泽（内陆）、洪泛湿地四种类型为主。

2001～2013年，温带草原地区的湿地面积减少较大。其中，变化最大的是季节性草本沼泽（内陆），约32%（2.33万hm²，不足0.01%）转变为旱地，约11%（0.80万hm²，不足0.01%）转变为草地；约31%（1.13万hm²，不足0.01%）的永久性草本沼泽转变为草地；内陆森林/灌丛沼泽中，约15%（4.70万hm²，占0.03%）转变为旱地，约11%（3.45万hm²，占0.02%）转变为森林/灌丛。另外，在水体与洪泛湿地以及洪泛湿地与季节性草本沼泽之间也存在转化现象。

5）北方针叶林

北方针叶林地区的大型国际重要湿地内，湿地面积约占73%。以内陆森林/灌丛沼泽和季节性草本沼泽（内陆）湿地类型为主，其次还有小面积苔原/藓类沼泽（约占2%）分布（图2-10（e））。

2001～2013年，北方针叶林地区的主要湿地类型中，变化最大的是湖泊，约39%（约0.02万hm²，约占0.02%）的面积转变为非湿地（人工覆盖/裸地），26%（约0.02万hm²，约占0.01%）转变为季节性草本沼泽；其次，20%的河流（0.76万hm²，占0.49%）和15%的季节性草本沼泽（6.67万hm²，占4.29%）转变为内陆森林/灌丛沼泽；20%的草地、人工覆盖/裸地等非湿地（6.99万hm²，占4.49%）转变为季节性草本沼泽。总体上湿地面积维持不变，但森林/灌丛沼泽减少，季节性草本沼泽增加（图2-11（e））。

6）极地苔原

极地苔原地区的大型国际重要湿地内，湿地总面积约占95%（图2-10（f）），以季节性草本沼泽（内陆）、季节性草本沼泽（滨海）、苔原/藓类沼泽、滨海森林/灌丛沼泽四种湿地类型为主。

2001～2013年，极地苔原地区的主要湿地类型中，内陆洪泛湿地的变化最大，其中，18%转变为季节性草本沼泽（0.42万hm²，占0.04%），6%转变为河流（0.15万hm²，约占0.01%），14%转变为湖泊（0.32万hm²，约占0.03%）；河口沙洲/沙岛等约有15%（1.01万hm²，约占0.09%）转变为非湿地（草地）。此外，苔原/藓类沼泽、滨海森林/灌丛沼泽与季节性草本沼泽之间发生相互转变（图2-11（f））。

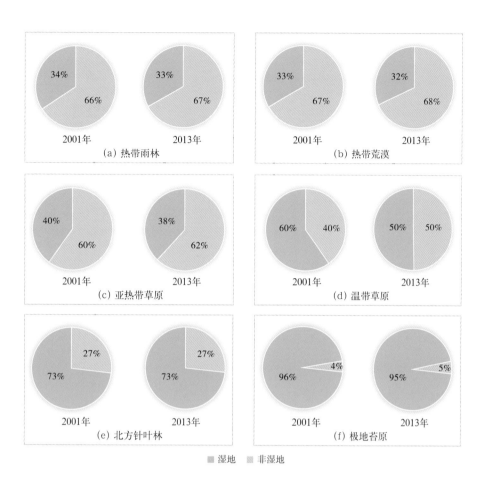

图2-10 不同生态区大型国际重要湿地内湿地/非湿地比例（2001年、2013年）

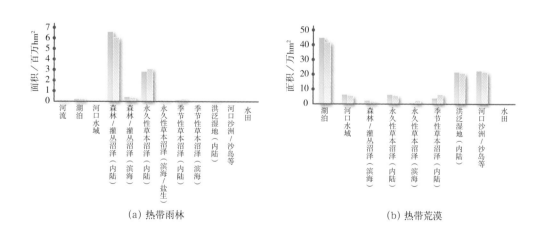

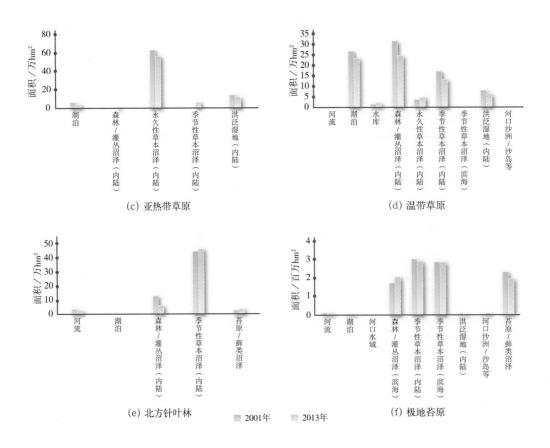

图2-11 不同生态区大型国际重要湿地内湿地类型及面积（2001年、2013年）

2.3 全球大型国际重要湿地的景观生态评价

2.3.1 湿地景观完整性评价

通过对各大洲大型国际重要湿地的景观完整性指标统计（图2-12），可以看出，总体上，北美洲和亚洲的国际重要湿地具有最高的湿地景观完整性（>60%），南美洲和欧洲国际重要湿地的景观完整性接近，最低为大洋洲。

从位于景观完整性不同等级的大型国际重要湿地数量比例看，北美洲、亚洲和欧洲的湿地景观完整性指数大于80%的国际重要湿地分别有5处、5处和3处。非洲30处大型国际重要湿地中，无一处湿地的景观完整性指数达到80%。在除北美洲外的其他各个大陆，景观完整性差（指数小于20%）的国际重要湿地均占较大的比例，如非洲达到了86%，欧洲和亚洲分别为50%和52%。

2001～2013年，亚洲和大洋洲的国际重要湿地的景观完整性指数有所降低，而欧洲的湿地景观完整性则有所提高。北美洲和非洲湿地的景观完整性则基本维持不变。

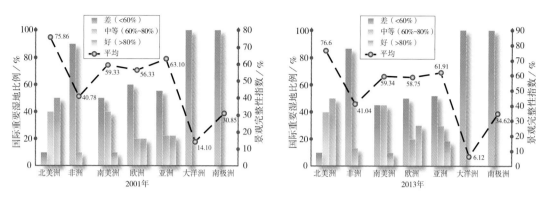

图2-12 全球大型国际重要湿地景观完整性（2001年、2013年）

水是湿地存亡的必要条件。利用遥感技术监测国际重要湿地最小水体面积占湿地面积的比例，对于湿地具有重要的指示意义。从监测结果看（图2-13），欧洲的国际重要湿地中的水体面积比例最高（约35%），其次为亚洲（约14%），其他各大洲国际重要湿地的最小水体面积比例（平均）均小于5%。

从2001年和2013年的监测结果看，除大洋洲外，其余各大陆的国际重要湿地内最小水体面积均表现了减小的趋势。本书中监测的100处大型国际重要湿地，有70处表现了水体面积减小的趋势，主要分布在非洲、亚洲和南美洲（图2-13）。

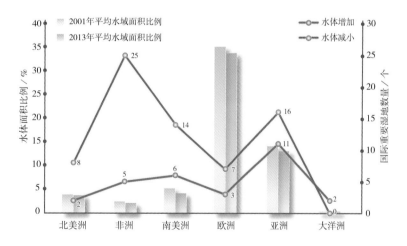

图2-13 全球大型国际重要湿地内水体面积比例（2001年、2013年）

2.3.2 湿地生态系统的干扰/退化

利用2001年和2013年遥感监测结果，根据附录第2节和附表7计算得到各大洲的干扰/退化指数。从总体来看（图2-14），北美洲和南极洲国际重要湿地的干扰/退化指数最低（低于5%）；其次，亚洲、南美洲的干扰/退化指数也较低；大洋洲和非洲的干扰/退化指数较高。2001～2013年，北美洲的国际重要湿地的干扰/退化有所缓解，而欧洲、亚洲、南美洲和非洲的干扰/退化程度加大。

从各个国际重要湿地的干扰/退化水平看（表2-5、表2-6），本书中监测的100处大型国际重要湿地中，2001年和2013年无干扰/退化（指数小于5%）的湿地分别为32处和34处，轻度干扰（指数为5%～20%）的湿地分别为49处和44处，干扰较为严重（指数大于20%）的湿地分别为19处和22处。可以看出，全球范围内，国际重要湿地依然受到干扰/退化的威胁。

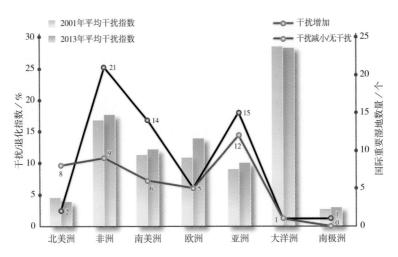

图2-14 各洲国际重要湿地的干扰/退化（2001年、2013年）

表2-5 2001年各洲国际重要湿地干扰/退化水平 （单位：个）

2001年	无干扰/退化（<5%）	轻度干扰/退化（5%～20%）	严重干扰/退化（>20%）
北美洲（10）	6	3	1
非洲（30）	4	15	11
南美洲（20）	5	14	1
欧洲（10）	4	4	2
亚洲（27）	12	12	3
大洋洲（2）	0	1	1
南极洲（1）	1		

注：括号内数字表示报告监测的该洲的国际重要湿地数量。

表2-6　2013年各洲国际重要湿地的干扰/退化水平　　　　　　　　　　　（单位：个）

2013年	无干扰/退化（<5%）	轻度干扰/退化（5%~20%）	严重干扰/退化（>20%）
北美洲（10）	8	2	0
非洲（30）	4	15	11
南美洲（20）	4	13	3
欧洲（10）	5	3	2
亚洲（27）	12	11	4
大洋洲（2）	0	0	2
南极洲（1）	1		

注：括号内数字表示报告监测的该洲的国际重要湿地数量。

2.4　小结

湿地保护在全球日益得到重视，2001年后国际重要湿地数量明显增长，到2015年5月达到2193处。但受各国自然地理环境和社会经济等因素影响，国际重要湿地的分布在各大洲具有较大差异性。欧洲的国际重要湿地数量最多，但面积以非洲为最大。同样，国际重要湿地在各生态区的分布也不均一，温带生态区内数量最多，其次是热带各类型生态区。

本专题利用2001年和2013年16天间隔的时间序列MODIS遥感数据资料，对全球100处大型国际重要湿地进行了监测和分析，结果表明在100处大型国际重要湿地内，非湿地类型占有较大的比例；全球尺度看，湿地面积总体呈现轻度减少（小于1%）；同时，由于水文、气候等自然条件的波动性导致了湿地内各类型在年际间呈现了明显的波动特征。

各大洲之间，除北美洲的国际重要湿地面积略有增加外，其余各洲均表现了不同程度的减少，其中面积变化最大的发生在南美洲和欧洲，而相对面积变化最大的是欧洲和大洋洲（湿地减少约3%）。湿地减少的类型主要是森林/灌丛沼泽、季节性草本沼泽和湖泊。人类活动对这些国际重要湿地的直接影响相对较小，湿地的变化更多地与气候条件的波动有关。另外，非湿地在非洲、南美洲和大洋洲的国际重要湿地内占有较高的比例（大于53%）。各生态区内以温带草原内国际重要湿地内的湿地减少比例最大。另外除北方针叶林和苔原生态区外，其余4个生态区的国际重要湿地内，非湿地都占有较高的比例（大于50%）。

总体上，北美洲的国际重要湿地具有最好的景观完整性，景观完整性差的国际重要湿地在其他各洲占较大的比例，如非洲达到了86%。监测结果也表明，100处大型国际重要湿地有70处表现了水体减小的趋势，主要分布在非洲、亚洲和南美洲。

从湿地干扰/退化程度看，全球范围内国际重要湿地依然受到干扰/退化的威胁。本书监测的100处大型国际重要湿地中，2001年和2013年干扰/退化较为严重的国际重要湿地分别为19处和22处。

三、典型国际重要湿地变化分析

在全球100处大型国际重要湿地监测的基础上，本专题着重选取高中低纬度带、平原及高山、内陆与滨海等区域的10种湿地类型的典型国际重要湿地进行分析。

3.1 内陆湿地

3.1.1 伊朗乌尔米耶湖

乌尔米耶湖（Lake Urmia或Lake Orumiyeh），位于伊朗伊斯兰共和国西北部，1975年6月被列为国际重要湿地（拉姆萨尔湿地编号：38；中心坐标：37°30′N，45°30′E），总面积为48.30万hm²（https://rsis.ramsar.org），是世界上最大的永久性高盐度湖泊之一，由60条左右的咸水河流汇集而成，水位和盐度受季节性影响而变化。由于乌尔米耶湖没有出水口，加上长期干旱少雨的气候条件，造成湖泊盐分沉积及湖盐沿岸结晶的现象。监测结果表明2001～2013年，乌尔米耶湖的水面面积减少了19.06万hm²（约占40%[①]），2013年湖泊总面积仅剩2001年湖泊总面积的56%；洪泛湿地的面积增长显著，约15.51万hm²（约占34%）由退化的湖面转变而来，约有49%转变为人工覆盖/裸地（图3-1）。

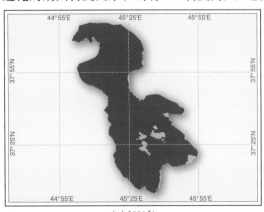

(a) 2001年

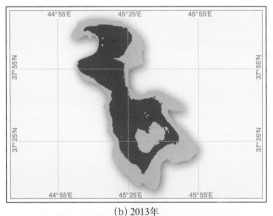

(b) 2013年

(c) 区位图

(d) 遥感影像

图3-1 乌尔米耶湖

[①]本章若无特别说明，括号内比例数字指占所述国际重要湿地面积的比例。

3.1.2 乍得境内乍得湖

乍得湖（Lake Chad）是一个国际湖泊，位于非洲中北部喀麦隆、尼日尔、尼日利亚和乍得四国交界处。其中，位于乍得的部分于2001年8月被列为国际重要湿地（拉姆萨尔湿地编号：1134；中心坐标：14°20′N，13°37′E），总面积为164.82万hm²(https://rsis.ramsar.org)。乍得湖（乍得共和国境内部分）的主要湿地类型为淡水湖泊，湖泊周围分布有季节性草本沼泽（内陆）、洪泛湿地（内陆）等。由于本地气候持续干旱、蒸发强烈、沙漠侵蚀规模大，湖面面积不断缩小。

2013年永久水面的面积比2001年降低9%（0.61万hm²，占0.36%），这几乎将昔日的渔村摧毁。同时，该区域另一种重要的湿地类型——季节性草本沼泽（内陆）也发生了剧烈变化，2001～2013年，这种类型的沼泽面积减少88%（7.06万hm²，占4.18%），主要是由干旱气候以及排水灌溉等因素造成的（图3-2）。

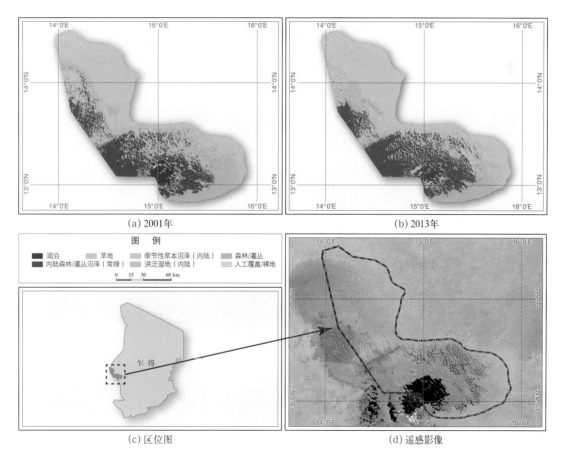

图3-2 位于乍得共和国境内的部分乍得湖

3.1.3 亚美尼亚塞凡湖

塞凡湖（Lake Sevan）位于亚美尼亚共和国东部，1993年6月被列为国际重要湿地（拉姆萨尔湿地编号：620；中心坐标：40°15′N，45°21′E），总面积为49.02万hm²，是世界上最大的高山淡水湿地之一（https://rsis.ramsar.org）。塞凡湖是其首都埃里温（Yerevan）地区的重要饮用水水源地，同时也被用于能源生产、工业、农业、休闲等其他用途。

卫星遥感影像显示，2013年该国际重要湿地内，农业用地面积比2001年增加10%左右，新增农业用地主要来自于草地和内陆森林/灌丛沼泽的开垦，由地下水抽取等因素引起的水量减少是塞凡湖面临的最大威胁。当地政府自2001年以来实施人工补水工程将水位提升3m，至2013年湖泊面积总共增加2%；但是，因补水引起17%的森林/灌丛被淹（约0.05万hm²，占0.11%），反而加剧了湖泊水体有机物污染、鱼类减少等生态问题（图3-3）。

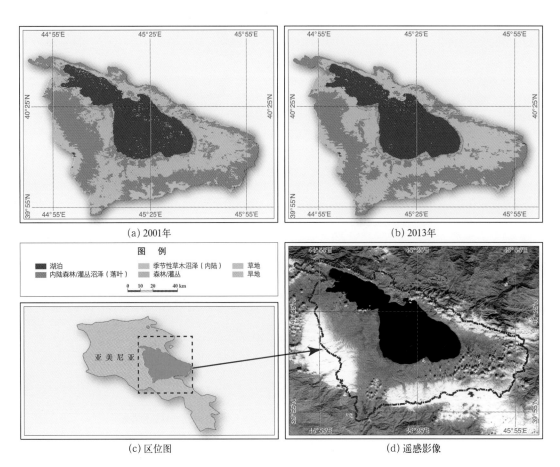

(a) 2001年　　　　　　　　　　　(b) 2013年

图 例

■ 湖泊　　　　　■ 季节性草木沼泽（内陆）　　　　■ 草地
■ 内陆森林/灌丛沼泽（落叶）　　■ 森林/灌丛　　　　　　■ 旱地

0 10 20   40 km

亚美尼亚

(c) 区位图　　　　　　　　　　　(d) 遥感影像

图3-3　塞凡湖

3.1.4　阿根廷奇基塔湖泊湿地

奇基塔湖泊湿地（Bañados del Río Dulce y Laguna de Mar Chiquita）位于阿根廷，2002年5月被列为国际重要湿地（拉姆萨尔湿地编号：1176；中心坐标：30°23′S，62°46′W），总面积为99.60万hm²（https://rsis.ramsar.org）。它是阿根廷最大、最重要的内陆流域盆地，包括一个大型盐湖——奇基塔湖（世界上最大的盐湖之一）以及位于北岸的大面积沼泽和南部的次级河流。由于该区以畜牧业、渔业、林业和农业为主，水资源的紧缺使得湿地面临巨大威胁。2013年，常年有水的湖面面积总体锐减，近一半的湖面丧失（25.80万hm²，约占26%），消失的湖面大多被季节性草本沼泽替代，小部分转变为洪泛湿地；其次，该国际重要湿地内非湿地类型变化也比较大，2013年旱地面积比2001年增加2倍多（5.69万hm²，约占6%）。从总体上来看，农业开垦等人类活动对自然湿地的影响非常大（图3-4）。

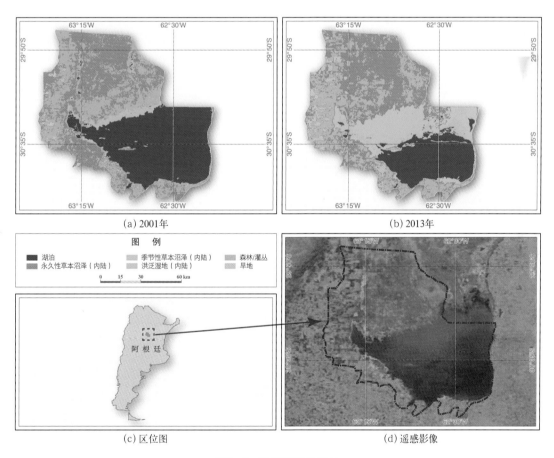

图3-4　奇基塔湖泊湿地

3.2 滨海湿地

3.2.1 加拿大毛德皇后湾

毛德皇后湾（Queen Maud Gulf）是加拿大境内面积最大的国际重要湿地，1982年5月被列入《湿地名录》（拉姆萨尔湿地编号：246；中心坐标：67°0′N，102°0′W），总面积为627.82万hm²（https://rsis.ramsar.org）。它是由大面积低洼湿草甸和草甸苔原组成的加拿大中部极区苔原平原，其间散布有苔藓、地衣、维管束植物群落，也是加拿大境内面积最大的鸟类保护区，湿地类型以苔原/藓类沼泽为主（约占30%），也有少量季节性草本沼泽（滨海）和低矮的滨海森林/灌丛沼泽分布。

2001~2013年，苔原/藓类沼泽中25%转变为滨海森林/灌丛沼泽（59万hm²，约占9%），16%转变为滨海季节性草本沼泽（38万km²，约占6%）；滨海季节性草本沼泽中20%转变为苔原/藓类沼泽（41万hm²，约占7%）；滨海森林/灌丛沼泽中15%转变为苔原/藓类沼泽（19万hm²，约占3%）；苔原/藓类沼泽面积减少19%（37万hm²，约占6%）。由于本区地处极地苔原带，居住人口少，湿地变化受人类活动影响少，因此，该区域剧烈的湿地变化主要归因于气候变化（图3-5）。

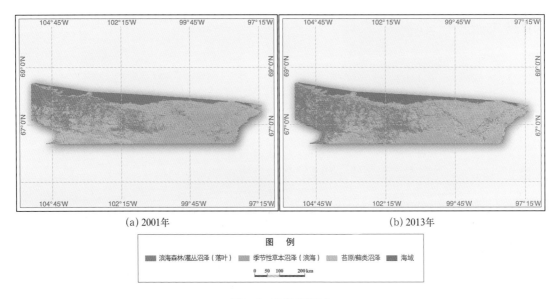

（a）2001年　　　　（b）2013年

图3-5　毛德皇后湾

3.2.2 孟加拉孙德尔本斯红树林湿地

孙德尔本斯森林保护区（Sundarbans Reserved Forest）位于孟加拉共和国西南海滨，濒临孟加拉湾，地处恒河、布拉马普特拉河与梅克纳河三河交汇处，总面积为60.17万hm²（https://rsis.ramsar.org）。保护区内水系发育、潮汐河道纵横，自然环境优美独特，是世界上面积最大的红树林连续分布区，是一些濒危稀有物种的家园，动植物物种多样性极其丰富（其中包括300种植物、425种动物左右）。由于本保护区对生态和社会经济具有重要意义，1992年被列为国际重要湿地（拉姆萨尔湿地编号：560；中心坐标：22°2′N，89°31′E）。

2001～2013年，孙德尔本斯森林保护区内的主要湿地类型滨海森林/灌丛沼泽约有0.46万hm²（不足1%）转变为旱地，面积变化较小。由于孟加拉国是全球拥有最大红树林种植项目的国家之一，2000年以后，世界银行对该区红树林生态环境保护工程提供资助，用于保护红树林区的物种多样性、防止林区生态环境恶化。目前，该区域红树林保护效果较好，2013年滨海常绿森林/灌丛沼泽面积比2001年增加7%左右（约3万hm²，约占5%）（图3-6）。

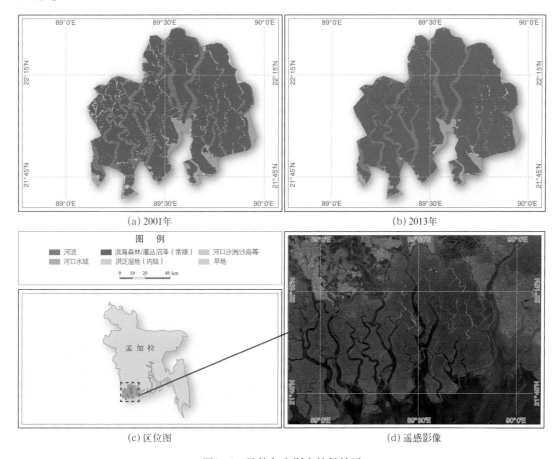

图3-6　孙德尔本斯森林保护区

3.2.3　墨西哥圣卡安

圣卡安（Sian Ka'an）位于墨西哥东部沿海岩溶平原，2003年11月被列为国际重要湿地（拉姆萨尔湿地编号：1329；中心坐标：19°30′N，87°37′W），总面积为65.22万hm²（https://rsis.ramsar.org）。被红树林环绕着的两大浅湾、落水洞与灰岩坑，是这一热带落叶林区的标志性景观。

根据2001年和2013年遥感监测结果，本区域内主要湿地类型永久性草本沼泽（滨海）减少3.67%（0.56万hm²，占0.86%），季节性草本沼泽（滨海）减少10.85%（1.05万hm²，占1.61%），这主要是由于捕捞过度、旅游业发展、林火、外来物种入侵、玛雅文化考古等活动对湿地保护造成了威胁。目前，当地管理部门已采取一系列措施对其进行保护，还采用对当地人进行培训的方式使其成为外来旅游者的向导，以此促进旅游业、生态系统的可持续发展。

另外，该国际重要湿地内，主要湿地类型间还存在相互转化。1.69万hm^2永久性草本沼泽（占2.58%）转变为季节性草本沼泽，2.34万hm^2季节性草本沼泽（占3.58%）转变为永久性草本沼泽（图3-7）。

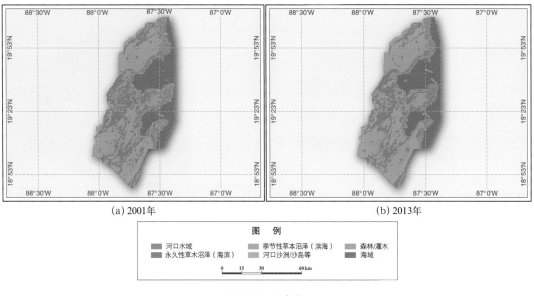

(a) 2001年 (b) 2013年

图　例

河口水域　季节性草本沼泽（滨海）　森林/灌木
永久性草木沼泽（海滨）　河口沙洲/沙岛等　海域

0　15　30　60 km

图3-7　圣卡安

3.2.4　美国佛罗里达大沼泽地国家公园

佛罗里达大沼泽地国家公园（Everglades National Park），位于美国佛罗里达州南部海滨，1987年6月被列为国际重要湿地（拉姆萨尔湿地编号：374；中心坐标：25°33′N，80°55′W），总面积为61.05万hm^2（https://rsis.ramsar.org）。该区主要湿地类型为永久性草本沼泽（滨海）、滨海森林/灌丛沼泽、河口水域等。大沼泽地国家公园在美国国内工农业用水、防洪工作、渔业发展等方面具有至关重要的作用，同时，也是环境保护教育、户外休闲的理想去处，因此，湿地保护工作尤为重要。近10多年来，通过相关管理部门与当地农民相互谈判与协商，一系列以恢复天然水流量为目的的重要保护措施得以实施并取得较好效果。

2001～2013年，红树林等滨海森林/灌丛沼泽（常绿）湿地的面积增加近18%（2.80万hm²，约占4%）；河口水域面积也略有增加；此外，河口沙洲/沙岛等类型面积降低约21%（0.48万hm²，不足1%），大部分转变为河口水域（图3-8）。

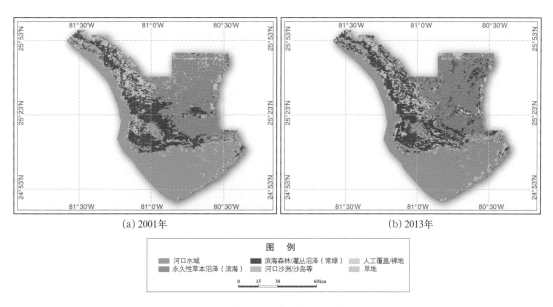

（a）2001年　　　　　　　　　　　　　　（b）2013年

图　例

河口水域　　　　　滨海森林/灌丛沼泽（常绿）　　　人工覆盖/裸地
永久性草本沼泽（滨海）　　河口沙洲/沙岛等　　　旱地

0　　15　　30　　　　　60km

图3-8　佛罗里达大沼泽地国家公园

3.2.5　罗马尼亚多瑙河沼泽湿地

横跨罗马尼亚和乌克兰两国边境的多瑙河三角洲（Danube Delta），是欧洲现存面积最大的天然湿地之一，大部分位于罗马尼亚，这部分于1991年5月被列为国际重要湿地（拉姆萨尔湿地编号：521；中心坐标：45°10′N，29°15′E），总面积为64.70万hm²（https://rsis.ramsar.org），是世界上最大的芦苇产区。

多瑙河三角洲地处罗马尼亚最为干旱、阳光照射最强的区域，再加上频繁的大风天气加剧地表水分蒸发，使得湿地面临巨大威胁。根据2001年和2013年遥感监测结果，多瑙河三角洲农业开垦、开渠引水等人类活动强度较大，10多年间旱地面积增加了78.34%（4万多公顷，约占7%），高强度的人类活动对三角洲区域的冲积平原造成了人为阻断，使得内陆森林/灌丛沼泽面积减少29.68%（7.55万hm²，约占12%），进一步削弱了湿地抵御旱涝的功能（图3-9）。

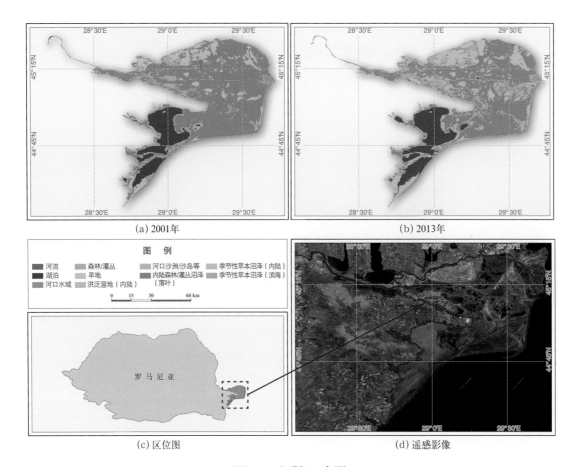

图3-9　多瑙河三角洲

3.3　内陆/滨海混合型湿地

卡卡杜国家公园（Kakadu National Park）是澳大利亚最大的国家公园，位于澳大利亚北领地，1980年12月被列为国际重要湿地（拉姆萨尔湿地编号：204；中心坐标：12°40′S，132°45′E），也是该国标志性景点、四大自然文化双遗产之一，总面积达197.98万hm²（https://rsis.ramsar.org）。卡卡杜国家公园以其复杂而独特的地貌与多样的动植物种群著称，园区内既有低洼潮湿的沼泽地供鸟类栖息，也有沿海岸线分布、由沙滩与丛林构成的海潮区供鳄鱼繁衍生息，起伏的平原、突兀荒芜的高原等自然地貌景色各异，拥有内陆生态系统和海岸带生态系统。卡卡杜国家公园的主要景观类型为森林/灌丛（约占88%），湿地类型以季节性草本沼泽（滨海）、河口沙洲/沙岛等、河口水域、季节性草本沼泽（内陆）、内陆森林/灌丛沼泽为主（图3-10）。

2001～2013年，约有90%的滨海季节性草本沼泽（4万多公顷，约占2%）转变为森林/灌丛；约有28%的河口沙洲/沙岛等（0.44万hm²，占0.23%）转变为人工覆盖/裸地，8%（0.12万hm²，约占0.06%）转变为河口水域，3%（5万多hm²，约占0.03%）转变为滨海森林/灌丛沼泽；约有26%（0.18万hm²，约占0.09%）的河口水域转变为河口沙洲/沙岛等；约有99%（4万多hm²，占2.22%）的季节性草本沼泽（内陆）转变为森林/灌丛；内陆森林/灌丛沼泽约有一半（0.71万hm²，占0.36%）转变为人工覆盖/裸地，37%（0.52万hm²，占0.27%）转变为森林/灌丛，10%（0.14万hm²，约占0.07%）转变为草地，3%（约0.04万hm²，约占0.02%）转变为河口沙洲/沙岛等。

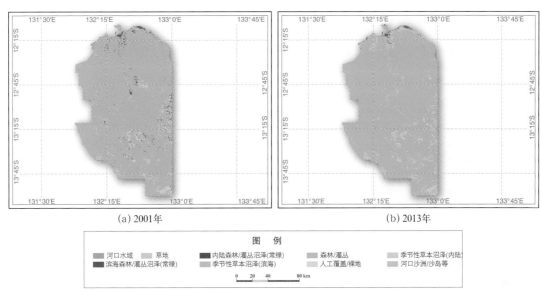

(a) 2001年　　　　　　　　　　　　　(b) 2013年

图　例

河口水域　　草地　　内陆森林/灌丛沼泽(常绿)　　森林/灌丛　　季节性草本沼泽(内陆)

滨海森林/灌丛沼泽(常绿)　季节性草本沼泽(滨海)　人工覆盖/裸地　河口沙洲/沙岛等

0　20　40　　80 km

图3-10　卡卡杜国家公园

3.4　小结

通过对典型国际重要湿地2001年和2013年的变化监测分析，发现主要受自然环境因素影响的国际重要湿地内，湿地变化以湿地类型之间的相互转变为主。例如，位于加拿大中部极区的毛德皇后湾附近居住人口少，人类活动影响弱，2001～2013年内出现了苔原/藓类沼泽向其他沼泽湿地类型转化的现象，未出现自然湿地向人工湿地或非湿地的转化。

人类活动对湿地的影响主要分为两方面：

（1）对湿地实施保护措施能在一定程度上促进湿地物种多样性保护。例如，以保护红树林为目的而设立的孟加拉孙德尔本斯国际重要湿地在2000年以后，采取了一系列措施改善生态环境，使该区红树林得到有效保护，2013年滨海红树林湿地面积增加7%左右（约3万hm²，约占5%）。

（2）在国际重要湿地内从事农业开垦等经济活动对湿地保护造成威胁。例如，2001～2013年，位于阿根廷境内的国际重要湿地——奇基塔湖泊湿地内出现农业用地（主要为旱地）的大面积增长（增加2倍多，约占6%），同时，随之而来的后果是约有一半的常年有水湖面面积丧失（25.80万hm²，约占26%）。此外，高强度的农业开垦活动还会削弱湿地抵御旱涝的功能，如罗马尼亚多瑙河三角洲湿地在2001～2013年新增旱地面积78%（4万多hm²，约占7%），这些新增加的农地大多是由开垦内陆沼泽而来，由此造成了湿地防洪功能的退化。

四、中国典型国际重要湿地变化分析

4.1 中国国际重要湿地现状

我国地域辽阔，地貌类型千差万别，地理环境复杂，气候条件多样，是世界上湿地类型齐全、数量丰富的国家之一，拥有《湿地公约》中列出的全部湿地类型。中国的湿地生境类型众多，其间生长着多种多样的生物物种，不仅物种数量多，而且很多物种为中国特有，具有重大的科研价值和经济价值。

全国湿地调查统计[①]显示我国湿地高等植物约有225科815属2276种(亚种)，分别占全国高等植物科、属、种数的63.7%、25.6%和7.7%。我国共有湿地陆生野生动物25目、75科、724种。其中，湿地兽类7目12科31种；鸟类12目32科271种；爬行类3目13科122种；两栖类3目11科300种。此外，鱼类、甲壳类、虾类、贝类等脊椎和无脊椎动物种类繁多，资源十分丰富。在湿地陆生野生动物中，国家I级重点保护野生动物有20种，国家II级重点保护野生动物78种。在亚洲57种濒危鸟类中，中国湿地内就有31种，占54%；全世界雁鸭类有166种，中国湿地中就有50种，占30%；全世界鹤类有15种，中国仅记录到的就有8种。此外，还有许多是属于跨国迁徙的鸟类。在中国湿地中，有的是世界某些鸟类惟一的越冬地或迁徙的必经之地，如在鄱阳湖越冬的白鹤占世界总数的95%以上。我国淡水鱼类770多种或亚种，其中包括许多洄游鱼类，它们借助湿地系统提供的特殊环境产卵繁殖。

自1992年我国政府加入《湿地公约》以来，至今已有46处湿地分8个批次被列入《湿地名录》（图4-1）。从空间分布范围来看，这些国际重要湿地分布于黑龙江省（8处）、云南省（4处）、青海省（3处）、湖北省（3处）、湖南省（3处）、广东省（3处）、内蒙古自治区（2处）、吉林省（2处）、辽宁省（2处）、江苏省（2处）、上海市（2处）、西藏自治区（2处）、广西壮族自治区（2处）、江西省（1处）、甘肃省（1处）、福建省（1处）、山东省（1处）、四川省（1处）、浙江省（1处）、海南省（1处）、香港特别行政区（1处）（图4-1）。

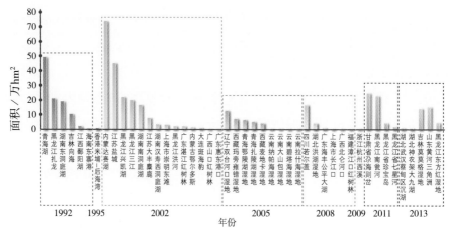

图4-1　中国国际重要湿地面积及被列入《湿地名录》的时间

[①]本章涉及的国际重要湿地概况均来源于2003年国家林业局《全国湿地资源调查简报》。

4.2 中国典型国际重要湿地时空变化

本专题利用2001年和2013年时间序列MODIS遥感卫星资料，结合地形高程和高分辨率遥感影像等数据，对中国46处国际重要湿地进行了变化监测。浙江西溪湿地、云南大山包湿地等面积较小，受空间分辨率限制，其细节信息无法判读；西藏纳帕海湿地等几乎不受人类活动影响，变化不明显。受篇幅所限，本书选取20处国际重要湿地（表4-1、图4-2），对这些湿地的面积变化以及景观完整性和受干扰/退化程度进行了评估分析。

表4-1 中国典型国际重要湿地

名称	被列入《湿地名录》的时间	国际重要湿地编号
黑龙江珍宝岛湿地自然保护区	2011年9月1日	1978
黑龙江东方红湿地自然保护区	2013年10月16日	2185
黑龙江南瓮河自然保护区	2011年9月1日	1976
黑龙江七星河自然保护区	2011年9月1日	1977
黑龙江兴凯湖自然保护区	2002年1月11日	1155
黑龙江扎龙自然保护区	1992年3月31日	549
内蒙古达赉湖自然保护区	2002年1月11日	1146
辽宁双台河口自然保护区	2004年12月7日	1441
青海扎陵湖自然保护区	2004年12月7日	1442
青海鄂陵湖自然保护区	2004年12月7日	1436
甘肃尕海−则岔湿地自然保护区	2011年9月1日	1975
四川若尔盖湿地自然保护区	2008年2月2日	1731
湖北沉湖自然保护区	2013年10月16日	2184
湖北洪湖自然保护区	2008年2月2日	1729
湖南东洞庭湖自然保护区	1992年3月31日	551
湖南南洞庭湖自然保护区	2002年1月11日	1151
湖南西洞庭湖自然保护区	2002年1月11日	1154
江西鄱阳湖自然保护区	1992年3月31日	550
江苏盐城自然保护区	2002年1月11日	1156
上海崇明东滩自然保护区	2002年1月11日	1144

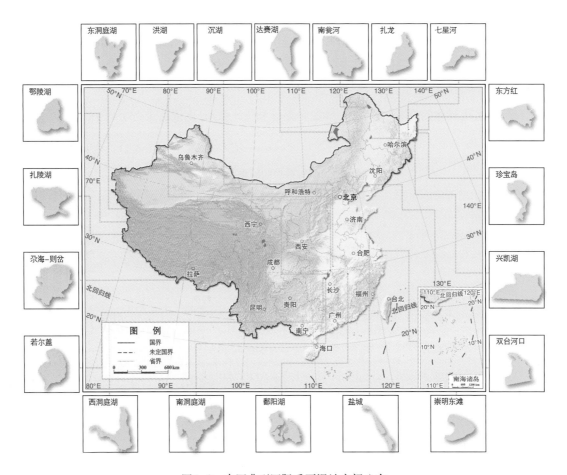

图4-2 中国典型国际重要湿地空间分布

　　2001~2013年，东北地区8处国际重要湿地内减少湿地面积3.36万hm²；西部地区4处重要湿地面积减少0.33万hm²；中部地区洞庭湖等6处重要湿地面积基本维持不变；滨海地区的江苏盐城、上海崇明东滩2处重要湿地，因非湿地转变成人工湿地（水田），面积增加1.32万hm²，受到较大干扰。总体而言，20处国际重要湿地内的湿地面积净减少共计约2.38万hm²，占20处保护区①总面积的0.8%左右（图4-3）。

----

　　①本章涉及的保护区均指中国国际重要湿地。

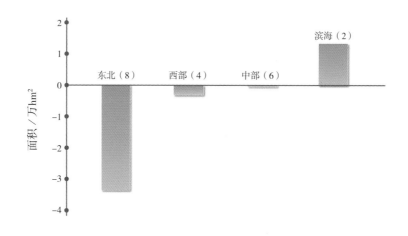

图4-3　中国不同区域国际重要湿地面积变化（2001～2013年）

4.2.1　东北地区

本书选取东北地区8处国际重要湿地，分别为黑龙江省珍宝岛湿地自然保护区、东方红湿地自然保护区、南瓮河自然保护区、七星河自然保护区、兴凯湖自然保护区和扎龙自然保护区，内蒙古自治区达赉湖自然保护区，辽宁省双台河口自然保护区。根据遥感监测结果，2001～2013年，东北地区的8处国际重要湿地中，湿地类型变化特征分为三种情况（图4-4）。

第一，保护区内湿地面积增加，包括2处。黑龙江扎龙自然保护区由于生态用水恢复、退耕还湿等措施，保护区内自然湿地的增加0.15万hm²，表现为水田和旱地转变为自然湿地，即表现为耕地和自然沼泽湿地之间的相互转化；而辽宁双台河口自然保护区湿地面积虽然也表现为增加（面积约0.27万hm²），但主要表现为养鱼虾池等人工湿地增加。

第二，保护区内湿地总面积减少，包括4处。黑龙江珍宝岛湿地自然保护区、黑龙江东方红湿地保护区、黑龙江南瓮河自然保护区和内蒙古达赉湖自然保护区的湿地面积减少。其中前两处保护区的湿地变化表现为自然湿地和人工湿地以及农田之间的相互转变，但以自然湿地向农地转变为主（转变为水田或旱地）；由于水源供给减少，黑龙江南瓮河自然保护区和内蒙古达赉湖保护区的自然湿地转变为草地，造成湿地面积减少。

第三，保护区内湿地面积基本维持不变。包括黑龙江兴凯湖自然保护区和七星河保护区两处，但兴凯湖湿地保护有3.67万hm²的沼泽湿地转变为水田人工湿地类型。

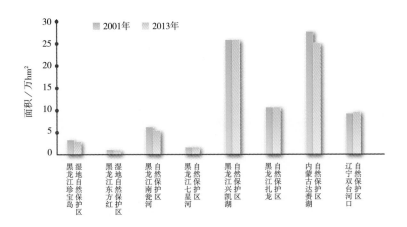

图4-4　东北地区国际重要湿地内湿地面积（2001年、2013年）

1）黑龙江珍宝岛湿地自然保护区

国际重要湿地编号：1978，地理坐标133°28′~133°47′E，45°52′~46°17′N。指定保护面积44364hm²。位于黑龙江省东部虎林市境内的乌苏里江沿岸，与俄罗斯隔水相望。该湿地是以河流及河漫滩为主体形成的复合淡水湿地生态系统。在东北亚寒温带地区的河流湿地中具典型性和代表性。湿地为多种野生动植物提供了重要生境，生物多样性丰富，分布珍稀高等植物600多种，东北虎、黑熊、棕熊等脊椎动物288种，并有丰富的鱼类资源，特别是作为东北亚地区重要的水鸟繁殖地和迁徙停栖地，分布鸟类169种，包括东方白鹳、金雕、丹顶鹤等30多种国家重点保护物种。

2001~2013年遥感监测结果显示湿地面积减少超过0.3万hm²，占保护区面积8%左右（图4-5（a））。主要表现为永久性草本沼泽湿地和季节性草本沼泽向水田和旱地的转变，（图4-6（a））湿地的减少，主要是由农用地的开垦造成。

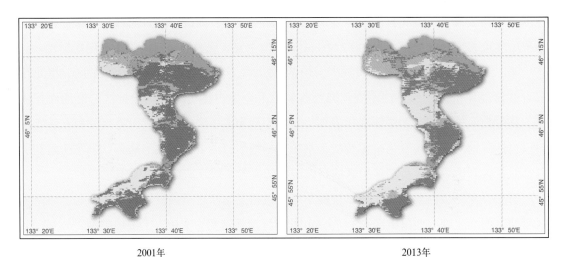

2001年　　　　　　　　　　　　　　　　　　2013年

（a）黑龙江珍宝岛湿地自然保护区

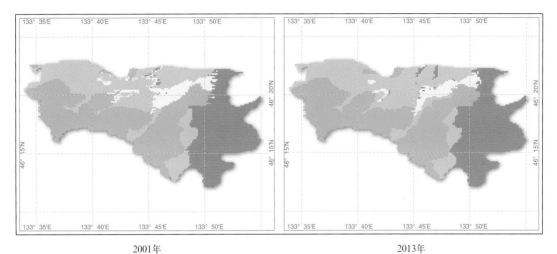

2001年   2013年

（b）黑龙江东方红湿地自然保护区

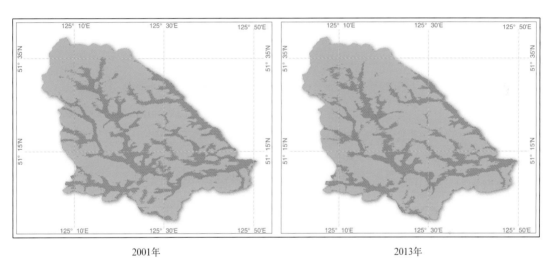

2001年   2013年

（c）黑龙江南瓮河自然保护区

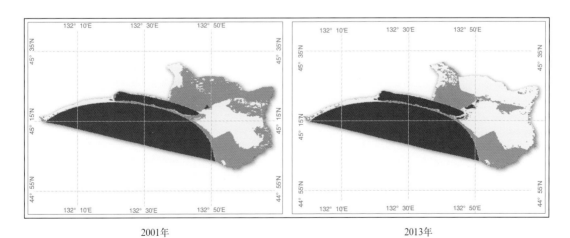

2001年   2013年

（d）黑龙江兴凯湖保护区

全球大型国际重要湿地

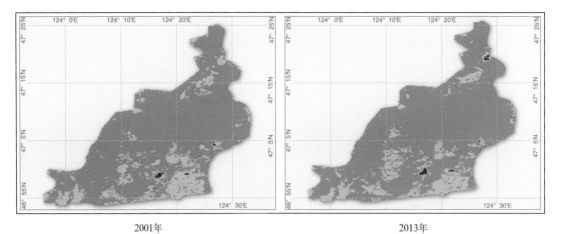

（e）黑龙江扎龙国家级自然保护区

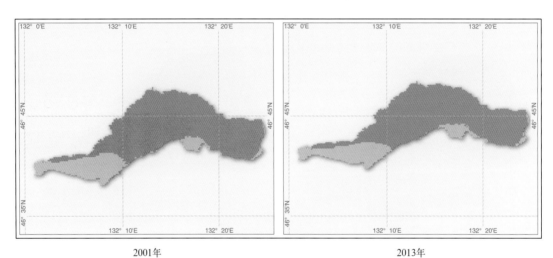

（f）黑龙江七星河国家级自然保护区

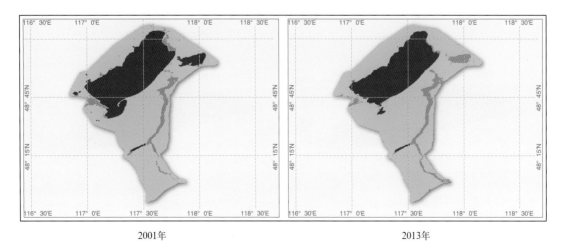

（g）内蒙古达赉湖国家级自然保护区

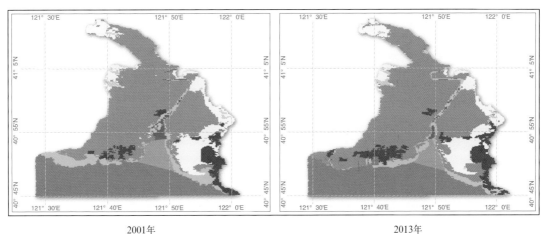

2001年   2013年

（h）辽宁双台河口自然保护区

图 例

河流　　　　　水产养殖场/盐场　　　洪泛湿地(内陆)　　　森林/灌丛　　　旱地

湖泊　　　　　永久性草本沼泽(内陆)　　河口沙洲/沙岛等　　草地　　　　　海域

河口水域　　　季节性草本沼泽(内陆)　　水田　　　　　　　人工覆盖/裸地

图4-5　东北地区国际重要湿地遥感分类图（2001年、2013年）

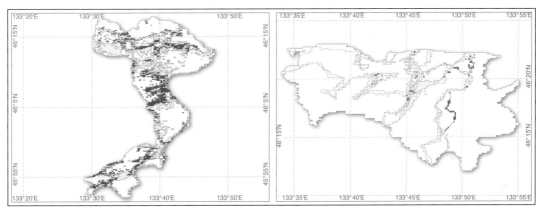

（a）黑龙江珍宝岛湿地自然保护区　　　　　　（b）黑龙江东方红湿地自然保护区

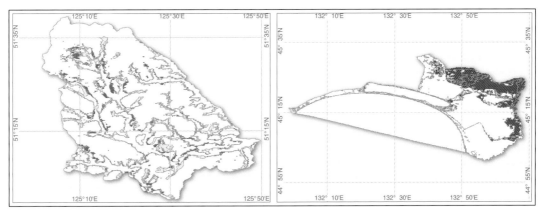

（c）黑龙江南瓮河自然保护区　　　　　　　（d）黑龙江兴凯湖保护区

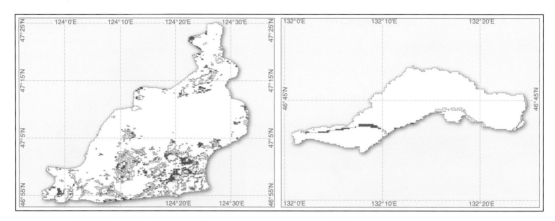

(e) 黑龙江扎龙国家级自然保护区　　　　　　　　(f) 黑龙江七星河国家级自然保护区

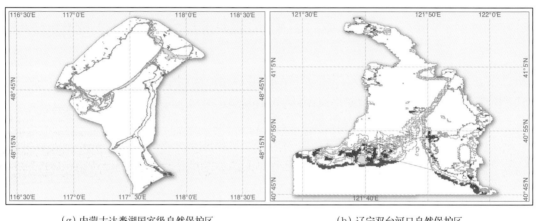

(g) 内蒙古达赉湖国家级自然保护区　　　　　　　　(h) 辽宁双台河口自然保护区

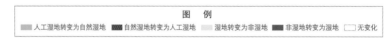

图4-6　东北地区国际重要湿地内湿地变化（2001年、2013年）

2）黑龙江东方红湿地保护区

国际重要湿地编号：2185，地理坐标133°34′～133°54′E，46°12′～46°22′N。指定保护面积31538hm²。位于黑龙江省东部虎林市境内，东隔乌苏里东与俄罗斯相望。该湿地类型复杂多样，主要有永久性河流湿地、洪泛平原沼泽湿地、湖泊湿地、草本沼泽湿地、森林沼泽湿地和灌丛沼泽湿地，还有大面积的针阔混交林和落叶阔叶林生态系统，在涵养水源、滞纳和缓冲洪水、补充地下水源、调节河川径流、保护流域生态安全和生物多样性上具有重要意义。野生动植物种类繁多，是东北亚地区重要的水鸟繁殖地和迁徙停栖地，分布高等植物849种，脊椎动物342种，鸟类216种。

遥感监测结果显示，保护区内以永久性草本沼泽为主，2001～2013年，湿地类型没有发生明显变化，永久性草本沼泽总面积变化较小，呈现缓慢的增加趋势（图4-5（b）、图4-6（b）），主要由草地、水田转变而来，说明湿地的增加主要来自于退耕还湿。

3）黑龙江南瓮河自然保护区

国际重要湿地编号：1976，地理坐标51°05′～51°39′N，125°07′～125°50′E。指定保护面积229523hm²，地处中国东北部黑龙江省大兴安岭嫩江上游源头地区。该湿地河网密布，并广泛分布淡水沼泽植被、草甸、森林，是东北亚大兴安岭原始针叶林中沼泽湿地分布最集中的地区，也是中国纬度最高、面积最大的寒温带森林沼泽湿地生态系统类型保护区。

遥感监测结果显示，保护区以永久性草本沼泽和森林为主，2001～2013年，湿地减少约0.8万hm²，占保护区面积约3.5%（图4-5（c））。

4）黑龙江兴凯湖保护区

国际重要湿地编号：1155，地理坐标131°58′～133°07′E，45°01′～45°34′N。指定保护面积22.24万hm²，是我国穆棱–三江平原上面积最大的湿地保护区，它东起松阿察河，西至白棱河，南始中俄边界，北至虎林市边界，包括小兴凯湖、兴凯湖北面一部分、湖岗沙地及其周围湿地，是三江平原湿地的重要组成部分，其草甸、沼泽、湖泊和森林组成了一个完整复杂的水陆结合的生态系统，在亚太水鸟迁徙网络上占有重要位置，也是中日两国保护候鸟及栖息环境协定的重点保护区。

遥感监测结果显示，保护区内以水体、永久性草本沼泽、洪泛湿地和水田为主，2001～2013年，虽然湿地总面积没有发生变化，但超过3万hm²的永久性草本沼泽转变为水田，约占保护区面积的16%（图4-5（d）、图4-6（d））。

5）黑龙江扎龙国家级自然保护区

国际重要湿地编号：549，地理坐标124°00′～124°30′E，46°55′～47°35′N。指定保护面积21万hm²，它地处中国黑龙江西部的乌裕尔河下游齐齐哈尔市及富裕县、林甸县、杜蒙县、泰来县交界地域。扎龙湿地由乌裕尔河下游一大片永久性季节性淡水沼泽地和无数小型浅水湖泊组成，周围是草地、农田和人工鱼塘。生境类型以沼泽为主，植物群落以芦苇为主，分布鸟类260多种。鹤类是本湿地的主要保护对象，全球鹤类15种，在扎龙就有丹顶鹤、白枕鹤、蓑羽鹤、白鹤、白头鹤、灰鹤等六种，占全国鹤类种数的66.7%，素有"鹤乡"之称。扎龙是丹顶鹤最为重要的繁殖地，全世界现存丹顶鹤2000多只，本区就有500多只繁殖种群，占全球丹顶鹤总数的1/4。

遥感监测结果显示，保护区内主要地表覆盖类型包括水体、永久性草本沼泽、季节性草本沼泽、草地和农业用地等，湿地类型以芦苇沼泽为主，2001～2013年，湿地面积有所增长，以永久性草本沼泽增长为主（图4-5（e）、图4-6（e）），与生态补水和退耕还湿有关。

6）黑龙江七星河国家级自然保护区

国际重要湿地编号：1977，地理坐标132°5′～132°26′E，46°40′～46°52′N，指定保护面积20000hm²。位于黑龙江省宝清县，距双鸭山市51 km，管理机构为黑龙江七星河国家级自然保护区管理局。该湿地位于三江平原七星河的中下游，地势低洼，河流排水不畅，洪水期上游来水造成大面积漫滩滞水，河流泡沼连片，同时河道变迁形成的迂回扇、废河道及牛轭湖、线形、蝶形洼地等微地形发育，草甸、沼泽植被类型丰富多变，是东北亚温带内陆淡水沼泽湿地生态系统的典型代表。湿地内原始沼泽保存完好，是鸟类多样性的热点地区，共有鸟类201种。每年均吸引大量的水禽在该区停栖繁衍，是东方白鹳、丹顶鹤、白枕鹤、大天鹅、白琵鹭等珍禽在三江平原最主要繁殖区之一，也为数十万只雁鸭类和其他水禽提供重要的栖息地和繁殖地。本湿地是三江平原最主要的芦苇沼泽湿地分布区，蕴育着丰富的湿生、沼生和水生植物和野生动物资源，是目前中国保持原始状态最好的湿地区域之一。

遥感监测结果显示，2001年和2013年，保护区内湿地面积无明显变化（图4-5（f）、图4-6（f））。

7）内蒙古达赉湖国家级自然保护区

国际重要湿地编号：1146，地理坐标116°50′~118°10′E，47°45′~49°20′N。指定保护面积740000hm^2，是内蒙古第一大湖、我国第五大湖。位于内蒙古呼伦贝尔市西部，横跨新巴尔虎左旗、新巴尔虎右旗和满洲里市行政区域，地处大兴安岭西麓、蒙古高原东侧，南与蒙古国接壤。不仅为当地牧业、渔业、城市供水的水源基础，更是我国东部内陆鸟类迁徙的重要通道，也是东北亚-澳洲迁徙水禽停歇的驿站。已记录鸟类284种，夏候鸟和留鸟构成区系主体，占总种类数的80%，其中国家一级重点保护鸟类有9种，二级重点保护鸟类35种。

遥感监测结果显示，保护区以水体、永久性草本沼泽、季节性草本沼泽、洪泛湿地和草地为主要覆盖类型，2001~2013年，永久水面面积减小4万多公顷；沼泽湿地增加约2万hm^2；湿地总面积总体减少2万余公顷，占保护区面积约3.5%，以永久性水体减少，永久性草本沼泽、季节性草本沼泽增加为主（图4-5（g）、图4-6（g））。

8）辽宁双台河口自然保护区

国际重要湿地编号：1441，地理坐标121°30′~122°00′E，40°45′~41°10′N。指定保护面积12.8万hm^2，位于辽宁省辽东湾北部，距盘锦市区西南35km，是中国高纬度地区面积最大的芦苇沼泽区。滨海拥有大面积翅碱蓬滩涂和浅海海域，为湿地生物提供了重要的栖息环境，每年迁徙经过的丹顶鹤有800余只，占世界种群的3/5；也是斑海豹繁殖的世界最南限。本湿地在控制洪水、补充地下水、截流氮、磷入海通量防止近海水体富营养化、调节辽宁中部地区气候等方面起着重要作用，是辽河三角洲最典型、原始湿地生态特征保存最好的区域。

遥感监测结果显示，保护区湿地以水体、永久性草本沼泽和洪泛湿地为主。2001~2013年，湿地总面积增加超过0.2万hm^2，占保护区面积的2%左右。其中主要表现为人工养殖水体增加超过0.2万hm^2，永久性草本沼泽增加约0.6万hm^2，减少的类型主要为河口沙洲/沙岛和水田等类型（图4-5（h）、图4-6（h））。

4.2.2 西部地区

西部地区包括4处国际重要湿地，分别为青海扎陵湖自然保护区、鄂陵湖自然保护区、甘肃尕海–则岔湿地自然保护区和四川若尔盖湿地自然保护区。其中，青海扎陵湖自然保护区和鄂陵湖自然保护区的湿地面积有所增加；甘肃尕海–则岔湿地自然保护区内湿地面积保持稳定；而四川若尔盖湿地自然保护区内湿地面积减少超过0.4万hm²，约占保护区面积2%（图4-7）。

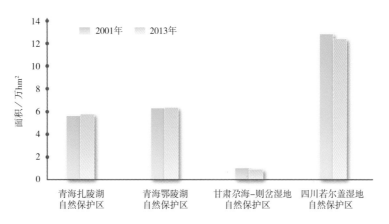

图4-7　西部地区国际重要湿地内湿地面积（2001年、2013年）

1）青海鄂陵湖自然保护区

国际重要湿地编号：1436，中心点地理坐标97°43′E，34°56′N。指定保护面积6.49万hm²。是黄河源区干流上两个最大的湖泊之一，也是第一大淡水湖，系断陷构造湖，湖盆周边形成了典型的高原淡水湖泊沼泽湿地生态系统，蕴涵丰富的淡水资源，对调节黄河源头水量，滞留沉积物，净化水质，防洪蓄水和调节当地气候具有重要作用。鄂陵湖湿地分布鸟类80种，湖区沼泽和环湖半岛以及水域是斑头雁、鱼鸥、棕头鸥、鸬鹚、赤麻鸭等多种鸟类的重要栖息地。鱼类有花斑裸鲤等，其中，相当一部分种类为青藏高原高寒湖泊湿地特有种或中亚特产，具有重要的科研保护价值。此外，湖周分布有藏原羚、藏野驴、狐狸、棕熊等哺乳类野生动物，湖滨亚高山草甸为青海重要牧场。

遥感监测结果显示，2001～2013年，湿地面积微弱增加，主要是草地向洪泛湿地和和水体的转变（图4-8（a）、图4-9（a））。

2）青海扎陵湖自然保护区

国际重要湿地编号：1442，中心地理坐标97°16′E，34°55′N。指定保护面积5.26万hm²。黄河从卡日曲发源后，经星宿海流到这里，被巴颜郎玛山和错尔朵则山所阻，形成了黄河源头第一个巨大的湖泊，即扎陵湖。与鄂陵湖同为黄河源区干流上两个最大的湖泊之一，对黄河水源补给和水量调节起到重要作用，也是高原多种珍稀鱼类和水禽的理想栖息场所。

　　遥感监测结果显示，该保护区主要覆盖类型包括水体、永久性草本沼泽、洪泛湿地和草地。2001～2013年，湿地总面积增加，主要表现为水体和永久性草本沼泽的增加，水体的增加主要是湿地内部类型的转变，永久性草本沼泽的增加来自于草地类型的转变（图4-8（b）、图4-9（b））。

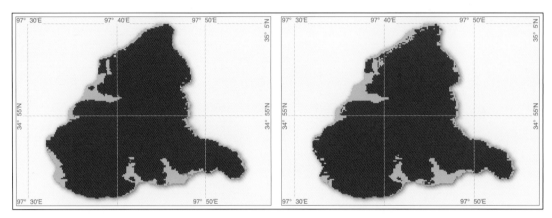

2001年　　　　　　　　　　　　　　　　2013年

(a) 青海鄂陵湖湿地

2001年　　　　　　　　　　　　　　　　2013年

(b) 青海扎陵湖湿地

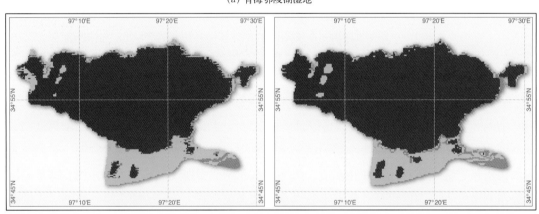

2001年　　　　　　　　　　　　　　　　2013年

(c) 甘肃尕海-则岔自然保护区

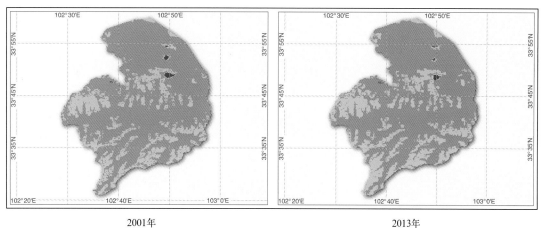

2001年   2013年

(d) 四川若尔盖湿地国家级自然保护区

图 例

湖泊　草地　季节性草本沼泽(内陆)　永久性草本沼泽(内陆)　洪泛湿地(内陆)

图4-8　西部地区国际重要湿地遥感分类图（2001年、2013年）

3）甘肃尕海-则岔湿地自然保护区

国际重要湿地编号：1975，地理坐标102°09′～102°46′E，33°58′～34°32′N。指定保护面积247431hm²。尕海湿地是典型的高原内陆湿地，是许多迁徙鸟类重要的停歇地，对维持区域生物多样性有着极其重要的作用，已知分布种子植物523种，鸟类214种，是中国第二大河流黄河源头区域的重要水源地，水源涵养功能突出。湿地内发育了大面积的泥炭沼泽，其泥炭层的平均厚度约2m，是区域极为重要的高密度碳库，因此对全球碳循环和全球气候变化研究都具有极为重要的意义。

遥感监测结果显示，该保护区内以天然草场为主要土地覆盖类型，湿地类型包括水体、季节性草本沼泽和永久性草本沼泽。2001～2013年，保护区内湖面扩大2倍多，这利于沼泽湿地的恢复。另外在周边有少量永久性沼泽湿地减少，占保护区面积不足1%，季节性草本沼泽向草地转变为主（图4-8（c）、图4-9（c））。

4）四川若尔盖湿地自然保护区

国际重要湿地编号：1731，地理坐标102°28′～102°58′E，34°00′～34°25′N。指定保护面积166570hm²，该湿地海拔3422～3704m，地处若尔盖大湿地腹心地带，是世界上最大的一片高原泥炭沼泽湿地，生物多样性极为丰富。沼泽植被为137种，是中国西部最重要的鸟类栖息与繁殖地，被誉为黑颈鹤之乡，还为38种兽类、3种两栖类、3种爬行类、15种鱼类以及362种野生植物提供了生境。若尔盖湿地水源涵养功能突出，蓄水总量近100亿m³，为长江、黄河上游源头地区最重要的水源供给区。这里泥炭总储量达70亿m³，在调节当地气候、保持水土、减缓温室效应等方面具有不可替代的作用。

　　遥感监测结果显示，保护区以水体、草地、永久性和季节性草本沼泽为主。2001～2013年，湿地总面积减少超过0.4万hm²，占保护区面积不到3%，表现为永久性和季节性草本沼泽向草地转变（图4-8（d）、图4-9（d））。总体来看，湿地面积基本维持稳定。

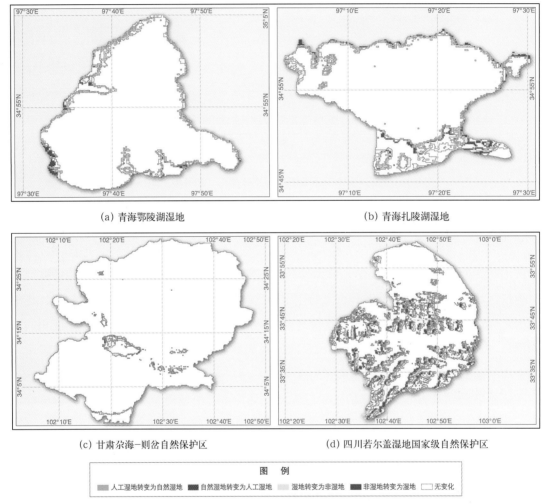

（a）青海鄂陵湖湿地　　　　　　　　（b）青海扎陵湖湿地

（c）甘肃尔海−则岔自然保护区　　　（d）四川若尔盖湿地国家级自然保护区

图　例
人工湿地转变为自然湿地　自然湿地转变为人工湿地　湿地转变为非湿地　非湿地转变为湿地　无变化

图4-9　西部地区国际重要湿地内湿地类型变化（2001年、2013年）

4.2.3　中部地区

　　中部地区共包括6个保护区，分别是湖北沉湖自然保护区、洪湖自然保护区，湖南东洞庭湖自然保护区、南洞庭湖自然保护区、西洞庭湖自然保护区和江西鄱阳湖自然保护区。中部地区的6处国际重要湿地中，除湖北沉湖湿地有少量湿地退化为草地，其他保护区湿地总面积基本不变。变化主要发生在湿地内部的变化，以水体、洪泛湿地和季节性草本沼泽之间的转变为主（图4-10、图4-11）。

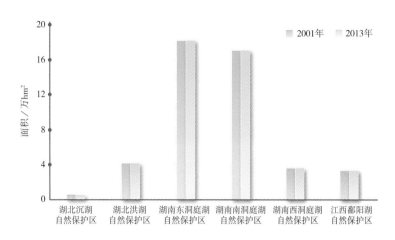

图4-10 中部地区国际重要湿地内湿地面积（2001年、2013年）

1）湖北沉湖自然保护区

国际重要湿地编号：2184，地理坐标113°44′~113°55′E，30°15′~30°24′N。指定保护面积11579hm²，地处长江中游，江汉平原东缘，武汉市蔡甸区西南部，是江汉平原上最大的一片典型淡水湖泊沼泽湿地，也是我国距离特大城市最近的一处重要湿地，在调蓄洪水、调节气候、提供水源、净化水质、保护生物多样性等方面发挥着巨大的生态功能。沉湖属于浅水湖，主要湿地类型包括水体，永久性草本沼泽和季节性草本沼泽。

通过对比2001年和2013年遥感分类结果，发现总的湿地面积变化较小，超过0.1万hm²草本沼泽变为农地（图4-11（a）、图4-12（a））。

2）湖北洪湖自然保护区

国际重要湿地编号：1729，地理坐标113°12′~113°26′E，29°49′~29°58′N，指定保护面积43450hm²。地处亚洲–大洋洲候鸟迁徙东部通道上，生物多样性极其丰富。其中湿地植被为139种鸟类、62种鱼类、6种两栖类、12种爬行类、13种哺乳类、379种浮游动物、472种维管植物和280种浮游植物提供了生境。其中，IUCN红色名录中的濒危物种有鸿雁、东方白鹳、中华秋沙鸭、青头潜鸭、水杉。在洪湖湿地越冬的普通鸬鹚、凤头鸊鷉、灰雁、豆雁、白额雁、白琵鹭的数量，均超过全球种群数量1%的国际重要湿地标准，保护价值极大。湿地类型包括水体、季节性草本沼泽和洪泛湿地，洪湖湿地素有"鱼米之乡"之称，其中人工湿地占有很大的比例，水体包括湖泊和养鱼虾池。

通过对比2001年和2013年遥感分类结果，发现人工湿地部分增加，自然湿地减少，表现为节性草本沼泽和洪泛湿地向人工湿地的转变，自然水体向季节性草本沼泽季节性草本沼泽和洪泛湿地转变（图4-11（b）、图4-12（b））。

3）湖南洞庭湖自然保护区

洞庭湖可分为东、西、南3部分，分别为湖南东洞庭湖国家级自然保护区（国际重要湿地编号：551，地理坐标112°43′~113°15′E，28°59′~29°38′N）、湖南南洞庭湖自然保护区（国际重要湿地编号：1151，中心地理坐标112°40′E，28°50′N）和湖南西洞庭湖国家级自然保护区（国际重要湿地编号：1154，地理坐标111°57′~112°17′E，28°47′~29°07′N）。指定保护面积分别为19万hm²、16.8万hm²和3.5万hm²。其中东洞庭湖为主体湖盆，作为一个调蓄过水型湖泊，对长江洪水有巨大调蓄作用。东洞庭湖丰水期为6~8月，枯水期为12月至次年3月，水深4~22 m，最大水位高差为17.76 m，在洪水期，洞庭湖洲滩大部分被水淹没，在平水期，地势较低的泥滩地和草滩地被水淹没，芦苇滩地等全部露出水面，在枯水期，各湿地类型全都露出水面。

东洞庭湖主要的土地覆盖类型包括湖泊、永久性草本沼泽、季节性草本沼泽、洪泛湿地、水田等。通过2001年和2013年遥感分类结果对比，发现湿地总面积没有明显的变化，但是出现了以季节性草本沼泽和永久性草本沼泽转变为水田为主的变化。南洞庭湖保护区和西洞庭湖保护区的主要土地覆盖类型包括湿地和水田，湿地类型包括湖泊、永久性草本沼泽、季节性草本沼泽和洪泛湿地。通过对比2001年和2013年遥感分类结果，发现湿地类型总面积没有明显的变化，两个年度湿地类型的变化主要体现在水体、季节性草本沼泽和洪泛湿地之间发生转移，且与长江水位的变化有关（图4-11（c）~（e）、图4-12（c）~（e））。

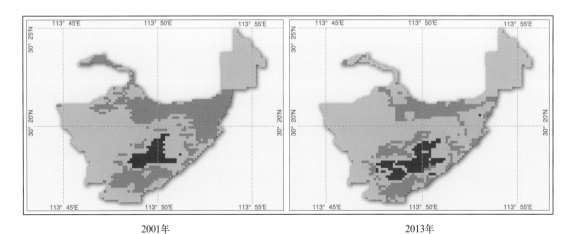

2001年　　　　　　　　　　　　　2013年
(a) 湖北沉湖国际重要湿地

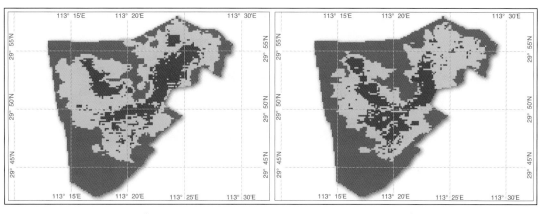

2001年   2013年

(b) 湖北洪湖保护区

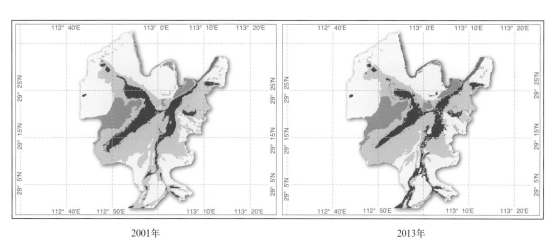

2001年   2013年

(c) 湖南东洞庭湖国家级自然保护区

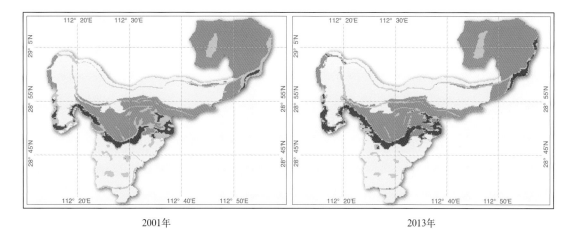

2001年   2013年

(d) 湖南南洞庭湖自然保护区

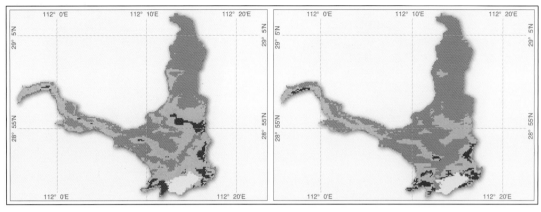

2001年　　　　　　　　　　　　　　　　2013年

(e) 湖南西洞庭湖国家级自然保护区

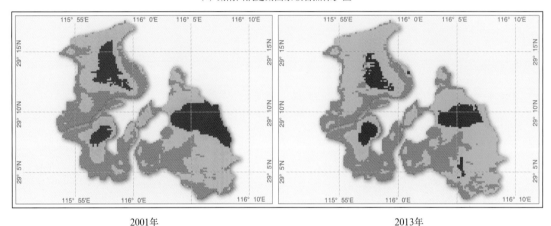

2001年　　　　　　　　　　　　　　　　2013年

(f) 江西鄱阳湖国家自然保护区

图例

▓ 河流	▓ 永久性草本沼泽(内陆)	░ 水田	▒ 旱地
■ 湖泊	▒ 季节性草本沼泽(内陆)	░ 森林/灌丛	
■ 水产养殖场/盐场	▒ 洪泛湿地(内陆)	▒ 人工覆盖/裸地	

图4-11　中部地区国际重要湿地类型分布（2001年、2013年）

4）江西鄱阳湖自然保护区

国际重要湿地编号：550，地理坐标115°55′～116°03′E，29°05′～29°15′N，指定保护面积2.24万hm²，位于鄱阳湖西北角。管辖有大湖池、沙湖、蚌湖、朱市湖、梅西湖、中湖池、大汊湖、象湖、常湖池等9个湖泊。

鄱阳湖是我国目前最大的淡水湖，也是长江过水性湖泊，是候鸟理想的越冬地。在生态上表现为水陆环境诸因子相互作用、互为依存，兼有水陆特征的独特生态系统。鄱阳湖湿地具备最适宜候鸟越冬栖息的优良环境，每年在保护区越冬白鹤的最高数量达2800多只，约占世界白鹤总数的95%，越冬鸿雁有6万多只，是目前已知最大的白鹤和鸿雁越冬群体所在地。保护区已记录鸟类312种，数量多达数十万只，"鄱湖鸟，知多少，飞时遮尽云和日，落时不见湖边草"是形容该湿地鸟类数量之多的真实写照，其中有国家一级保护动物10种，二级保护动物48种（包括4种哺乳动物），有13种鸟类被国际鸟类保护组织列为世界濒危鸟类。该保护区已逐步成为世界保护、研究鸟类的重要基地。

该保护区主要地表覆盖类型为水体、永久性和季节性草本沼泽，以及洪泛湿地。通过2001年和2013年遥感分类结果对比，发现永久性草本沼泽面积基本不变，水体和洪泛湿地面积减少，季节性草本沼泽面积增加（图4-11（f）、图4-12（f））。

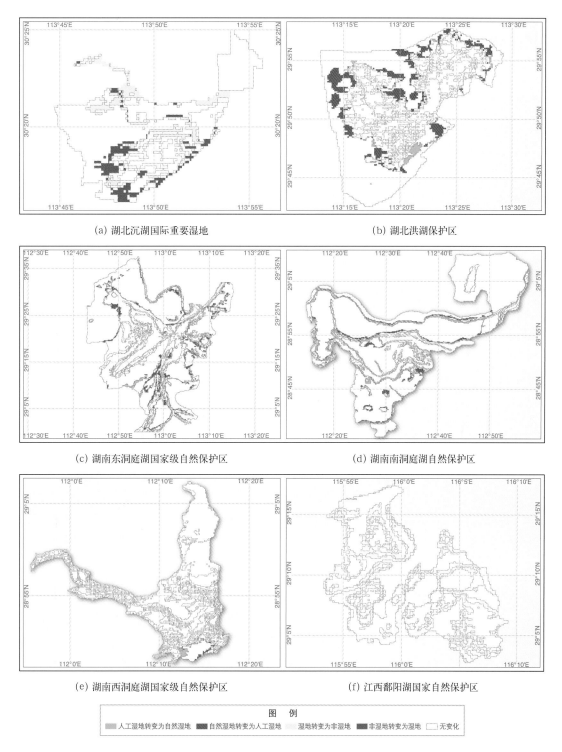

(a) 湖北沉湖国际重要湿地　　　　　　　　　(b) 湖北洪湖保护区

(c) 湖南东洞庭湖国家级自然保护区　　　　　(d) 湖南南洞庭湖自然保护区

(e) 湖南西洞庭湖国家级自然保护区　　　　　(f) 江西鄱阳湖国家自然保护区

图　例

■人工湿地转变为自然湿地　■自然湿地转变为人工湿地　湿地转变为非湿地　■非湿地转变为湿地　□无变化

图4-12　中部地区国际重要湿地内湿地变化（2001年、2013年）

4.2.4 滨海地区

滨海地区包括江苏盐城湿地珍禽国家级自然保护区和上海崇明东滩鸟类国家级自然保护区两处国际重要湿地（图4-13）。2001～2013年，这两处重要湿地保护区湿地面积均有所增长（图4-14）。其中，江苏盐城自然保护区的增加是以人工湿地为主，而其自然湿地却在减少，需要对自然湿地增加保护力度。

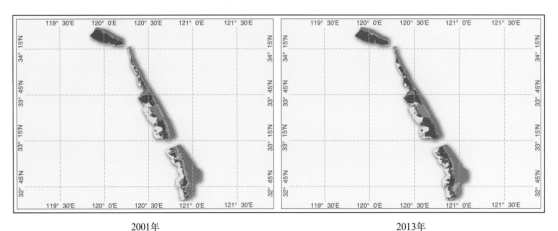

（a）江苏盐城湿地珍禽国家级自然保护区

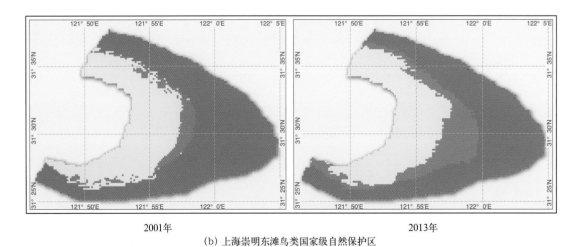

（b）上海崇明东滩鸟类国家级自然保护区

图　例
████ 水产养殖场/盐场　　████ 河口沙洲/沙岛等　　████ 海域　　████ 永久性草本沼泽(滨海)　　████ 水田

图4-13　滨海地区国际重要湿地遥感分类图（2001年、2013年）

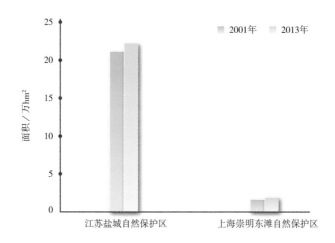

图4-14　滨海地区国际重要湿地内湿地面积（2001年、2013年）

1）江苏盐城湿地珍禽国家级自然保护区

又称丹顶鹤自然保护区，也被称为"联合国教科文组织盐城生物圈保护区"，是中国第一个也是最大的海岸湿地保护区，还是国家一级保护动物丹顶鹤的最重要的越冬地。国际重要湿地编号：1156，地理坐标119°48′～120°56′E，32°34′～34°28′N，指定保护面积45.3万hm²。地处江苏中部沿海，辖东台、大丰、射阳、滨海和响水五县（市）滩涂，该保护区主要覆盖类型包括水体、永久性草本沼泽、洪泛湿地和水田等，水体以为人工养殖场为主。

通过2001年和2013年遥感分类结果看出，虽然总湿地面积增加超过1万hm²，占保护区面积2%左右。但增加的湿地主要为养鱼虾池/盐场等人工湿地的增加（超过4万hm²），而滨海沼泽、滩涂等自然湿地却减少（图4-13（a）、图4-15（a））。

2）上海崇明东滩鸟类国家级自然保护区

国际重要湿地编号：1144，地理坐标121°50′～122°05′E，31°25′～31°38′N，指定保护面积3.26万hm²。是以迁徙鸟类为主要保护对象的湿地类型自然保护区，位于长江入海口、我国第三大岛——崇明岛的最东端。保护区由长江携带大量的泥沙沉积而成，为长江口地区规模最大、发育最完善的河口型潮汐滩涂湿地。该保护区土地覆盖类型包括永久性滨海草本沼泽、水田和海水。

通过2001年和2013年的遥感分类结果发现滨海沼泽面积增加超过0.4万hm²（图4-13（b）、图4-15（b））；增加的湿地部分来自水田，但更多地与陆地向海的扩展有关。

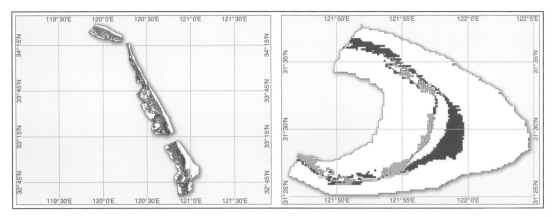

(a)江苏盐城湿地珍禽国家级自然保护区　　　　　　(b)上海崇明东滩鸟类国家级自然保护区

图4-15　滨海地区国际重要湿地内湿地类型变化（2001～2013年）

4.3　中国典型国际重要湿地景观生态评价

4.3.1　湿地景观完整性

根据遥感监测结果（图4-16），中国20处典型国际重要湿地中湿地景观完整性较好的有江西鄱阳湖、青海鄂陵湖和扎陵湖、湖南西洞庭湖以及湖北洪湖共计5处重要湿地，而较差的有黑龙江东方红、江苏盐城、上海崇明东滩共计3处。

值得指出的是，黑龙江珍宝岛、东方红湿地和七星河湿地的自然湿地生态系统的完整性在降低。

另外，人工湿地在所选典型国际重要湿地中占有较大的比例（50%），如江苏盐城、湖南东洞庭湖和南洞庭湖、湖北洪湖、黑龙江兴凯湖、珍宝岛和东方红、上海崇明东滩、辽宁双台河口等10处。这些人工湿地虽然也作为《湿地公约》中列出的一种类型，但对于维持湿地的整体生态功能，无疑会是显著的限制因素。

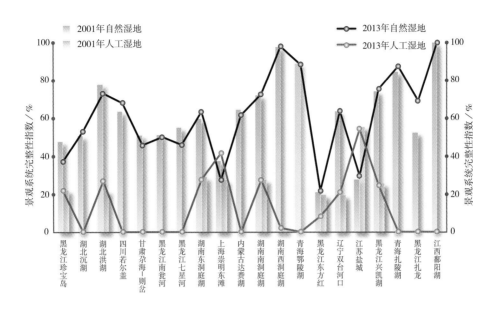

图4-16　中国国际重要湿地景观完整性变化

4.3.2　湿地生态系统的干扰/退化

依据2001年和2013年遥感监测结果（图4-17），受人类活动或自然变化干扰较小的保护区有江西鄱阳湖、湖南西洞庭湖、四川若尔盖、青海鄂陵湖和扎陵湖湿地保护区等5个保护区，这些保护区干扰/退化指数均小于5%。

而受干扰/退化较大的保护区有湖北沉湖、江苏盐城、上海崇明东滩、黑龙江珍宝岛和东方红湿地保护区等5处保护区，受人类活动干扰均超过30%。其中，上海崇明东滩和江苏盐城保护区主要表现为保护区内有较多的水田和人工养殖水面；而黑龙江珍宝岛和东方红湿地保护区内部不仅有水田存在，而且也有大面积的旱地。

从被列为国际重要湿地的时间看，黑龙江扎龙、江西鄱阳湖和湖南东洞庭湖均属于1992年第一批被列入《湿地名录》的重要湿地。但不同的是，鄱阳湖湿地和扎龙湿地均得到了较好的保护，而东洞庭湖的保护效果却需要加强，尤其需要关注保护区内水田的开发问题。

黑龙江兴凯湖湿地和江苏盐城湿地在2002年被列入《湿地名录》，但监测结果显示保护区受干扰或退化水平较高。湖南南洞庭湖湿地继续维持较高的受干扰水平，没有显著的改善。上海崇明东滩湿地情况与之类似。

黑龙江珍宝岛湿地保护区和七星河湿地保护区分别于2011年、2013年被列入《湿地名录》，由于列入时间较短，监测结果不能完全说明其保护情况。需要继续开展监测以观察目前的湿地干扰/退化趋势是否会得到逆转。

西部地区的4处国际重要湿地中，由于甘肃尕海–则岔保护区内草地面积较大，干扰/退化指数高于其他3处国际重要湿地。

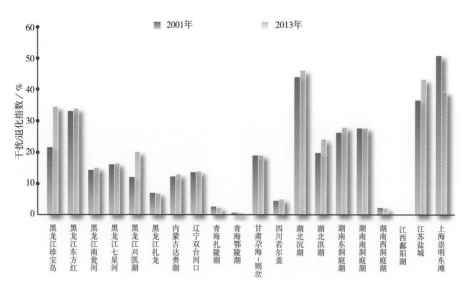

图4-17　中国国际重要湿地干扰/退化指数变化

4.4　小结

从遥感监测的2001～2013年中国20处国际重要湿地内的湿地面积变化来看，多数保护区的湿地面积没有明显变化，说明保护起到了应有的作用。但应该指出的是，部分国际重要湿地虽然表现为湿地总面积没有变化，但是在内部发生了自然湿地向人工湿地的转变（如兴凯湖保护区和盐城保护区），这种情况应该引起重视。东北地区湿地面积减少现象显著，原因与供给湿地的水源减少，导致湿地退化密切相关，同时也存在少量湿地被开垦为旱地的现象。

从湿地景观的完整性来看，中国20处典型国际重要湿地的湿地景观完整性较好的有江西鄱阳湖、青海鄂陵湖和扎陵湖、湖南西洞庭湖以及湖北洪湖共计5处重要湿地，而较差的有黑龙江东方红、江苏盐城、上海崇明东滩共计3处。另外，人工湿地在所选典型国际重要湿地中占有较大的比例。这些人工湿地虽然提高了湿地的经济价值，但对于维持湿地的整体服务功能，可能成为限制性因素。

从湿地生态系统的干扰/退化来看，干扰/退化指数均小于5%的有江西鄱阳湖、湖南西洞庭湖、四川若尔盖、青海鄂陵湖和扎陵湖湿地保护区等5个保护区，说明其受人类活动或自然变化影响较小。而受人类干扰活动超过30%的有湖北沉湖、江苏盐城、上海崇明东滩、黑龙江珍宝岛和东方红湿地保护区等5处，主要是由于保护区内人工水田的存在导致。

黑龙江珍宝岛湿地保护区、黑龙江南瓮河湿地保护区、甘肃尕海-则岔湿地保护区、黑龙江东方红湿地保护区、湖北沉湖湿地保护区分别于2011年、2013年被列入《湿地名录》。由于列入时间较短，监测结果不能完全说明其保护情况。需要继续开展监测，以确定其被列为国际重要湿地后，保护区内湿地生态系统是否得到改善。

五、结　论

（1）为保护湿地生态系统完整性，2013年全球100处大型国际重要湿地内，非湿地也占有一定比例。

非洲和南美洲这些热带和亚热带区域中的国际重要湿地内，非湿地比例较大，超过50%。欧洲占33%，亚洲占28%，北美洲占15%。

（2）2001～2013年，全球100处大型国际重要湿地面积保持稳定（减少不足1%），但是部分湿地的干扰/退化较为严重。

欧洲罗马尼亚多瑙河三角洲湿地内陆森林/灌丛沼泽面积减少7.55万hm²，占该保护区的12%；南美洲阿根廷奇基塔湖泊水面面积减少25.80万hm²，占该保护区的26%；亚洲伊朗的乌尔米耶湖水面面积减少了19.06万hm²，占该保护区的40%；非洲乍得湖（乍得共和国境内部分）季节性草本沼泽面积减少7.06万hm²，占该保护区的4.2%。主要原因与气候条件的年际波动和各地的人口与资源压力相关。

（3）受气候波动和人类活动的影响，2001～2013年国际重要湿地内的各种湿地类型呈现了明显的年际间转化特征。

2001～2013年，亚洲乌兹别克斯坦的艾达尔-阿纳西湖国际重要湿地内，有9.64万hm²（占该国际重要湿地面积的15.14%）永久性草本沼泽转变为水体，0.42万hm²转变为季节性草本沼泽（占0.66%）；有1.50万hm²（占2.36%）水体转变为永久性草本沼泽。非洲坦桑尼亚的马拉加拉西-缪约瓦斯湿地国际重要湿地中，有0.70万hm²（占0.19%）水体转变为永久性草本沼泽；14.34万hm²（占3.87%）永久性草本沼泽转变为季节性草本沼泽。北美洲墨西哥圣卡安国际重要湿地，有1.69万hm²（占2.58%）永久性草本沼泽转变为季节性草本沼泽；也有2.34万hm²（占3.58%）季节性草本沼泽转变为永久性草本沼泽。

（4）近年来，中国在湿地保护方面做出了巨大努力，但是受人口、资源和环境压力，与全球平均水平相比，中国的国际重要湿地面临更大的压力和威胁。

2001～2013年，中国20处国际重要湿地遥感监测结果显示，多数保护区的湿地面积没有发生明显变化。但是，黑龙江南瓮河保护区内湿地减少0.8万hm²左右，占保护区面积约3.5%；内蒙古达赉湖水面减少超过4万hm²，占保护区面积的5%。此外由于保护区内农业经济行为（水田/水产养殖/堤坝建设等），湖北沉湖、江苏盐城、上海崇明东滩、黑龙江珍宝岛和东方红湿地等5处国际重要湿地受到的干扰/退化依然处于较高水平。例如，黑龙江兴凯湖湿地超过3万hm²的沼泽湿地转变为人工湿地（水田）；江苏盐城人工湿地（水产养殖场等）增加超过4万hm²，占保护区面积1%左右。部分保护区由于列入《湿地名录》时间较短，监测结果不能完全说明其保护情况。需要继续开展监测，以确定其被列为国际重要湿地后，保护区内湿地生态系统是否得到改善。

致 谢

本专题由国家遥感中心牵头组织实施，中国科学院遥感与数字地球研究所、湿地国际、中国林业科学研究院资源信息研究所等单位共同参与，国家基础地理信息中心提供报告的基础地理底图，国家地理测绘信息局天地图网站提供高分辨率影像。同时，对参与本专题组织与撰写的专家组、顾问组成员表示衷心感谢！

全球大型国际重要湿地

附　录

1. 国际重要湿地评估标准

A组标准：区域内包含典型性、稀有或独一无二的湿地类型

标准1：如果一块湿地包含在一个适当的生物地理区域内称得上典型，稀有或独一无二的自然或近自然的湿地类型，那么就应该考虑其国际重要性。

B组标准：在物种多样性保护方面的国际重要性

基于物种和生态群落的标准

标准2：如果一块湿地支持着易受攻击、易危、濒危物种或者受威胁的生态群落，那么就应该考虑其国际重要性。

标准3：如果一块湿地支持着对于一个特定生物地理区域物种多样性维持有重要意义的动植物种群，那么就应该考虑其国际重要性。

标准4：如果一块湿地支持着某些动植物物种生活史的一个重要阶段，或者可以为它们处在恶劣生存条件下时提供庇护场所，那么就应该考虑其国际重要性。

基于水禽的标准

标准5：如果一块湿地规律性地支持着20000只或更多的水禽的生存，那么就应该考虑其国际重要性。

标准6：如果一块湿地规律性地支持着一个水禽物种或亚种种群的1%的个体的生存，那么就应该考虑其国际重要性。

基于鱼类的标准

标准7：如果一块湿地支持着很大比例的当地鱼类属、种或亚种的生活史阶段、种间相互作用或者因支持着能够体现湿地效益或价值的典型的鱼类种群而有利于全球生物多样性，那么就应该考虑其国际重要性。

标准8：如果一块湿地是某些鱼类重要的觅食场所、产卵场、保育场或为繁殖目的的迁徙途径（无论这些鱼是否生活在这块湿地里），那么就应该考虑其国际重要性。

基于其他种类的特殊标准

标准9：如果一块湿地规律性地支持着一个非鸟类湿地动物物种或亚种种群的1%的个体的生存，那么就应该考虑其国际重要性。

2. 遥感监测与评价方法

1）国际重要遥感监测方法

全球大型国际重要湿地遥感制图：以2001年、2013年空间分辨率为250m的中等分辨率成像光谱仪（MODIS）产品MOD13Q1（16天合成，每年23期）为主要数据源，以高分辨率遥感影像为辅助数据，对全球国际重要湿地的空间分布范围进行遥感识别与提取。具体技术流程见附图1。

中国国际重要湿地遥感制图：采用2001年、2013年MODIS数据产品MOD09Q1和MOD09A1（8天合成，每年共46期）。选用归一化植被指数NDVI、增强型水体指数EWI、归一化水指数NDWI$_{B2, B7}$和坡度作为计算机分类的特征数据。中国典型国际重要湿地遥感分类流程图见附图2。

2）湿地保护区变化的遥感评价

（1）采用下面公式计算湿地景观完整性：

$$Do = 0.5 \times \left[Rd + Lp \right] \times 100\% \tag{1}$$

式中，Rd为密度，Rd =（斑块的数目/斑块总数）× 100%；

Lp为景观比例，Lp =（斑块的面积/样地总面积）× 100%。

（2）国际重要湿地保护区生态系统干扰/退化指数的计算方法如下：

$$D = \left(\sum_{i}^{n} S_i * R_i \right) / S \times 100\% \tag{2}$$

式中，D为干扰/退化指数；S_i为第i种地表覆盖/利用类型的面积；R_i为第i种地表覆盖/利用类型对湿地生态系统的干扰系数；S为湿地保护区总面积。不同湿地类型干扰强度系数的界定见附表9。

3. 参考文献

Biswas S, Choudhury J, Nishat A, et al. 2007. Do invasive plants threaten the Sundarbans mangrove forest of Bangladesh. Forest Ecology and Management, 245: 1~9.

Davidson N. 2014. How much wetland has the world lost? Long-term and recent trends in global wetland area. Marine and Freshwater Research, 65（10）: 934~941.

Didiuk A, Ferguson R. 2005. Land cover mapping of queen maud gulf migratory bird sanctuary. Nunavut Canadian Wildlife Service, 111.

Ebert S, Hulea O, Strobel D. 2009. Floodplain restoration along the lower Danube: A climate change adaptation case study. Climate and Development, 1（3）: 212~219.

Eimanifar A, Mohebbi F. 2007. Urmia lake（northwest Iran）: A brief review. Saline Systems, 3（5）: 1~8.

Mierlă M, Nichersu I, Trifanov C, et al. 2014. Links between selected environmental components and flood risk in the Danube Delta. Acta Zoologica Bulgarica, Suppl, 7: 203~207.

Niu Z, Zhang H, Gong P. 2011. More protection for China's wetlands. Nature, 471: 305.

Petty A, Alderson J, Muller R, et al. 2007. Kakadu National Park.

Ramsar Convention. 2003. Convention on wetlands of international importance especially as waterfowl habitat . http://www.ramsar.org/cda/en/ramsar-documents-texts-convention-on-20708/main/ramsar/1-31-38%5E2070840000. 2015-02-02.

Uddin S, Hoque A, Abdullah S. 2014. The changing landscape of mangroves in Bangladesh compared to four other countries in tropical regions. Journal of Forestry Research, 25（3）: 605~611.

UNEP. 2015. Wetlands for our future: Act now to prevent, stop, and reverse Wetland Loss. http://www.unep.org/newscentre/Default.aspx?DocumentID=2818&ArticleID=11129&l=en. 2015-02-02.

附　表

1. 国际重要湿地遥感制图分类系统

附表1　国际重要湿地遥感制图所采用的地表覆盖分类体系

一级	二级	三级	代码	时间序列NDVI特征	四级	代码	类型定义或空间分布特征
湿地		水体①	11	在每年23期（或46期）的时间序列遥感影像中，NDVI值小于0.1	河流	111	
					湖泊	112	
					潟湖	113	
					河口水域	114	河流与海洋的交汇处
					水产养殖场/盐场	115	基于各种经济目的形成的小的水面，形状呈规整斑块
					水库	116	位于河流中间，截断河流形成，为蓄水、发电灌溉等目的
					其他人工水体	117	包括城市娱乐景观、污水处理等，多位于城市中间或边缘
	森林/灌丛沼泽	森林/灌丛沼泽（常绿）	121	NDVI值大于0.4，在一年周期内NDVI值变化较小	内陆森林/灌丛沼泽（常绿）	1211	地处内陆的森林/灌丛沼泽，植被为常绿植物
					滨海森林/灌丛沼泽（常绿）	1212	包括滨海森林和灌丛沼泽，以及红树林等，植被为常绿植物
		森林/灌丛沼泽（落叶）	122	NDVI值大于0.3，以一年为周期，NDVI值存在周期性变化	内陆森林/灌丛沼泽（落叶）	1221	地处内陆的森林/灌丛沼泽，植被为落叶植物
					滨海森林/灌丛沼泽（落叶）	1222	包括滨海森林、灌丛沼泽，植被为落叶植物
	草本沼泽	永久性草本沼泽	131	NDVI值的范围［0.1～0.5］，在一年周期内NDVI值变化相对和缓。丰水期内，NDVI可能会出现小于0的数值	永久性草本沼泽（内陆）	1311	地处内陆的草本沼泽，在一年周期内，长期处于湿地状态
					永久性草本沼泽（滨海）	1312	位于滨海区域的草本沼泽，在一年周期内，长期处于湿地状态
		季节性草本沼泽	132	NDVI值的范围［0.1～0.5］，以一年为周期，NDVI值存在周期性变化；丰水期内NDVI小于0	季节性草本沼泽（内陆）	1321	地处内陆的草本沼泽，且在生长季节或特定季节，规律性存在
					季节性草本沼泽（滨海）	1322	位于滨海区域的草本沼泽，且在生长季节或特定季节，规律性存在
	洪泛湿地		14	NDVI值小于0.2，丰水期内NDVI值小于0	洪泛湿地（内陆）	141	位于内陆河流、湖泊附近的过饱和土壤，低植被覆盖（<30%），无开阔明水覆盖
					河口沙洲/沙岛等	142	位于河口附近，依据空间分布位置可将其与河流、湖泊周期性淹没的洪泛湿地进行区分

131

续表

一级	二级	三级	代码	时间序列NDVI特征	四级	代码	类型定义或空间分布特征
湿地		水田	15	在作物初期NDVI值小于0，在作物收获后出现NDVI值陡降	水田	15	常种植依赖于水的作物，如水稻等
		苔原/藓类沼泽	16	生长季NDVI值小于0.6，一般位于高纬地带	苔原/藓类沼泽	16	
非湿地		积雪	21		积雪	21	指常年积雪
	自然植被	森林/灌丛	22	生长季节NDVI值大于0.5	森林/灌丛	22	包括森林和灌丛
		草地	23	生长季节NDVI值在[0.3~0.6]，不会出现较低的NDVI值	草地	23	
		人工覆盖/裸地	24	一年周期内NDVI值均较低[0~0.2]	人工覆盖/裸地	24	人工建设形成的非植被覆盖的地表，包括各类建筑，道路，施工地等。无植被覆盖自然存在的裸地（基岩、裸沙、裸土等）
		旱地	25	在一年周期内会出现NDVI值缓升和陡降	旱地	25	人工经营的植被

注：①表示对于水深不超过6m的水域，本次制图中基本未包含（位于海岛中的国际重要湿地除外）。

2. 本书选取的全球100处大型国际重要湿地

附表2　全球大型国际重要湿地

国际重要湿地编号	名称	面积/hm²	中心纬度	中心经度	所属大洲	所属生态区
38※	Lake Urmia〔orOrumiyeh〕	483000	37°30′N	45°30′E	亚洲	海洋或其他水域
41	Shadegan Marshes & mudflats of Khor-al Amaya & Khor Musa	400000	30°30′N	48°45′E	亚洲	亚热带荒漠
107	Tengiz-Korgalzhyn Lake System	353341	50°25′N	69°15′E	亚洲	温带草原
108	Lakes of the lower Turgay and Irgiz	348000	48°42′N	62°11′E	亚洲	温带荒漠
111	Volga Delta	800000	45°54′N	48°47′E	欧洲	海洋或其他水域
112	Lake Khanka	310000	44°53′N	132°30′E	亚洲	温带大陆性森林
204※	Kakadu National Park	1979766	13°01′S	132°26′E	大洋洲	热带旱生林
240	Whooping Crane Summer Range	1689500	60°15′N	113°15′W	北美洲	北方苔原林地
244	Old Crow Flats	617000	67°34′N	139°50′W	北美洲	北方山地系统
246※	Queen Maud Gulf	6278200	67°00′N	102°00′W	北美洲	极地

国际重要湿地编号	名称	面积/hm²	中心纬度	中心经度	所属大洲	所属生态区
249	Dewey Soper Migratory Bird Sanctuary	815900	66° 10′ N	74° 00′ W	北美洲	极地
250	Parc National du Banc d'Arguin	1200000	20° 50′ N	16° 45′ W	非洲	热带荒漠
289	Wadden Sea	249998	53° 14′ N	5° 14′ E	欧洲	温带海洋性森林
352	Petit Loango	480000	2° 18′ S	9° 37′ E	非洲	热带雨林
360	Polar Bear Provincial Park	2408700	52° 30′ N	84° 30′ W	北美洲	北方苔原林地
374※	Everglades National Park	610497	25° 33′ N	80° 55′ W	北美洲	热带季雨林
376	Coongie Lakes	2178952	27° 27′ S	140° 00′ E	大洋洲	亚热带荒漠
386	Eqalummiut Nunaat and Nassuttuup Nunaa	579530	67° 28′ N	50° 49′ W	北美洲	极地
489	Los Lípez	1427717	22° 10′ S	67° 24′ W	南美洲	热带山地系统
514	Etangs de la Champagne humide	255800	48° 35′ N	4° 45′ E	欧洲	温带海洋性森林
521※	Danube Delta	647000	45° 10′ N	29° 15′ E	欧洲	温带草原
537	Schleswig−Holstein Wadden Sea and adjacent areas	454988	54° 30′ N	8° 40′ E	欧洲	温带海洋性森林
546	Pacaya−Samiria	2080000	5° 15′ S	74° 40′ W	南美洲	热带雨林
560※	Sundarbans Reserved Forest	601700	22° 02′ N	89° 31′ E	亚洲	热带季雨林
620※	Lake Sevan	490231	40° 24′ N	45° 17′ E	亚洲	亚热带山地系统
623	Mamirauá	1124000	2° 18′ S	66° 02′ W	南美洲	热带雨林
624	Ilha do Bananal	562312	10° 31′ S	50° 12′ W	南美洲	热带季雨林
640	Reentrancias Maranhenses	2680911	1° 41′ S	45° 04′ W	南美洲	热带季雨林
670	Kama−Bakaldino Mires	226500	56° 24′ N	45° 20′ E	欧洲	温带大陆性森林
672	Veselovskoye Reservoir	309000	46° 55′ N	41° 02′ E	欧洲	温带草原
678	Upper Dvuobje	470000	61° 42′ N	67° 10′ E	亚洲	北方针叶林
679	Tobol−Ishim Forest−steppe	1217000	55° 27′ N	69° 00′ E	亚洲	温带大陆性森林
680	Chany Lakes	364848	55° 02′ N	77° 40′ E	亚洲	温带大陆性森林
693	Parapolsky Dol	1200000	61° 37′ N	165° 47′ E	亚洲	北方苔原林地
697	Area between the Pura & Mokoritto Rivers	1125000	72° 32′ N	85° 30′ E	亚洲	极地
698	Brekhovsky Islands in the Yenisei estuary	1400000	70° 30′ N	82° 45′ E	亚洲	极地
879	Okavango Delta System	5537400	19° 17′ S	22° 54′ E	非洲	热带旱生林
959	Lago Titicaca	800000	16° 10′ S	68° 52′ W	南美洲	热带山地系统
976	Har Us Nuur National Park	321360	47° 58′ N	92° 50′ E	亚洲	温带荒漠
1012	Lagunas de Guanacache, Desaguadero y del Bebedero	962370	33° 00′ S	67° 36′ W	南美洲	亚热带草原

国际重要湿地编号	名称	面积/hm²	中心纬度	中心经度	所属大洲	所属生态区
1020	Baixada Maranhense Environmental Protection Area	1775036	3° 00′ S	44° 57′ W	南美洲	热带季雨林
1024	Malagarasi-Muyovozi Wetlands	3250000	5° 00′ S	31° 00′ E	非洲	热带季雨林
1052	Chott Ech Chergui	855500	34° 27′ N	0° 50′ E	非洲	亚热带草原
1087	Bañados del Izozog y el río Parapetí	615882	18° 27′ S	61° 49′ W	南美洲	热带旱生林
1088	Palmar de las Islas y las Salinas de San José	856754	19° 15′ S	61° 00′ W	南美洲	热带旱生林
1112	Jaaukanigás	492000	28° 45′ S	59° 15′ W	南美洲	热带季雨林
1134※	Partie tchadienne du lac Tchad	1648168	14° 20′ N	13° 37′ E	非洲	热带灌木林
1146	Dalai Lake National Nature Reserve, Inner Mongolia	740000	48° 33′ N	117° 30′ E	亚洲	温带草原
1174	Complejo de humedales del Abanico del río Pastaza	3827329	4° 00′ S	75° 25′ W	南美洲	热带雨林
1176※	Bañados del Río Dulce y Laguna de Mar Chiquita	996000	30° 23′ S	62° 46′ W	南美洲	热带旱生林
1181	Lagos Poopó y Uru Uru	967607	18° 46′ S	67° 07′ W	南美洲	热带山地系统
1231	Isyk-Kul State Reserve with the Lake Isyk-Kul	626439	42° 25′ N	77° 15′ E	亚洲	海洋或其他水域
1284	Indus Delta	472800	24° 06′ N	67° 42′ E	亚洲	热带荒漠
1285	Runn of Kutch	566375	24° 23′ N	70° 05′ E	亚洲	热带荒漠
1296	Chott Melghir	551500	34° 15′ N	6° 19′ E	非洲	热带荒漠
1312	Le Lac Alaotra: les zones humides et basin	722500	17° 28′ S	48° 31′ E	非洲	热带山地系统
1329※	Sian Ka'an	652193	19° 30′ N	87° 37′ W	北美洲	热带季雨林
1356	Área de Protección de Flora y Fauna Laguna de Términos	705016	18° 40′ N	91° 45′ W	北美洲	热带季雨林
1365	Delta Intérieur du Niger	4119500	15° 12′ N	4° 06′ W	非洲	热带灌木林
1366	Humedales Chaco	508000	27° 20′ S	58° 50′ W	南美洲	热带季雨林
1379	Lake Uvs and its surrounding wetlands	585000	50° 20′ N	92° 45′ E	亚洲	温带荒漠
1391	Marromeu Complex	688000	18° 35′ S	35° 56′ E	非洲	热带季雨林
1443	Rufiji-Mafia-Kilwa Marine Ramsar Site	596908	8° 08′ S	39° 38′ E	非洲	热带雨林
1461	Dinder National Park	1084600	12° 19′ N	34° 47′ E	非洲	热带灌木林
1501	Gueltas et Oasis de l'Aïr	2413237	18° 18′ N	9° 30′ E	非洲	热带灌木林
1521	Lemmenjoki National Park	285990	68° 35′ N	25° 36′ E	欧洲	北方针叶林
1560	Plaines d'inondation du Logone et les dépressions Toupouri	2978900	10° 30′ N	16° 14′ E	非洲	热带旱生林

续表

国际重要湿地编号	名称	面积/hm²	中心纬度	中心经度	所属大洲	所属生态区
1579	Gambie−Oundou−Liti	527400	11° 33′ N	12° 18′ W	非洲	热带季雨林
1621	Plaines d'inondation des Bahr Aouk et Salamat	4922000	10° 45′ N	20° 33′ E	非洲	热带旱生林
1622	Sudd	5700000	7° 34′ N	30° 39′ E	非洲	热带旱生林
1624	Wasur National Park	413810	8° 38′ S	140° 23′ E	亚洲	热带季雨林
1668	Site Ramsar du Complexe W	895480	11° 50′ N	2° 30′ E	非洲	热带旱生林
1699	Chott El Jerid	586187	33° 42′ N	8° 24′ E	非洲	热带荒漠
1719	Bafing−Faléné	517300	12° 00′ N	11° 30′ W	非洲	热带雨林
1722	Zones Humides du Littoral du Togo	591000	6° 34′ N	1° 25′ E	非洲	热带雨林
1742	Grands affluents	5908074	0° 15′ S	16° 42′ E	非洲	热带雨林
1749	Lake Chad Wetlands in Nigeria	607354	13° 04′ N	13° 48′ E	非洲	热带灌木林
1769	Rio Sabinas	603123	27° 53′ N	101° 09′ W	北美洲	亚热带草原
1784	Ngiri−Tumba−Maindombe	6569624	1° 30′ S	17° 30′ E	非洲	热带雨林
1837	Réserve Naturelle Nationale des Terres Australes Francaises	2270000	43° 07′ S	63° 51′ E	南极洲	极地
1839	Plaine de Massenya	2526000	11° 15′ N	16° 15′ E	非洲	热带旱生林
1841	Aydar−Arnasay Lakes system	527100	40° 47′ N	67° 46′ E	亚洲	温带荒漠
1855	Turkmenbashy Bay	267124	39° 48′ N	53° 22′ E	亚洲	海洋或其他水域
1858	Sangha−Nouabalé−Ndoki	1525000	1° 41′ N	16° 26′ E	非洲	热带雨林
1860	Suakin−Gulf of Agig	1125000	18° 34′ N	38° 05′ E	非洲	热带灌木林
1865	Lagunas altoandinas y pune?as de Catamarca	1228175	26° 52′ S	67° 56′ W	南美洲	热带山地系统
1892	Alakol−Sasykkol LakesSystem	914663	46° 16′ N	81° 32′ E	亚洲	温带荒漠
1957	Hopen	325400	76° 30′ N	25° 01′ E	欧洲	极地
1964	Lake Niassa and its Coastal Zone	1363700	12° 30′ S	34° 51′ E	非洲	海洋或其他水域
1966	Bear Island	298300	74° 25′ N	19° 02′ E	欧洲	极地
1975	Gansu Gahai Wetlands Nature Reserve	247431	34° 16′ 40″ N	102° 26′ 53″ E	亚洲	温带山地系统
2020	Ili River Delta and South Lake Balkhash	976630	45° 35′ 52″ N	74° 44′ 17″ E	亚洲	温带荒漠
2080	Site Ramsar Odzala Kokoua	1300000	0° 56′ N	14° 52′ E	非洲	热带雨林
2083	Lesser Aral Sea and Delta of the Syrdarya River	330000	46° 20′ 50″ N	61° 00′ 09″ E	亚洲	温带荒漠
2092	Río Blanco	2404916	13° 37′ 59″ S	63° 23′ 35″ W	南美洲	热带雨林
2093	Río Matos	1729788	14° 48′ 54″ S	66° 12′ W	南美洲	热带雨林

全球大型国际重要湿地

135

续表

国际重要湿地编号	名称	面积/hm²	中心纬度	中心经度	所属大洲	所属生态区
2094	Río Yata	2813229	12° 18′ 32″ S	66° 06′ 11″ W	南美洲	热带雨林
2190	Cabo Orange National Park	657328	3° 38′ 59″ N	51° 11′ 24″ W	南美洲	热带雨林
2192	Tanjung Puting NationalPark	408286	3° 03′ S	112° 0′ E	亚洲	热带雨林
2198	Archipel Bolama-Bijagós	1046950	11° 14′ N	16° 02′ W	非洲	热带雨林

注：※为本报告典型国际重要湿地。

3. 全球大型国际重要湿地遥感制图分类精度检验

附表3 2001年全球大型国际重要湿地遥感制图分类精度检验

分类图像＼参考图像	水体	森林/灌丛沼泽（常绿）	森林/灌丛沼泽（落叶）	永久性草本沼泽	季节性草本沼泽	洪泛湿地	积雪	森林/灌丛	草地	人工覆盖/裸地	旱地	总计	用户精度/%
水体	369	0	0	0	3	17	0	0	0	3	0	392	94
森林/灌丛沼泽（常绿）	0	30	0		0					0		30	100
森林/灌丛沼泽（落叶）	0	2	211	1	4	0	0	15	0	0	0	233	91
永久性草本沼泽	0	0	4	56	1	0	0	8	0	0	3	72	78
季节性草本沼泽	6	0	3	0	88	4	0	0	0	0	0	101	87
洪泛湿地	24	0	0	3	1	32	0	0	0	0	0	60	53
积雪	2		0		0		8					10	80
森林/灌丛	2	0	2	5	0	0	8	120	0	0	0	137	88
草地	0	0	0	0		0		0	32	4	0	36	89
人工覆盖/裸地	0	0	0	0	6	2	0	0	5	88	0	101	87
旱地	0	0	2	0	1	0	0	0	0	0	9	12	75
总计	403	32	222	65	104	55	16	143	37	95	12	1184	
制图精度/%	91	94	95	86	85	58	50	84	86	93	75		

附表4 2013年全球大型国际重要湿地遥感制图分类精度检验

分类图像＼参考图像	水体	森林/灌丛沼泽（常绿）	森林/灌丛沼泽（落叶）	永久性草本沼泽	季节性草本沼泽	洪泛湿地	积雪	森林/灌丛	草地	人工覆盖/裸地	旱地	总计	用户精度/%
水体	319	0	0	0	1	7	0	0	0	0	0	327	98
森林/灌丛沼泽（常绿）	0	28	2		0					0		30	93

分类图像＼参考图像	水体	森林/灌丛沼泽（常绿）	森林/灌丛沼泽（落叶）	永久性草本沼泽	季节性草本沼泽	洪泛湿地	积雪	森林/灌丛	草地	人工覆盖/裸地	旱地	总计	用户精度/%
森林/灌丛沼泽（落叶）	0	2	225	0	10	0	0	23	0	0	0	260	87
永久性草本沼泽	0	0	0	66	0	0	0	0	0	0	7	73	100
季节性草本沼泽	5	0	3	0	113	1	0	0	0	0	0	122	94
洪泛湿地	4	0	0	0	5	74	0	0	2	18	0	103	73
积雪	4		0				6					10	60
森林/灌丛	0	0	2	2	0	0	0	108	0	0	1	113	96
草地	0	0	0	0	0	0	0	0	36	1	0	37	97
人工覆盖/裸地	0	0	0	0	10	4	0	0	10	86	0	110	78
旱地	0	0	0	0	5	0	0	0	0	0	12	17	71
总计	332	30	232	68	144	86	6	131	48	105	20	1202	
制图精度/%	96	93	97	97	78	86	100	82	75	82	60		

4. 中国国际重要湿地遥感制图分类精度检验

附表5　2001年中国国际重要湿地遥感制图分类精度检验

分类后	参考数据									总和	用户精度/%
	水体	永久性草本沼泽	季节性草本沼泽	洪泛湿地	水田	森林/灌丛	草地	人工覆盖/裸地	旱地		
水体	88	8	2	11	2					111	79
永久性草本沼泽	1	117	8		10		4		3	143	82
季节性草本沼泽	3	0	122	6	3					134	91
洪泛湿地	4	1	3	140	2			1		151	93
水田		8			62				4	74	84
森林/灌丛		1	1		1	25	1		1	30	83
草地		5		2			55			62	89
人工覆盖/裸地					2	2		11		15	73
旱地		10			4	3	3		72	92	78
总和	96	150	136	159	86	30	63	12	80	812	
制图精度/%	92	78	90	88	72	83	87	92	90		

附表6   2013年中国国际重要湿地遥感制图分类精度检验

分类后	参考数据									总和	用户精度 / %
	水体	永久性草本沼泽	季节性草本沼泽	洪泛湿地	水田	森林/灌丛	草地	人工覆盖/裸地	旱地		
水体	96	1		13						110	87
永久性草本沼泽		131	11	10	3	1	3		1	160	82
季节性草本沼泽	1		111	12						124	90
洪泛湿地	1		3	122				1		127	96
水田		7			68			1	2	78	87
森林/灌丛		2			2	23			1	28	82
草地		5				1	73		1	80	91
人工覆盖/裸地	2							14	2	18	78
旱地		4			6		4		73	87	84
总和	100	150	125	157	79	25	80	16	80	812	
制图精度 / %	96	87	89	78	86	92	91	88	91		

5. 湿地生态系统干扰/退化指数

附表7   干扰退化强度比例系数

湿地类型	干扰/退化强度比例系数 / %
河流	0
湖泊	0
潟湖	0
河口水域	0
水产养殖场/盐场	50
水库	40
其他人工水体	50
森林/灌丛沼泽（内陆）	0
森林/灌丛沼泽（滨海）	0
永久性草本沼泽（内陆）	0
永久性草本沼泽（滨海）	0
季节性草本沼泽（内陆）	0

湿地类型	干扰/退化强度比例系数 / %
季节性草本沼泽（滨海）	0
洪泛湿地（内陆）	0
河口沙洲/沙岛等	0
水田	60
苔原/藓类沼泽	0
积雪	0
森林/灌丛	20
草地	20
人工覆盖/裸地	40
旱地	80

6. 2001~2013年各大洲国际重要湿地内不同地类面积变化比例

附表8　亚洲大型国际重要湿地内不同地类面积变化比例　　　（单位：%）

2001年 \ 2013年	河流	湖泊	河口水域	森林/灌丛沼泽(内陆)	森林/灌丛沼泽(滨海)	永久性草本沼泽(内陆)	永久性草本沼泽(滨海)	季节性草本沼泽(内陆)	季节性草本沼泽(滨海)	洪泛湿地(内陆)	河口沙洲/沙岛等	水田	非湿地
河流	86.60	0.07	0.06	2.49	3.30		0.05	1.30		0.56	1.18		4.37
湖泊	0.02	77.42		0.10	0.00	1.19	0.02	8.61	0.13	8.71	0.65		3.15
河口水域	0.36	0.06	73.89		3.54		0.25		0.29		14.59		1.30
森林/灌丛沼泽(内陆)	0.04	0.12	0.00	82.06	0.00			12.05		0.10	0.00		5.63
森林/灌丛沼泽(滨海)	0.03	0.01	0.05	0.18	89.04		0.69		1.67		0.16	0.04	8.12
永久性草本沼泽(内陆)		37.91				42.99		2.02		1.50		0.00	15.58
永久性草本沼泽(滨海)	0.01	2.30	0.10		14.99		52.03			15.53		0.11	14.87
季节性草本沼泽(内陆)	0.06	2.23		6.09		0.10		82.27	0.73			0.02	8.51
季节性草本沼泽(滨海)		2.66	0.71		7.30				32.05		11.35		24.58
洪泛湿地(内陆)	0.56	19.70		1.83		0.45		7.88		53.51			16.08
河口沙洲/沙岛	0.28	1.34	2.40		0.42		3.01		0.08		91.93	0.00	0.50

续表

2001年＼2013年	河流	湖泊	河口水域	森林/灌丛沼泽(内陆)	森林/灌丛沼泽(滨海)	永久性草本沼泽(内陆)	永久性草本沼泽(滨海)	季节性草本沼泽(内陆)	季节性草本沼泽(滨海)	洪泛湿地(内陆)	河口沙洲/沙岛等	水田	非湿地
水田		0.57	0.01		1.60	0.61	0.53	8.61			0.37	11.48	76.23
非湿地	0.10	0.46	0.03	2.36	7.55	0.76	0.13	6.11	0.67	0.39	0.40	0.11	80.92

附表9　欧洲大型国际重要湿地内不同地类面积变化比例　　　　　　（单位：%）

2001年＼2013年	河流	湖泊	河口水域	水库	森林/灌丛沼泽(内陆)	永久性草本沼泽(内陆)	季节性草本沼泽(内陆)	季节性草本沼泽(滨海)	洪泛湿地(内陆)	河口沙洲/沙岛等	苔原/藓类沼泽	非湿地
河流	64.42								35.58			
湖泊	0.00	86.65			0.08		0.03		13.20	0.01		0.02
河口水域		0.01	98.41					0.02		1.55		0.01
水库				87.75			0.02					12.22
森林/灌丛沼泽(内陆)		0.03			83.47	0.00	6.03	0.02	0.79	0.01		9.65
永久性草本沼泽(内陆)					9.56	3.93			1.16			85.35
季节性草本沼泽(内陆)	0.00	0.27		1.44	10.96		51.62	0.00	1.13	0.01	0.27	34.30
季节性草本沼泽(滨海)			6.53		0.11		0.19	37.22		47.34		4.31
洪泛湿地(内陆)	0.21	4.96			29.72		1.91		62.56			0.64
河口沙洲/沙岛等		0.57	23.58				0.27	3.52	0.11	63.45		5.10
苔原/藓类沼泽											88.89	11.11
非湿地	0.17	0.32	0.34	1.59	0.00		3.86	0.58	0.15	1.01	1.92	90.05

附表10　非洲大型国际重要湿地内不同地类面积变化比例　　　　　　（单位：%）

2001年＼2013年	河流	湖泊	河口水域	森林/灌丛沼泽(内陆)	森林/灌丛沼泽(滨海)	永久性草本沼泽(内陆)	永久性草本沼泽(滨海)	季节性草本沼泽(内陆)	季节性草本沼泽(滨海)	洪泛湿地(内陆)	河口沙洲/沙岛等	水田	非湿地
河流	36.00		0.19	1.91	0.01	9.02	0.04	16.46		18.94	0.16		17.27
湖泊		83.16		0.08		0.68		4.90		3.76		0.00	7.42
河口水域			83.36	1.16		0.54				0.03	10.37		4.11
森林/灌丛沼泽(内陆)	0.00	0.03	0.00	57.95	0.01	2.28	0.11	1.22		0.03	0.00	0.04	38.34

2001年 \ 2013年	河流	湖泊	河口水域	森林/灌丛沼泽(内陆)	森林/灌丛沼泽(滨海)	永久性草本沼泽(内陆)	永久性草本沼泽(滨海)	季节性草本沼泽(内陆)	季节性草本沼泽(滨海)	洪泛湿地(内陆)	河口沙洲/沙岛等	水田	非湿地
森林/灌丛沼泽(滨海)			0.08	7.43	61.42	0.00	12.23		1.07		0.13		17.63
永久性草本沼泽(内陆)	0.08	0.24		4.83		34.59	0.08	9.61		0.51		0.15	49.92
永久性草本沼泽(滨海)	0.04		0.20	3.27	4.93	2.02	75.81	3.43		0.10	6.38		2.45
季节性草本沼泽(内陆)	0.17	4.08		9.08		1.96		58.94		1.18			24.60
季节性草本沼泽(滨海)					8.59		3.78		40.79		26.73		5.35
洪泛湿地(内陆)	1.52	12.65	0.00	0.41		1.27	0.04	6.62		57.31	0.02		20.16
河口沙洲/沙岛等	0.01		1.53	0.03	0.51	0.01	28.27		1.65	0.09	53.95		7.45
水田		0.02		1.95		0.94						64.20	32.89
非湿地	0.01	0.05	0.00	4.20	0.04	2.62	0.00	3.51	0.00	0.04	0.01	0.06	89.44

附表11　南美洲大型国际重要湿地内不同地类面积变化比例　　　　(单位：%)

2001年 \ 2013年	河流	湖泊	河口水域	森林/灌丛沼泽(内陆)	森林/灌丛沼泽(滨海)	永久性草本沼泽(内陆)	永久性草本沼泽(滨海)	季节性草本沼泽(内陆)	季节性草本沼泽(滨海)	洪泛湿地(内陆)	河口沙洲/沙岛等	非湿地
河流	70.97	0.61	0.35	8.25		5.39	0.96	1.92		2.27	0.00	8.89
湖泊	0.07	72.49		0.25		3.25	0.19	12.16		7.54	2.98	1.07
河口水域		0.15	86.61		0.04		3.63		0.05		4.46	0.24
森林/灌丛沼泽(内陆)	0.13	0.01		59.15		10.29		0.90		0.05		29.47
森林/灌丛沼泽(滨海)			0.00		85.07		14.82				0.05	0.06
永久性草本沼泽(内陆)	0.37	0.25		6.20		76.86		2.11		0.09		14.10
永久性草本沼泽(滨海)	0.11	0.21	1.07		22.49		70.79				1.96	3.36
季节性草本沼泽(内陆)	2.08	0.79		22.62		19.85		50.33		0.03		4.31
季节性草本沼泽(滨海)									86.02		0.07	13.91
洪泛湿地(内陆)	0.10	2.52		1.02		15.74		20.89		29.68		30.04
河口沙洲/沙岛等		2.21	0.08	0.02				1.19		0.02	93.17	3.30
非湿地	0.10	0.05	0.01	5.15	0.01	4.68	0.13	0.09	0.11	0.05	0.51	89.11

附表12　北美洲大型国际重要湿地内不同地类面积变化比例　　　　　（单位：%）

2001年 ＼ 2013年	河流	湖泊	河口水域	森林/灌丛沼泽(内陆)	森林/灌丛沼泽(滨海)	永久性草本沼泽(内陆)	永久性草本沼泽(滨海)	季节性草本沼泽(内陆)	季节性草本沼泽(滨海)	洪泛湿地(内陆)	河口沙洲/沙岛等	非湿地
河流	81.12	0.29			0.42			9.47		0.07		8.62
湖泊	4.91	81.16	0.07		0.14		1.60	6.78		2.55		2.74
河口水域	0.00	0.00	83.51		1.87	0.59		1.82		5.29		0.46
森林/灌丛沼泽(内陆)				94.83			5.14					0.03
森林/灌丛沼泽(滨海)	0.02	0.00	0.01		85.77	0.14		7.32		0.06	5.30	1.37
永久性草本沼泽(滨海)			0.89		8.06		76.34	4.34		0.49		9.88
季节性草本沼泽(内陆)		1.52		10.18				86.13	0.01			2.16
季节性草本沼泽(滨海)	0.18	0.16	0.20		7.00	0.66			79.95	0.08	11.51	0.05
洪泛湿地(内陆)		96.75						1.71				1.54
河口沙洲/沙岛等	0.64	3.68	30.85		6.24	1.60		14.57		31.97		1.58
苔原/藓类沼泽					25.38			16.15			58.47	
非湿地	0.31	0.34	0.05	0.80	10.69	1.79		6.96	0.01	1.07	0.07	77.90

附 图

1. 全球大型国际重要湿地遥感制图流程

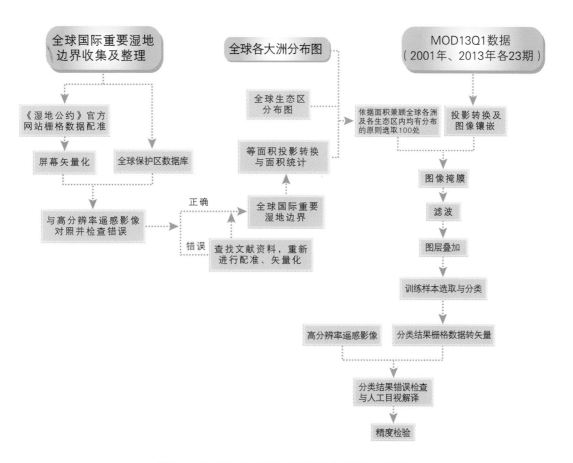

附图1　全球大型国际重要湿地遥感制图技术流程

2. 中国国际重要湿地遥感制图流程

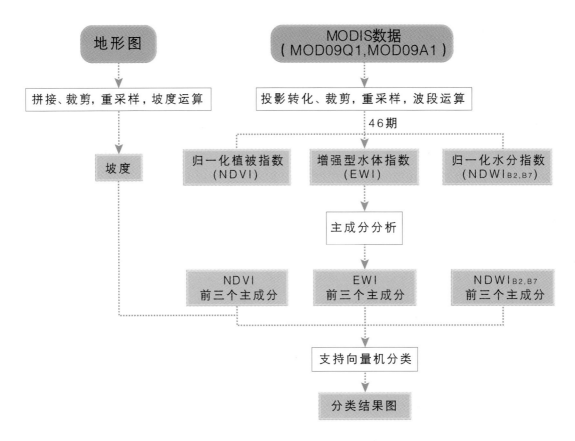

附图2　中国国际重要湿地遥感制图技术流程

3. 全球生态区（GEZ）分布

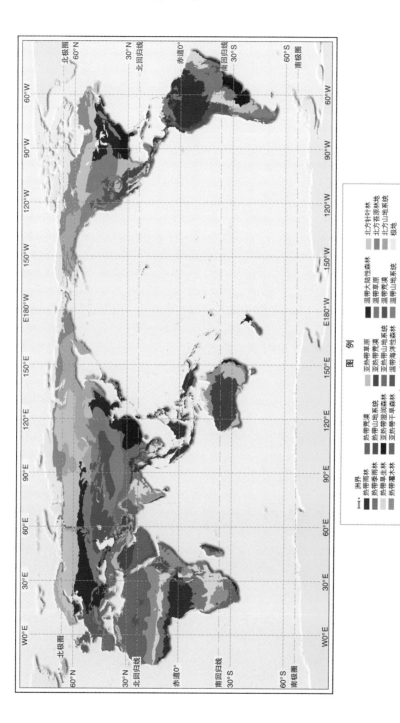

附图3　全球主要生态区分布图（引自FAO，http://www.fao.org，2006）

第三部分
中国 - 东盟区域
生态环境状况

全球生态环境
遥感监测
2014
年度报告

>> 中国-东盟区域生态
环境现状

>> 典型区域生态环境状况

>> 中国-东盟区域生态
环境评估

全球生态环境
遥感监测
2014
年度报告

一、引　言

1.1　背景与意义

中国–东盟各国彼此紧密相联，生态环境将我们的命运紧密结合在一起，形成一个不可分割的命运共同体。中国–东盟国家作为世界经济发展的引擎之一，城市化进程不断加快，人口快速增长，社会经济发展可能引发一系列生态环境问题，亟需开展中国–东盟区域生态环境监测和环境保护合作。

1）中国–东盟自由贸易区成为全球第三大自贸区，经济社会合作进程加快

1991年中国与东盟建立对话伙伴关系以来，双方关系得到全面持续进展。中国作为东盟的第一个战略伙伴，为建设中国和东盟之间和平与繁荣的战略伙伴关系，中国将发展同东盟友好合作作为周边外交的优先方向。

2010年1月，中国–东盟自由贸易区正式全面启动，为发展中国同东盟国家的经济社会合作关系和区域经济一体化，共同营造和平稳定、平等互信、合作共赢的地区环境，迈出了历史性的一步，现已成为全球经济规模第三大自由贸易区。2014年，中国与东盟的双方贸易额达4804亿美元，中国是东盟的第一大贸易伙伴，东盟是中国第三大贸易伙伴（仅次于欧盟、美国）。中国–东盟自贸区反映了双方加强睦邻友好关系的良好愿望，体现了中国和东盟之间不断加强的经济联系。监测中国–东盟区域生态环境状况，是支撑中国–东盟区域自贸区建设的重要基础。

2）东盟是"21世纪海上丝绸之路"的关键枢纽

中国政府提出的"一带一路"沿线各国发展倡议，将铺就面向东盟的"21世纪海上丝绸之路"，打造带动腹地发展的战略支点，促进中国和东盟的区域经济合作和文明交流互鉴。中国与东盟国家就"一带一路"建设愿景与格局达成共识，互联互通、互利共赢，必将促使中国–东盟命运共同体关系踏上新的发展之路，共同迈向快速发展的新时期。监测中国–东盟区域生态环境状况，是支撑"一带一路"建设的重要基础。

3）中国–东盟环境保护合作和生态文明建设亟需监测生态环境现状

中国–东盟双方就生态环境保护的相关问题已达成共识，在2009年通过了《中国–东盟环境保护合作战略2009～2015年》，在2011年联合制定了《中国–东盟环境合作行动计划2011～2013年》。

中国-东盟国家作为世界经济发展的引擎之一，随着社会经济发展的日趋加快，一系列生态环境问题日益显现，如生态系统退化，生物多样性减少（森林砍伐、森林火灾、耕地减少）；资源短缺（水资源短缺、粮食安全）；环境污染（大气污染、水污染、垃圾污染）；全球变化导致自然灾害频发（如台风、暴雨）。区域生态环境保护亟需相关国家加强合作，开展生态环境监测工作。

4）卫星遥感是监测中国-东盟区域生态环境不可或缺的重要手段

中国已有能力实现卫星组网，实现多种遥感产品的业务化实时生产，为生态环境信息获取提供全面、及时的有力支持。本专题依托863计划"星机"地综合定量遥感系统与应用示范"重大项目的数据和产品，对2013～2014年中国-东盟区域生态环境主要特征进行监测分析，全面评估中国-东盟区域生态环境现状，可为中国-东盟环境保护合作、中国的周边外交决策、"一带一路"的建设提供数据支撑与信息支持。

1.2 中国-东盟区域生态环境特点

东盟地区主要包括亚洲东南部的中南半岛和马来群岛，中南半岛包括柬埔寨、老挝、缅甸、泰国、越南、新加坡和马来西亚西部，地形以南北走向的山脉、高原、沿海平原，以及丰富的水系为主要特征；马来群岛包括文莱、印度尼西亚、马来西亚东部和菲律宾，位于欧亚、印度-澳大利亚和太平洋三个板块之间的接合处，岛屿众多。

中国-东盟区域各国的地理环境紧密关联（图1-1），结合成一个自然综合体。中国跨越多个气候带，东部地区由平原和丘陵组成，是季风性气候，气温年较差小，夏季高温多雨，冬季低温少雨；西部地区多高原、山地和盆地，是典型的大陆性气候，气温年较差大，夏季炎热干燥，冬季寒冷少雨。东盟国家位于亚热带和热带地区，受季风影响，降水丰富，森林茂密。各国之间太阳辐射不均衡，地表覆盖类型多样，生态环境具有区域分异特征，区域森林资源丰富，固碳能力强。

大湄公河次区域（The Greater Mekong Sub-region，GMS）包括柬埔寨、越南、老挝、缅甸、泰国，以及中国云南省和广西壮族自治区，是推进中国-东盟经济一体化的先行示范区。澜沧江-湄公河贯穿大湄公河次区域，是中国和东盟国家之间重要的跨境河流，中国境内段称为澜沧江，境外段称为湄公河，是典型的季风性河流，水位季节变化很大，很多河段河槽深切，多峡谷，适宜建坝。

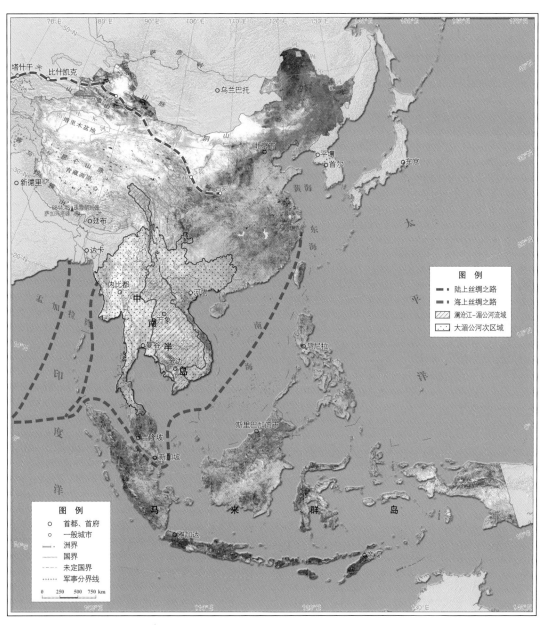

图1-1　中国-东盟区域地理位置图

1.3　监测内容与指标

光、温、水和植被是区域生态环境最重要的影响因素，是本书重要的监测内容。监测区域为中国-东盟全区域，重点监测区域为大湄公河次区域和澜沧江-湄公河流域。本书利用1km空间分辨率遥感产品，对中国-东盟区域光、温、水条件与自然植被生长状态，以及森林、农田等典型植被生态系统特征进行了大尺度监测分析；利用30m空间分辨率数据，对大湄公河次区域自然灾害（台风及林火）及人类活动（森林砍伐）对植被生态系统的扰动进行了监测分析；利用1km和30m两种空间分辨率数据对澜沧江-湄公河流域水资源状况进行了监测与模拟；综合以上信息并结合人口与国民生产总值（GDP）统计数据，对区域生态环境进行了分析与评估（表1-1）。

表1-1 监测指标

监测内容	监测指标
光温条件	年均/月均光合有效辐射、平均气温
水分条件	降水、蒸散和水分盈亏
陆地植被生长状况	植被生长季长度、植被盖度、植被净初级生产力（NPP）
森林生物量	森林地上生物量、森林减少面积、固碳能力
农业生产现状与潜力	农气适宜度、复种指数和耕地种植比例
流域水资源状况	河道径流、径流深、水域面积、蓄水量变化

1.4 数据与方法

本书所用数据包括遥感、气象、统计及其他参考数据。

1.4.1 遥感数据

本书采用的遥感数据以中国卫星数据为主，所用传感器包括1km空间分辨率的中国风云三号卫星中分辨率光谱成像仪（FY3A/B-MERSI）、风云三号卫星可见光红外扫描辐射计（FY3A/B-VIRR）、美国中分辨率成像光谱仪（Terra/Aqua-MODIS）、30m空间分辨率的中国环境一号卫星A星和B星CCD（HJ-1A/CCD1、HJ-1A/CCD2、HJ-1B/CCD1、HJ-1B/CCD2）、美国陆地资源卫星5号专题制图仪（Landsat 5/TM）、陆地资源卫星8号陆地成像仪（Landsat 8/OLI）、日本相控阵型L波段合成孔径雷达（ALOS PALSAR），以及日本静止卫星多通道扫描辐射计（MST2 VISSR）等。总计涉及6万多轨低分辨率影像，1万多景高分辨率影像，合计数据量为18TB，时间跨度为2013年1月～2014年6月。

为开展中国-东盟区域生态环境综合监测与评估，利用863计划"星机地综合定量遥感系统与应用示范"项目成果，对以上卫星数据进行预处理及归一化处理，形成标准化的多源遥感数据集（附图1），生产了地表反射率、光合有效辐射、地表蒸散、植被指数、植被盖度、植被生长季长度、NPP及森林生物量等遥感产品，产品验证总体精度达80%以上。

1.4.2 气象数据

气温数据：使用全球站点日观测数据汇总（GSOD）数据集中2000年1月～2014年5月的日平均气温计算出旬平均气温，考虑高程对温度的影响，结合航天飞机雷达地形测绘任务（SRTM_DEM）数据，使用克里金插值法得到了中国及东盟0.25°×0.25°的月气温产品。

降水数据：覆盖中国及东盟区域。由两个数据源计算得来：① 第7版的热带测雨卫星（TRMM）降水数据集，其空间分辨率为0.25°×0.25°；② 欧洲中期天气预报中心再分析数据（ERA-I）与欧洲中期天气预报中心（ECMWF）旬降水产品（MARS），其空间分辨率为0.25°×0.25°。

1.4.3 统计数据

包含人口和GDP统计资料。中国的人口数据和GDP统计资料均来自"中国统计年鉴"，东盟区域国家和地区的人口数据和GDP统计资料分别来自"各国宏观经济指标宝典（BVD-EIU CountryData）"和"世界银行WDI数据库"。

1.4.4 其他参考数据

1）地表覆盖分类数据

引用联合国粮农组织（FAO）在2014年发布的全球土地共享数据库（GLC-SHARE），和美国地质调查局（USGS）发布的的全球土地覆盖特征（GLCC）产品，结合中国林业科学研究院资源信息研究所的林地地面调查数据，形成中国-东盟区域1km尺度地表覆盖分类数据（附图2）。

2）气候区划数据

参考柯本-盖格（Köpen Geiger）气候带分类体系，结合亚洲热带湿润、半湿润生态地理区区域界线数据，对中国-东盟区域气候类型进行划分（附图3）。

3）生态功能区划数据

参考FAO的生态功能区划分类体系进行中国-东盟区域生态功能类型划分（附图4）。

二、中国-东盟区域生态环境现状

中国-东盟区域地表覆盖类型丰富，涵盖农田、森林、草地和灌木等植被类型。独特的地理位置和气候条件不仅造就了该区域丰富的生物物种，还使其成为世界上拥有最多样森林生态系统的地区之一。本章从区域内光温条件及生产潜力、水分条件出发，对植被覆盖及NPP从整体空间分布和生态系统格局两个角度进行了统计和分析，并针对农田种植状况以及森林生物量进行分析。

光、温、水反映区域基础气候条件。结合历史遥感产品和再分析数据集，将中国-东盟区域各国监测期内（2013年6月～2014年5月）平均气温、年累积光合有效辐射、降水量与过去13年平均水平进行了对比分析（表2-1），中国-东盟区域监测期内光、温、水条件相对历史同期水平变化不大，因此，本次监测能够反映近期以来光、温、水整体状况。

表2-1　中国-东盟区域各国光、温、水参数距平

国家	气温			光合有效辐射			降水		
	2001～2013平均温度/℃	监测期平均温度/℃	距平/℃	2001～2013平均PAR/（MJ/m²）	监测期平均PAR/（MJ/m²）	距平/%	2001～2013平均降水量/mm	监测期降水量/mm	距平/%
中国	7.03	7.26	0.2	3031	3008	−0.8	617	723	17.2
文莱	27.40	27.28	−0.1	3201	3109	−2.9	3596	3131	−12.9
柬埔寨	28.52	28.23	−0.3	3193	3315	3.8	1919	2107	9.8
印度尼西亚	26.21	26.24	0.0	2986	3044	2.0	2988	2998	0.3
老挝	23.53	23.53	0.0	2929	3081	5.2	1949	2014	3.3
马来西亚	26.32	26.39	0.1	3135	3100	−1.0	3124	2803	−10.3
缅甸	24.20	24.43	0.2	2940	3054	3.9	1997	2051	2.7
菲律宾	26.49	26.35	−0.1	3088	3094	0.2	2645	2802	5.9
泰国	26.99	26.72	−0.3	3101	3270	5.5	1635	1705	4.3
越南	24.62	24.44	−0.2	2885	2920	1.1	1908	2009	5.3
合计	12.00	12.16	0.17	3025	3028	0.1	1105	1190	7.6

2.1　中国-东盟区域光温条件分布格局

光温条件决定了自然界植被与作物的分布及类型。光温条件的时空分布在气候资源评价和生态系统研究中具有重要意义。

2.1.1　光合有效辐射空间分布特征

1）光合有效辐射由东北向西南逐渐增加

利用年光合有效辐射（光合有效辐射的年总量）遥感产品开展中国-东盟区域植被生长光照条件分布状况（图2-1），分析区域年光合有效辐射总体上呈现由东北向西南逐渐增加的趋势。监测期内年光合有效辐射低值区位于纬度较高的中国东北和新疆西北部地

区，年光合有效辐射量为2400MJ/m²。中国四川盆地和华南地区，常年多云多雨，年光合有效辐射为2700MJ/m²左右；年光合有效辐射极高值分布在中国青藏高原地区和缅甸、泰国、柬埔寨、越南南部，年总光合有效辐射量大于3400MJ/m²；青藏高原辐射高值缘于海拔较高，空气稀薄，大气透过率较高；东盟地区辐射高值缘于纬度较低，太阳高度角较高。

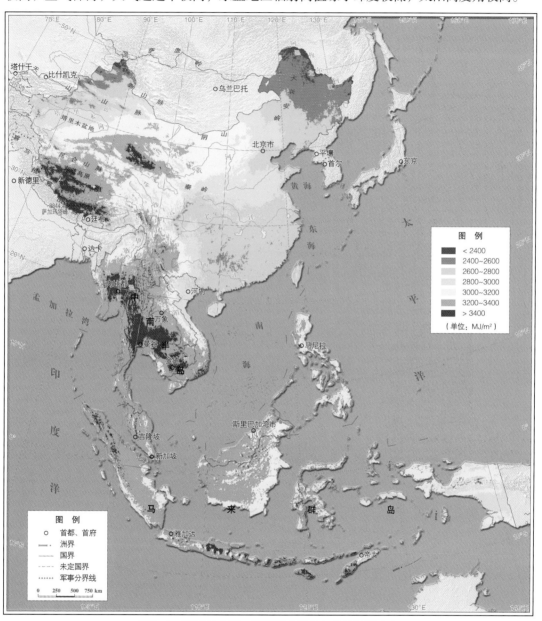

图2-1 2013年中国-东盟区域年光合有效辐射分布

2）不同国家年光合有效辐射平均值差异较大

利用年光合有效辐射遥感产品分析了各国年光合有效辐射平均值（年光合有效辐射的空间平均）统计特征（图2-2）。中国-东盟区域各国年光合有效辐射平均值差异较大。菲律宾和中国的年光合有效辐射平均值较低（<2900MJ/m²），越南和印度尼西亚的年光合有效辐射平均值略高（3000～3100MJ/m²），文莱、马来西亚、老挝、新加坡和缅甸的年光

合有效辐射平均值更高（3100~3300MJ/m²），柬埔寨和泰国的年光合有效辐射平均值最高（>3300MJ/m²）。

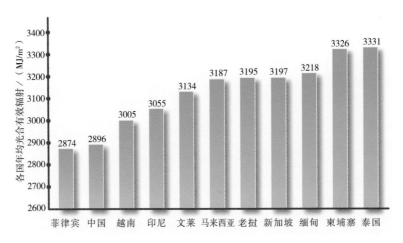

图2-2　2013年中国-东盟区域各国年光合有效辐射平均值

3）中国不同气候区年光合有效辐射平均值差异明显

利用柯本-盖格气候区划图和年光合有效辐射遥感产品，统计了各国不同气候区年光合有效辐射平均值（表2-2）。中国从沿海至内陆跨越多个纬度与海拔地带，呈现多样的气候特征，涵盖除热带雨林气候外的所有气候类型，年光合有效辐射平均值差异明显，最低值为常湿冷温气候，主要分布在浙江、安徽的交界处和新疆的准噶尔盆地，仅为2663MJ/m²，最高值为夏干冷温气候，主要分布在青藏高原西北部地区，可达3195MJ/m²。

东盟各国涉及5个气候区，多处于低纬度热带地区，年光合有效辐射平均值在3100MJ/m²左右，差异不大。

表2-2　不同气候区年光合有效辐射平均值统计　　　　（单位：MJ/m²）

	常湿冷温气候	常湿温暖气候	热带季风气候	冬干冷温气候	冬干温暖气候	草原气候	热带干湿季气候	沙漠气候	苔原气候	夏干冷温气候	热带雨林气候
中国	2663	2715	2770	2819	2945	2950	3000	3033	3171	3195	—
柬埔寨	—	—	3210	—	—	—	3384	—	—	—	—
印度尼西亚	—	—	3093	—	—	—	2945	—	—	—	3131
老挝	—	—	3110	—	3150	—	3236	—	—	—	—
马来西亚	—	—	3125	—	—	—	—	—	—	—	3229
缅甸	—	2909	3230	—	3063	—	3332	—	—	—	—
菲律宾	—	—	3003	—	3141	—	3018	—	—	—	2978
新加坡	—	—	—	—	—	—	—	—	—	—	3197
越南	—	—	2923	—	2884	—	3181	—	—	—	—
文莱	—	—	—	—	—	—	—	—	—	—	3181
泰国	—	—	3229	—	—	—	3385	—	—	—	3179

注：—表示无此气候区类型。

2.1.2 光合有效辐射时间变化特征

1）光合有效辐射季节变化显著

利用月光合有效辐射（光合有效辐射的月累积值），分析了中国-东盟区域光合有效辐射的季节变化特征（图2-3）。该区域的光合有效辐射呈现出明显的季节变化，并随纬度与海拔呈现出一定的地带性。中国面积大，横跨多个纬度，海拔差异显著，季节变化明显，7月月光合有效辐射达360MJ/m²，1月只有110MJ/m²，差异250MJ/m²；其余各国的光合有效辐射季节变化不明显，月光合有效辐射差异小于150MJ/m²。

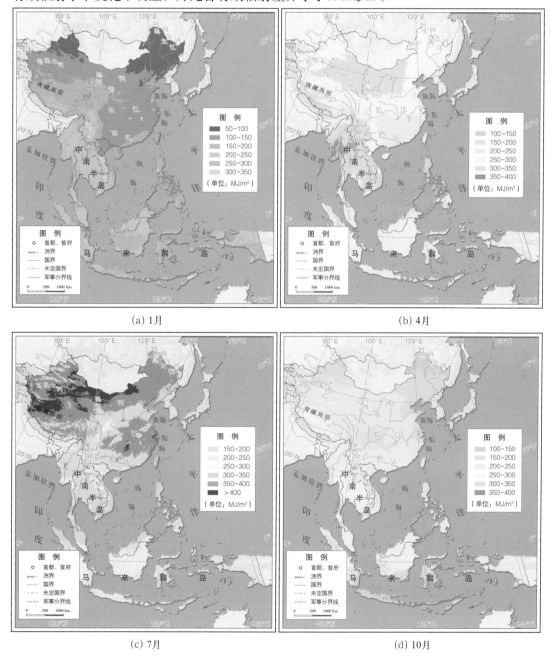

(a) 1月   (b) 4月

(c) 7月   (d) 10月

图2-3 2013年中国-东盟区域月光合有效辐射

由于纬度不同导致太阳入射角度差异，1月月光合有效辐射从南至北依次降低，最高值为300MJ/m²左右，最低值为100MJ/m²，而青藏高原由于海拔差异，月光合有效辐射高于同纬度的其他地区；7月中国西北、青藏高原和内蒙古地区辐射值高，达到450MJ/m²以上，赤道附近的印度尼西亚辐射值较低，只有200MJ/m²左右；10月较高值出现在青藏高原和印度尼西亚，可达350MJ/m²左右，较低值出现在中国最北端的黑龙江省，只有150MJ/m²左右。

2）不同气候区光合有效辐射季节变化明显

利用气候区分布和月光合有效辐射，统计了中国−东盟区域各气候区月光合有效辐射平均值（月光合有效辐射的空间平均）的时间变化特征（图2-4）。热带雨林气候、热带季风气候和热带干湿季气候等气候区的月光合有效辐射平均值变化和缓，1~3月月光合有效辐射平均值缓慢增加，可达300MJ/m²左右，4~8月月光合有效辐射平均值变化趋于稳定，9~12月月光合有效辐射平均值缓慢减少，达到最低值200MJ/m²左右。草原气候、常湿冷温气候、常湿温暖气候、冬干冷温气候、冬干温暖气候、夏干冷温气候、沙漠气候和苔原气候等气候区的月光合有效辐射具有明显的季相变化特征，1~6月月光合有效辐射平均值逐渐增加，7~12月月光合有效辐射平均值逐渐减少，并在6~7月达到最高值，可达350MJ/m²左右，在12月和1月的月光合有效辐射平均值最低，只有120MJ/m²左右。

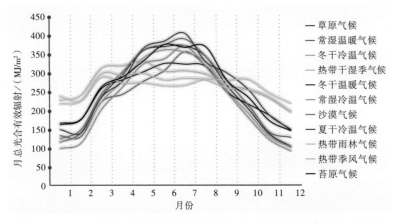

图2-4　2013年中国−东盟区域各气候区月光合有效辐射平均值年内变化

2.1.3　光温生产潜力

利用月平均气温分布和月光合有效辐射，分析了区域光温生产潜力分布特征（图2-5）。中国−东盟区域年光温生产潜力青藏高原地区最低，中南半岛最高。位于中南半岛的缅甸、泰国和柬埔寨部分地区可达225t/hm²以上，为区域最高值；青藏高原地区由于海拔较高，年平均气温较低，导致年光温生产潜力较低，在50t/hm²以下；青藏高原西北部与新疆交界处的年光温生产潜力在25t/hm²以下，为区域最低值。中国东部地区年光温生产潜力从东北地区的50t/hm²，增加到华南地区的近200t/hm²，呈现由北到南逐步增加的趋势；位于赤道附近的马来群岛分布相对均匀，达到200t/hm²以上。

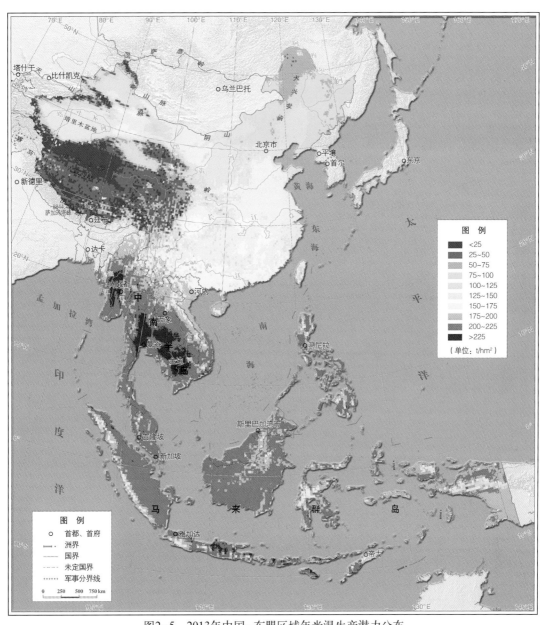

图2-5　2013年中国-东盟区域年光温生产潜力分布

2.2　中国-东盟区域水分分布格局

降水、蒸散和径流是陆表水循环过程的三个主要环节，决定区域水量动态平衡和水资源总量。降水和蒸散是垂直方向上的水分交换过程，径流（地表径流和地下径流）主要反映水平方向的水分运动过程。在区域水分储存量保持稳定的条件下，径流与区域（或流域）降水和蒸散之间的差值密切相关。基于遥感估算降水、蒸散及其二者之间的差值（水分盈亏），对于分析水分时空分布格局具有重要意义。

2.2.1　降水时空分布特征

利用TRMM卫星降水遥感产品和ECMWF大气再分析数据集，分析了中国-东盟区域的降水空间分布格局（图2-6）。

2013年降水极高值区（>2000mm）主要分布在赤道附近的马来群岛，包括文莱、马来西亚、印度尼西亚和菲律宾，以及中南半岛的缅甸、新加坡、老挝和越南的大部分地区。高值区（800～2000mm）分布在中南半岛缅甸中西部、泰国中南部和柬埔寨中部，以及中国华中、华南和西南地区；中值区（400～800mm）分布在中国华北、东北和青藏高原东部等半湿润区；低值区（200～400mm）分布在中国西北和青藏高原西部的半干旱区；极低值区（<200mm）分布在中国西北干旱荒漠地区。降水极高值区、高值区、中值区、低值区和极低值区的面积所占比例分别为28%、29%、19%、11%和13%，其中，中低值区全部分布在中国境内。

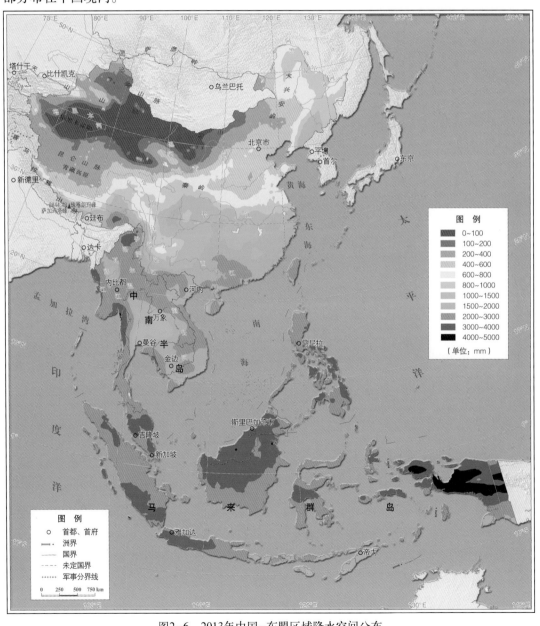

图2-6　2013年中国-东盟区域降水空间分布

利用TRMM卫星降水遥感产品和ECMWF大气再分析数据集，分析了中国-东盟区域各国降水逐月变化特征（图2-7）及其不同气候区之间的差异（图2-8）。

马来群岛的菲律宾、印度尼西亚、马来西亚和文莱位于赤道附近的热带雨林气候区，具有明显的海洋性气候特征，降水量大，降水季节变化小，各月降水量均大于200mm，6~8月的降水量略低。中南半岛的新加坡、泰国、柬埔寨、越南、老挝和缅甸受热带季风气候和热带干湿季气候的影响，降水存在明显的干湿季差异，5~10月雨季降水量占年降水量的70%~80%，其中，缅甸达90%。中国各气候区降水量通常在7月达到全年的峰值，其中，常湿温暖气候区在5~6月即进入梅雨季节，降水量明显高于其他月份。中国处于亚热带气候区（常湿温暖气候、冬干温暖气候）和温带气候区（冬干冷温气候、草原气候、沙漠气候），不仅降水量较少，而且时空分布不均，4~9月的降水量约占年降水量的80%。

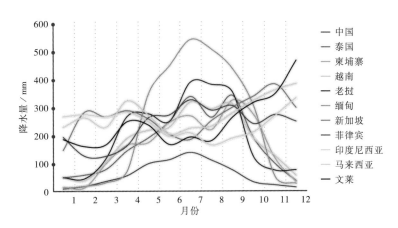

图2-7　2013年中国-东盟区域各国降水逐月变化

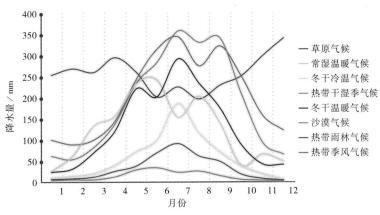

图2-8　2013年中国-东盟区域不同气候区降水逐月变化

2.2.2　蒸散量时空分布特征

1）蒸散量空间分布格局

利用逐日地表蒸散遥感产品，分析中国-东盟区域2013年蒸散总量空间分布格局（图2-9）。

年蒸散量表征气候及植被覆盖分异特征，极高值区（>1000mm）分布在马来群岛的文莱、马来西亚、印度尼西亚和菲律宾；高值区（700~1000mm）分布在中南半岛的柬埔寨、老挝、越南、泰国西部和中国华中、华南地区；中值区（400~700mm）分布在缅甸、泰国东部，以及中国东北、华北、华中和西南地区；低值区（100~400mm）分布在中国西北和青藏高原中部草原地区；极低值区（<100mm）分布在中国西北和青藏高原西部荒漠地区。地表蒸散极高值区、高值区、中值区、低值区和极低值区的面积所占比例分别为9%、24%、31%、18%和18%。

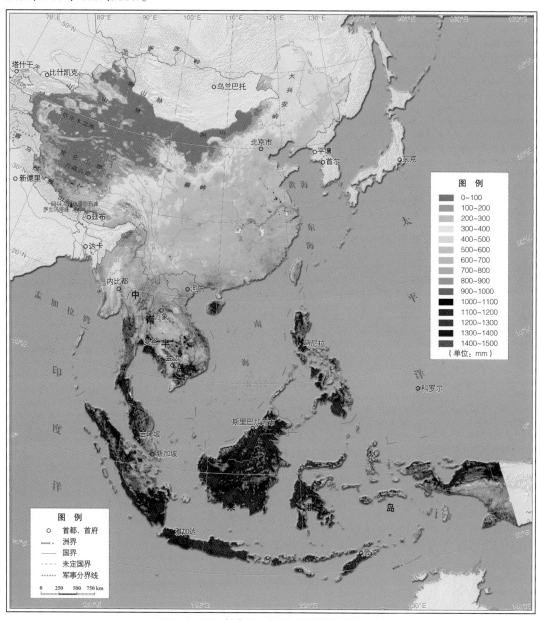

图2-9 2013年中国-东盟区域蒸散空间分布

2）蒸散量季节变化特征

利用逐日地表蒸散遥感产品，分析中国-东盟区域各国蒸散季节变化特征（图2-10）和不同气候区之间的差异（图2-11）。

东盟各国在热带雨林气候、热带季风气候和热带干湿季气候背景下，广泛发育热带雨林和热带季雨林，并且冠层郁闭度较高，蒸散主要由植被蒸腾组成，植被根系能够从土壤中吸收足够的水分用于蒸腾。东盟各国的蒸散季节变化特征基本相似，各月蒸散均在40mm以上，无明显的干湿季差异。东盟各国蒸散在4～6月达到最高峰值。

中国不同气候区具有雨热同期的气候特征，地表植被覆盖和蒸散在6～8月夏季达到峰值，水热条件有利于蒸散活动的进行，各气候区之间的蒸散差异最明显；在冬季蒸散接近于0，各气候区之间差异性降低。

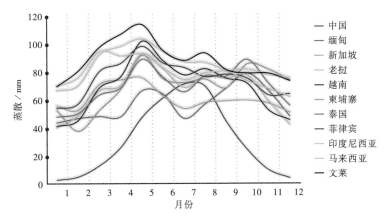

图2-10 2013年中国−东盟区域各国蒸散逐月变化

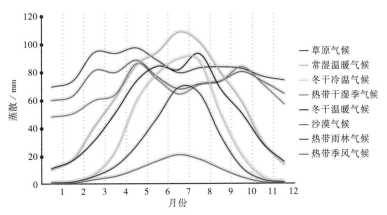

图2-11 2013年中国−东盟区域不同气候区蒸散逐月变化

2.2.3 水分盈亏时空分布特征

1）水分盈亏空间分布格局

降水大于蒸散说明降水有盈余，降水小于蒸散说明降水不能满足蒸散耗水需求，需要水平方向上径流的补给。利用降水与蒸散遥感数据产品之间的差值，分析中国−东盟区域2013年水分盈亏空间分布格局（图2-12）。

水分盈余极高值区（>1000mm）分布在马来群岛的文莱、马来西亚、印度尼西亚和菲律宾，中南半岛的缅甸、新加坡、老挝、越南、柬埔寨和泰国北部，以及中国华南、西南和藏东南地区。水分盈余高值区（200～1000mm）分布在泰国中南部，以及中国东北、华中、西南和青藏高原地区；水分略盈余区（0~200mm）分布在西北和青藏高原中西部干旱半干旱地区；水分略亏缺区（-100mm~0）分布在中国华北平原部分地区以及西北干旱半干旱地区的绿洲与荒漠之间的过渡带；水分严重亏缺区（<-100mm）分布在中国华北平原，以及西北地区成斑块状散布于干旱地区山麓的灌溉绿洲区。在中国西北干旱半干旱地区的外流河（额尔齐斯河）、内陆河流域（乌鲁木齐河、塔里木河、石羊河、黑河、疏勒河等）及沿黄河分布的河套平原等，耕地开发和利用所需要的农业灌溉用水主要依靠河流和水库的灌渠引水。华北平原的耕地除了依赖引黄灌溉以及太行山、燕山的出山径流之外，地下水也是重要的水分来源之一。中国-东盟区域的水分盈余区占91%，水分亏缺区占9%，并主要分布在中国华北、西北的耕地及青藏高原等。

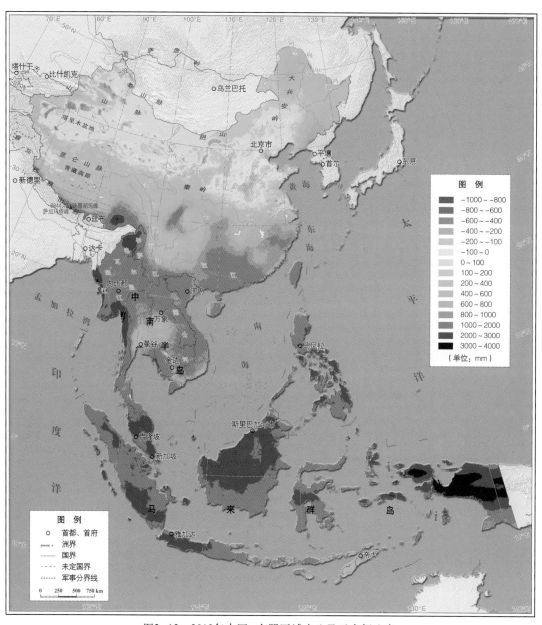

图2-12　2013年中国-东盟区域水分盈亏空间分布

2）不同国家和气候区水分盈亏对比分析

中南半岛六国（泰国、柬埔寨、越南、老挝、缅甸和新加坡）的降水、蒸散和水分盈亏低于马来群岛四国（菲律宾、印度尼西亚、马来西亚、文莱）（图2-13），其中，文莱降水、蒸散和水分盈余分别高达3310mm、1075mm和2235mm。缅甸中部有较大面积的耕地且存在明显的干湿季气候差异，植被覆盖度较低，平均蒸散在东盟地区中最低，但其降水和水分盈余在中南半岛各国中最高。中国的降水、蒸散和水分盈余分别仅为720mm、383mm和337mm。

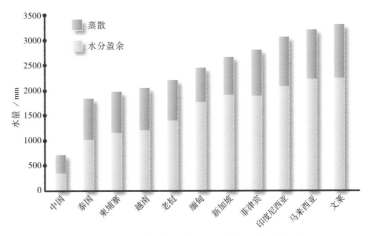

图2-13　2013年中国-东盟区域各国水分盈亏

中国-东盟区域不同气候区的降水、蒸散和水分盈亏反映了区域水热条件差异（降水、气温、辐射等），呈现出由低纬至高纬、从沿海至内陆逐渐递减的趋势（图2-14）。东盟地区三种热带气候区水分条件明显优于中国亚热带气候区和温带气候区，其中，热带雨林气候区降水、蒸散和水分盈余分别高达3075mm、990mm和2085mm，除了蒸散耗水之外仍保持非常丰富的水资源，高于热带季风气候区和热带干湿季气候区（水分盈余1500mm）。中国亚热带的常湿温暖气候区和冬干温暖气候区水分盈余500～1000mm；草原气候和沙漠气候区降水分别小于400mm和200mm，水分盈余不足100mm，水分条件相对贫乏。

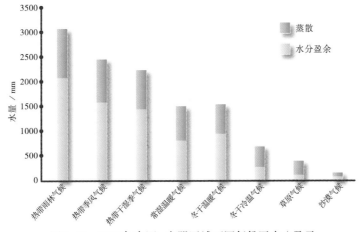

图2-14　2013年中国-东盟区域不同气候区水分盈亏

3）耕地和林地水分盈亏特征

中国–东盟区域各国之间耕地和林地的水分盈亏对比结果与各国平均水分盈亏基本一致（图2-15）。新加坡耕地和林地均较少，文莱耕地面积较小，未做统计分析。马来群岛耕地和林地的降水、蒸散和水分盈余均高于中南半岛。中南半岛仅缅甸耕地年蒸散总量略低于中国，是由于缅甸具有更明显的干湿季降水差异，同时缺乏农田水利设施和灌溉系统，干季土地撂荒。

中国–东盟区域各国的林地水分盈亏和降水均高于耕地。中南半岛国家的农业种植活动在干季受到影响，但森林由于根系发达，能够从更深的土层中吸收水分，故年蒸散总量高于耕地。中国北方半湿润半干旱区的降水较少，部分地区降水不能满足农作物的蒸散耗水需求而依赖于农田引水灌溉；湿润半湿润区降水较为丰富，并且森林具有涵养水源的作用。中国林地的平均蒸散（610mm）高于耕地（550mm），水分盈余和降水也明显高于耕地。

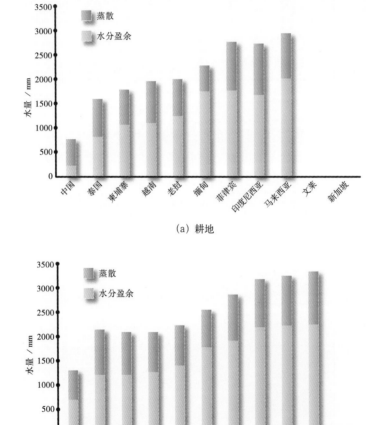

图2-15　2013年中国–东盟区域各国的耕地和林地水分盈亏

4）水分盈亏季节变化特征

东盟地区各国蒸散量季节变化较为稳定，水分盈亏季节变化与降水较为一致（图

2-16）。马来群岛菲律宾、印度尼西亚、马来西亚和文莱水分盈余季节变化较小，各月均保持在50mm以上。中南半岛泰国、柬埔寨、越南、老挝和缅甸水分盈亏年内变化存在明显的干湿季差异，雨季降水大量盈余。缅甸在1～3月和11月、12月的干季水分略有亏缺，蒸散过程主要消耗雨季储存在土壤中的水分。中国水分盈余在7月出现的峰值并不明显，略高于5～6月。

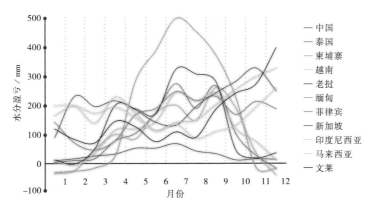

图2-16　2013年中国-东盟区域各国水分盈亏逐月变化

由于东盟地区三种热带气候区蒸散季节变化较为稳定，使其水分盈亏季节变化与降水较为一致（图2-17）。热带雨林气候区水分盈余季节变化较小，6～8月略低于150mm，12月达到年内峰值，与其他气候区差异显著。热带季风气候、热带干湿季气候和中国冬干温暖气候、冬干冷温气候等气候区水分盈亏随着降水的年内分布表现出明显的干湿季差异，7月水分盈余最多，而常湿温暖气候在5月、6月梅雨季节水分盈余明显高于其他月份。草原气候和沙漠气候区各月水分盈亏均维持在20mm以下，峰值变化并不明显。

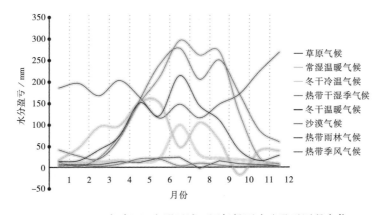

图2-17　2013年中国-东盟区域不同气候区水分盈亏逐月变化

2.3　中国-东盟区域植被盖度和NPP分布格局

植被生长季长度决定了植被生长的有效期，植被盖度是衡量植被长势状况的一个重要指标，NPP反映了植物每年通过光合作用所固定的碳总量。用遥感监测植被生长季长度、植被盖度和NPP对生态环境保护、水土保持及其他领域应用具有重要意义。

2.3.1 植被生长季长度空间分布特征

1) 植被生长季长度呈现由西北向东南地区逐渐增加的趋势

利用遥感年物候产品分析2013年中国-东盟区域植被生长季长度的空间分布特征（图 2-18）。中国-东盟区域植被生长季长度具有明显的空间差异，呈现由西北向东南地区逐渐增加的趋势，其空间分布格局与地表覆盖变化密切相关。赤道附近马来群岛的热带雨林生长季最长，达到360天；中南半岛及中国四川、云南和广西的亚热带森林和灌丛生长季长度达到310天以上；中国华北平原以农田类型为主，植被生长季长度主要为180～240天；中国东北平原和新疆北部绿洲区纬度较高、青藏高原东部海拔较高，冬季较长，植被生长季长度短于180天。

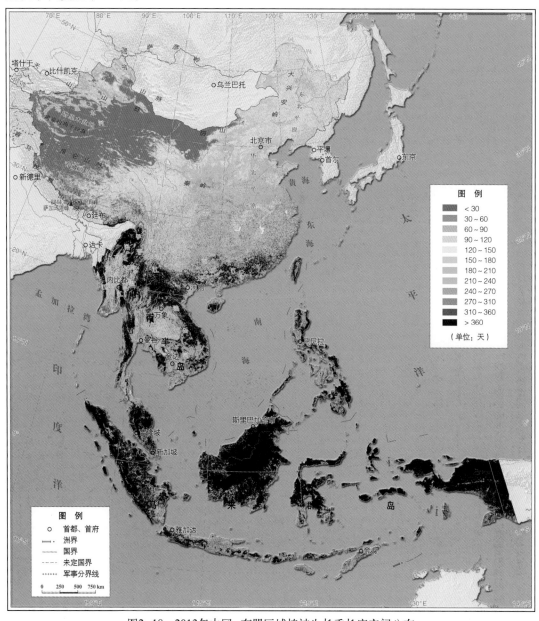

图2-18 2013年中国-东盟区域植被生长季长度空间分布

2）不同生态区生长季长度具有显著差异

针对不同植被生态区（附图4），分析典型植被类型的生长季长度特征与差异（图2-19）。由南向北不同生态区的森林生长季长度呈现逐渐缩短的趋势，热带雨林生态区森林生长季长度达到360天，热带山地系统生态区森林生长季长度达到340天，亚热带湿润森林和亚热带山地系统生态区森林生长季长度均达到220天左右，温带草原、温带大陆性森林和温带山地系统生态区森林生长季长度均达到200天左右，北方针叶林生态区森林生长季长度为120天左右。不同生态区的农田、灌丛和草地植被生长季长度的变化幅度小于森林，其生长季长度由北方针叶林生态区的100天增加到热带生态区的200～240天。

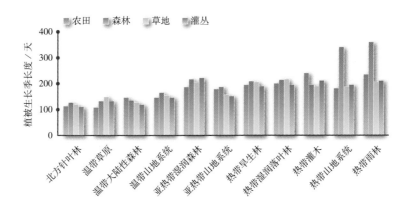

图2-19 2013年中国-东盟区域不同生态区典型植被生长季长度

2.3.2 植被盖度时空分布特征

1）年最大植被盖度呈现由西北向东南地区逐渐增加的趋势

利用遥感植被盖度产品分析2013年中国-东盟区域年最大植被盖度空间分布特征（图2-20）。中国-东盟区域年最大植被盖度具有明显的空间分布差异，呈现由西北向东南地区逐渐增加的趋势，其空间分布格局与地表覆盖变化密切相关。马来群岛和中南半岛热带雨林区的最大植被盖度普遍高于90%；中国东北、华北和华南地区的森林最大植被盖度达到90%，草地和农田最大植被盖度达到80%；新疆和甘肃河西走廊绿洲区最大植被盖度为70%～80%；缅甸的曼德勒省和马奎省最大植被盖度较低，为60%～70%；青藏高原东南部、甘肃东南部和内蒙古中部地区最大植被盖度为40%～60%；青藏高原西北部、新疆南部和西部及内蒙古西部的沙漠地区最大植被盖度小于20%。对比分析各国的最大植被盖度，除新加坡外，东盟各国平均最大植被盖度达到90%；中国植被空间分布差异大，南北最大植被盖度差异达80%。

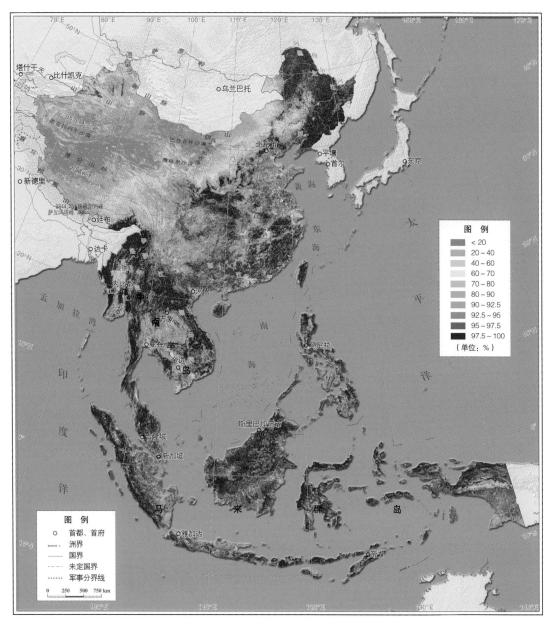

图2-20 2013年中国-东盟区域年最大植被盖度空间分布

2）不同生态区最大植被盖度具有显著差异

利用年最大植被盖度产品和生态区划图，分析不同植被类型（农田、森林、草地和灌丛）在不同生态区的生长差异（图2-21）。各生态区森林最大植被盖度均高于90%；受种植模式和种植条件的约束，农田最大植被盖度普遍高于85%，各生态区之间略有差异；温带草原生态区草地最大植被盖度只有65%，温带山地系统和亚热带山地系统生态区灌丛和草地最大植被盖度低于50%。

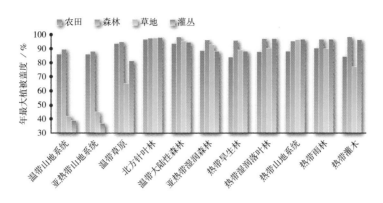

图2-21 2013年中国-东盟区域不同生态区典型植被年最大植被盖度

3）不同生态区植被盖度时间变化特征差异明显

利用月平均植被盖度产品和生态区划图，分析不同生态区不同植被类型的植被盖度随时间变化差异。

温带草原、温带大陆性森林、温带山地系统和北方针叶林生态区的森林月平均植被盖度呈现明显的季节变化（图2-22）。在1～4月植被休眠期，森林月平均植被盖度都低于20%；在4～6月植被快速生长期，森林月平均植被盖度迅速升高到近70%；在6～9月植被生长稳定期，森林月平均植被盖度达到峰值80%左右；在9～12月植被衰退期，森林月平均植被盖度快速下降到10%左右。热带、亚热带各生态区森林月平均植被盖度没有明显的季节变化。

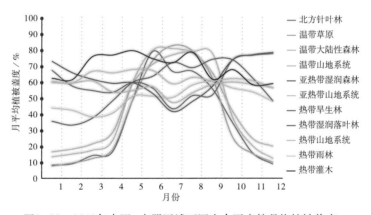

图2-22 2013年中国-东盟区域不同生态区森林月均植被盖度

亚热带、温带和北方寒带各种生态区农田月平均植被盖度呈现明显的季节变化（图2-23）。在1～4月植被休眠期，农田月平均植被盖度一般低于40%；在4～6月植被快速生长期，农田月平均植被盖度迅速升高到70%以上；在6～9月植被生长稳定期，农田月平均植被盖度达到峰值80%左右；在9～12月植被衰退期，农田月平均植被盖度快速下降到10%。北方寒带生态区农田的植被盖度在6～7月达到峰值，温带生态区农田在7～8月才达到峰值。热带各生态区农田月平均植被盖度没有明显的季节变化。

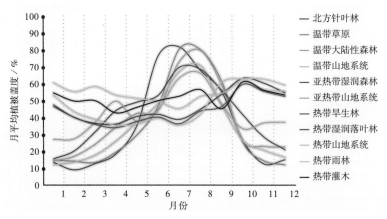

图2-23　2013年中国–东盟区域不同生态区农田月均植被盖度

　　草地类型主要受自然条件控制，对生长环境具有明显的响应。亚热带山地系统、温带和北方寒带各种生态区草地月平均植被盖度呈现明显的季节变化（图2-24）。在1～4月植被休眠期，草地月平均植被盖度普遍低于15%；在4～6月植被快速生长期，草地月平均植被盖度迅速升高到70%以上；在6～9月植被生长稳定期，草地月平均植被盖度达到峰值80%左右；在9～12月植被衰退期，草地月平均植被盖度快速下降到10%左右。北方针叶林生态区草地的植被盖度在6月达到峰值80%左右；温带大陆性森林、温带草原和温带山地系统生态区草地在7月达到峰值，亚热带山地系统生态区草地在8月达到峰值。亚热带湿润森林、热带各生态区草地月平均植被盖度没有明显的季节变化。

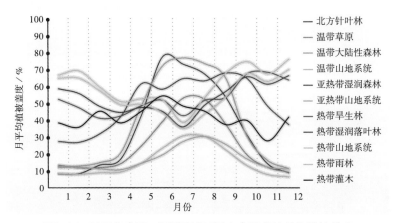

图2-24　2013年中国–东盟区域不同生态区草地月均植被盖度

2.3.3　NPP时空分布特征

1）年NPP呈现由西北向东南递增的趋势

　　利用遥感植被年NPP产品，分析了2013年中国–东盟区域年NPP空间分布格局变化（图2-25）。中国–东盟区域年NPP分布具有明显的空间差异，呈现由西北向东南地区逐渐增加的趋势，其100gC/m^{2}等值线与400mm等降水量线基本一致。在400mm降水量以上，植被类型以森林和农田为主，年NPP大于100gC/m^2；在400mm降水量以下，植被类型主要为草地，

NPP极低。马来群岛的热带雨林年NPP最高，普遍高于500gC/m²；中南半岛的缅甸北部和越南北部地区，年NPP为400～500gC/m²；中国东北平原、华北平原和华南地区森林年NPP为300～400gC/m²，农田等类型年NPP为100～200gC/m²；中南半岛的柬埔寨、泰国、越南南部地区，年NPP为150～300gC/m²，缅甸西部曼德勒省和马奎省年NPP为50～150gC/m²；中国东北中部、青藏高原东部和南部、甘肃、内蒙古以及新疆北部地区，年NPP低于100gC/m²；中国青藏高原西部和北部、新疆南部和西部及内蒙古西部的沙漠地区年NPP小于50gC/m²。

赤道附近的文莱、印度尼西亚、菲律宾、马来西亚和老挝，平均年NPP超过420gC/m²；泰国、越南、缅甸、柬埔寨和新加坡的平均年NPP为290～360gC/m²；中国的平均年NPP低于160gC/m²。

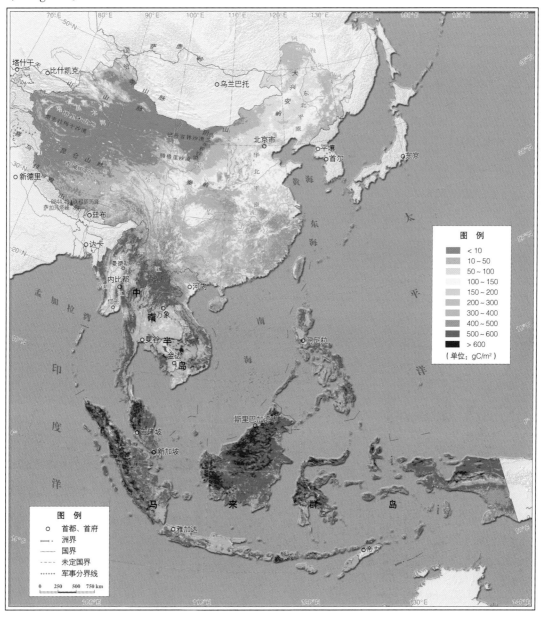

图2-25　2013年中国-东盟区域年NPP空间分布

中南半岛的缅甸、泰国和柬埔寨部分地区具有最大光温生产潜力，但其年NPP显著低于周边区域（图2-25）。对照最大植被盖度分布与地表覆盖分类结果发现，该区域主要为农田类型，年NPP最高仅为250gC/m²，显著低于周围森林最高值500gC/m²；农田最大植被盖度为60%～80%，低于周边森林最大值90%。因此，尽管该区域具有较高的光温生长潜力，但受地表覆盖类型的制约，年NPP明显低于中南半岛其他地区。

2）年NPP与光温生产潜力的比值体现植被生长制约的区域差异

年NPP与光温生产潜力的比值（简称"比值"）是衡量生态环境状况的一个综合指标，可以分析水分条件和土地利用类型等对生态环境发展的制约作用（图2-26）。

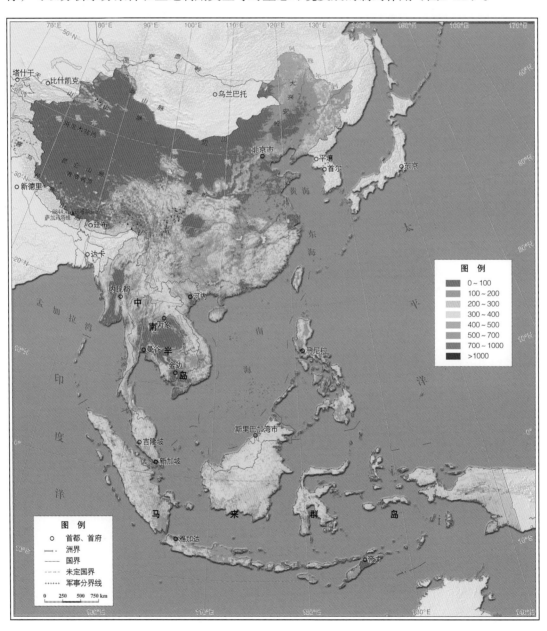

图2-26　2013年中国-东盟区域NPP与光温生产潜力比值分布

比值最大的中国四川和云南的森林区域以阔叶林和混交林为主，该区域水分条件优越，生态环境状况良好；中国东北的大小兴安岭以及长白山地区，比值较高，以北方针叶林为主，森林覆盖率高；马来群岛、中南半岛北部和中国南方的浙江、福建和广东等省份以阔叶林为主，比值中等；中南半岛南部以及中国黄淮海地区农田区域比值低；中国的西北各省（区）、内蒙古草地区域的比值最低，主要是受较低的降水量制约。

3）不同生态区植被年NPP具有显著差异

利用NPP遥感产品和生态区划图，分析了典型植被类型在不同生态区的植被生产力状况（图2-27）。各生态区中森林的年NPP高于其他植被类型，不同生态区之间差异显著，由温带山地系统的50gC/m²增加到热带雨林的540gC/m²；除热带雨林地区的农田年NPP达到290gC/m²外，其余各生态区的农田为100～250gC/m²；各生态区中草地和灌丛的年NPP变化差异较大，温带山地系统和温带草原生态区的草地和灌丛低于85gC/m²，北方针叶林和温带大陆性森林生态区的草地和灌丛为100～200gC/m²，其他生态类型区的草地和灌丛为200～430gC/m²。

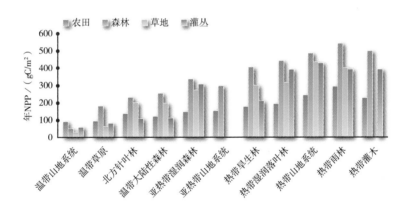

图2-27　2013年中国-东盟区域不同生态区典型植被年NPP

4）不同生态区NPP月际变化差异明显

利用月NPP产品和生态区划图，分析了不同生态区之间典型植被月NPP的时间变化差异。

温带草原、温带大陆性森林、温带山地系统和北方针叶林生态区的森林月NPP呈现显著的季节变化（图2-28）。在1～4月植被休眠期，除温带山地系统森林为17gC/m²外，其余生态类型低于10gC/m²，变化较小；在4～6月植被快速生长期，森林月NPP增加到62gC/m²；在6～9月植被生长稳定期，达到峰值62gC/m²；在9～12月植被衰退期降到最低。北方针叶林生态类型森林在6月达到峰值62gC/m²，温带生态类型森林在7月达到最大值为43～54gC/m²。热带、亚热带各生态区森林月NPP没有明显的季节变化。

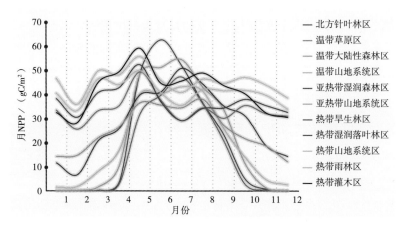

图2-28　2013年中国-东盟区域不同生态区森林月NPP

亚热带、温带和北方寒带各种生态区农田月NPP呈现典型的季节变化（图2-29）。在1～4月植被休眠期，农田月NPP低于18gC/m²，变化较小；在4～6月植被快速生长期增加到39gC/m²；在6～9月植被生长稳定期，达到峰值39gC/m²；在9～12月植被衰退期降到最低。北方针叶林生态类型农田在6月达到峰值39gC/m²，温带和亚热带生态类型农田在7月达到峰值为27～33gC/m²。热带各生态区农田没有明显的季节变化。

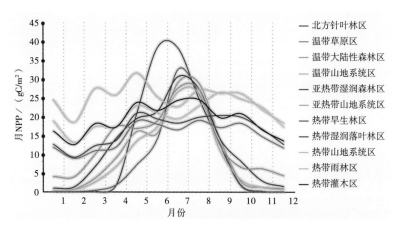

图2-29　2013年中国-东盟区域不同生态区农田月NPP

草地类型主要受自然条件控制，对其生长环境具有明显的响应。亚热带、温带和北方寒带各种生态区草地月NPP呈现典型的季节变化（图2-30）。在1～4月植被休眠期，除温带山地系统草地月NPP为24gC/m²外，其余生态类型低于10gC/m²，变化较小；在4～6月植被快速生长期，草地月NPP迅速升高到54gC/m²；在6～9月植被生长稳定期，达到峰值54gC/m²；在9～12月植被衰退期降到最低。北方针叶林生态类型草地在6月达到峰值54gC/m²，亚热带湿润森林和温带大陆性森林生态类型草地在7月最大值为40～48gC/m²，其他亚热带和温带生态类型草地在7月最大值为10～20gC/m²。热带各生态区草地没有明显的季节变化特征。

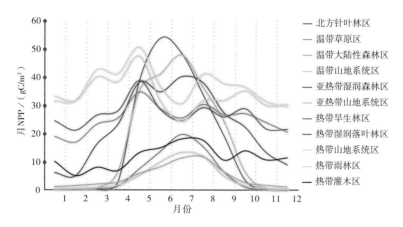

图2-30 2013年中国-东盟区域不同生态区草地月NPP

2.4 中国-东盟区域森林生态系统分布特征

森林生态系统包含了陆地生态系统中约80%的地上碳储量和40%的地下碳储量。森林通过光合作用将大气中的二氧化碳固定在植被和土壤中，有效减少了人类活动排放到大气中的二氧化碳。森林生物量不仅是估测森林碳储量的基础，也是评价森林碳循环贡献和森林生态功能的重要参数。中国-东盟区域拥有丰富的森林资源，但缺乏定量的森林生物量空间分布信息。用遥感监测该区域的森林地上生物量（简称"森林生物量"），可为森林碳汇价值核算提供必要依据，为制定中长期的林业可持续发展规划提供信息参考。

2.4.1 森林生物量的总体分布格局

1）区域森林生物量总量达到近400亿t

中国-东盟区域森林生物量总量为396.8亿t，该区域森林生物量高值区主要分布在各类自然保护区和国家森林公园中。中国森林生物量主要集中在东北和西南两大区域，东盟地区主要分布在印度尼西亚、马来西亚、老挝和缅甸北部（图2-31）。

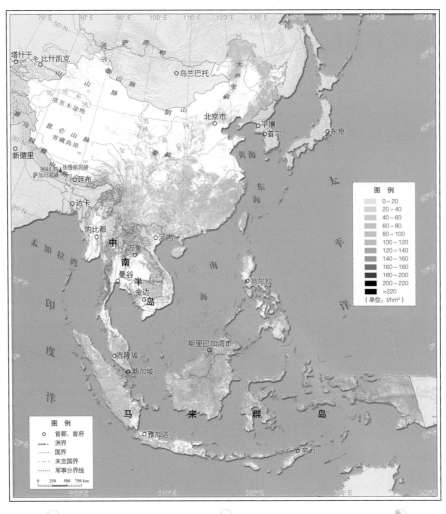

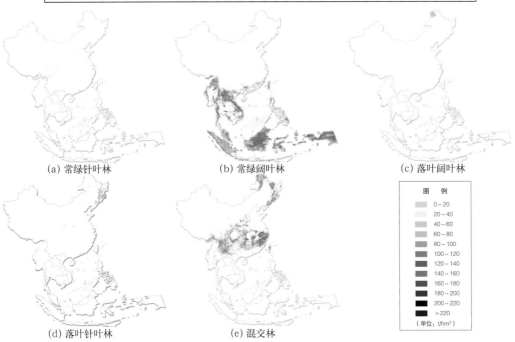

(a) 常绿针叶林　　　　　(b) 常绿阔叶林　　　　　(c) 落叶阔叶林

(d) 落叶针叶林　　　　　(e) 混交林

图2-31　中国-东盟区域森林生物量及各林型分布

2）常绿阔叶林和混交林占该区域森林生物量九成以上

结合全球土地覆盖特征数据分析各森林类型生物量（图2-31、表2-3），常绿阔叶林总生物量为246.2亿t，占该区域森林总生物量62.1%，主要分布在中国南部及东盟各国的热带雨林地区，其中位于低纬度地区的热带雨林雨量充沛，季节性差异不明显，森林生物量最多。混交林的总生物量为135.8亿t，占该区域森林总生物量34.2%，主要分布在中国境内。落叶阔叶林的总生物量为7.8亿t，占该区域森林总生物量2.0%，主要分布在中国境内，是中国北方温带地区的主要森林类型，缅甸境内高纬度区域也有少量分布。常绿针叶林的总生物量为3.6亿t，占该区域森林总生物量0.9%，覆盖量少且较为零散，主要分布在中国滇藏及新疆地区。落叶针叶林的总生物量为3.4亿t，占该区域森林总生物量0.8%，主要分布在中国东北地区，包括大小兴安岭及长白山地区。

2.4.2 各国森林生物量对比分析

利用森林生物量遥感产品，对比分析了各国森林生物量差异（表2-3）。

表2-3 中国-东盟区域各国森林生物量估测结果 （单位：亿t）

国家	常绿阔叶林	常绿针叶林	落叶阔叶林	落叶针叶林	混交林	森林总生物量
中国	15.40	3.52	7.75	3.35	132.69	162.70
文莱	0.57	—	—	—	—	0.57
柬埔寨	5.49	*	0.01	—	0.09	5.59
印度尼西亚	138.19	—	—	—	0.08	138.28
老挝	10.49	—	*	—	0.03	10.52
马来西亚	24.03	—	—	—	*	24.03
缅甸	19.86	0.06	0.05	—	2.17	22.14
菲律宾	9.29	—	—	—	0.01	9.30
新加坡	0.01	—	—	—	—	0.01
泰国	11.42	*	0.02	—	0.37	11.81
越南	11.47	*	0.01	—	0.37	11.85
合计	246.21	3.58	7.84	3.35	135.82	396.80

注：*表示量极小，—表示无此林型。

1）中国、印度尼西亚森林生物量占中国-东盟区域总量的3/4

中国-东盟区域森林总生物量最高的是中国，占区域总量40%以上（图2-32）。主要分布区域为中国东北的大小兴安岭及长白山地区，西南的川西林区和滇西北林区，西藏的林芝、波密林区，新疆的天山和阿尔泰山，陕西的秦岭，福建的武夷山，以及海南的五指山等林区。

印度尼西亚森林生物量占区域总量34.8%，为东盟地区森林总生物量最大的国家；其次为马来西亚和缅甸，分别为6.1%和5.6%；文莱虽处于热带雨林地区，因国土面积较小，森林总生物量仅为0.53亿t，占总量0.1%；新加坡的森林总生物量东盟地区最小，仅为51万t，主要集中在武吉知马自然保护区。

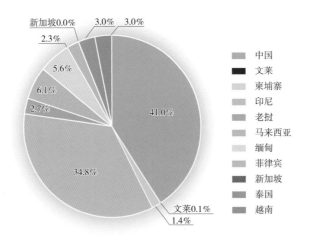

图2-32　中国-东盟区域各国森林生物量占区域总生物量比例

2）中国-东盟区域森林分别以混交林和常绿阔叶林为主

统计分析中国-东盟区域各国不同森林类型的总生物量（图2-33）。中国森林总生物量为162.7亿t，其中混交林生物量为132.7亿t，占中国总生物量81.6%。东盟地区森林总生物量为234.1亿t，主要森林类型为常绿阔叶林，占东盟地区总生物量的98.6%。

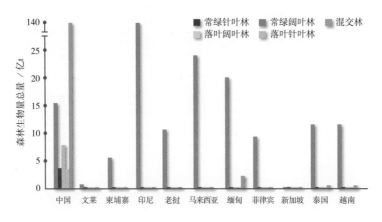

图2-33　中国-东盟区域各国不同林型森林生物量对比

2.5　中国-东盟农田生态系统特征

在农田生态系统监测中，农气适宜度综合考虑温度、降水和光合有效辐射，判断当季气候是否适合作物生长。农气适宜度越接近1，表明监测时段内的农气条件越适宜作物生长；越接近0，农气状况越不适宜作物生长。复种指数能反映耕地的利用强度，可描述区域的粮食生产能力。耕地种植比例能反映耕地利用率，其值的增减能够指示作物种植面积的变化。由于新加坡耕地面积过少，本节分析中不作讨论。

2.5.1　农气适宜度

综合利用2013年6月~2014年5月的温度、降水、光合有效辐射遥感产品及再分析数据集，计算中国-东盟区域监测期内的农气适宜度分布（图2-34、表2-4）。其中，2013年11月下旬至2014年3月为中国北方冬季作物的越冬期，光合有效辐射的变化对作物生长影响较小，不参与农气适宜度模型运算。

中国平均农气适宜度为0.64，其值自北向南逐步上升，是由于南方温度较高，降水充沛。东盟国家平均温度较高，降水充沛，气候条件适合农作物的生长，农气适宜度均值都处于较好的状态（>0.65），其中，缅甸中部、泰国南部、印度尼西亚西部部分地区降水较少，有轻微的干旱现象，导致这些地区的平均农气适宜度较低（0.4～0.5）。

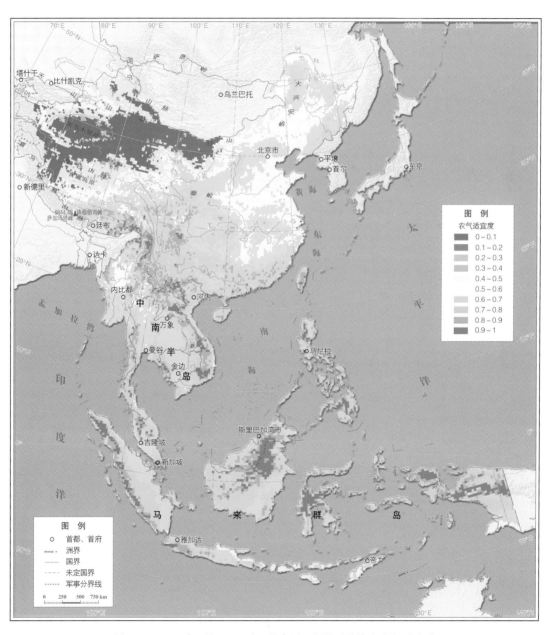

图2-34　2013年6月～2014年5月中国-东盟区域综合农气适宜度

表2-4　中国–东盟区域各国监测时段内农气适宜度

国家	区域最低农气适宜度	区域最高农气适宜度	平均农气适宜度
缅甸	0.33	0.94	0.69
文莱	0.71	0.88	0.77
柬埔寨	0.60	0.92	0.69
印度尼西亚	0.50	1.00	0.76
老挝	0.61	0.99	0.77
马来西亚	0.60	0.99	0.77
菲律宾	0.61	0.99	0.77
泰国	0.51	0.98	0.69
越南	0.55	0.98	0.75
中国	0.13	0.96	0.64

2.5.2　农作物复种指数

利用时间序列遥感植被指数数据，计算中国–东盟区域耕地复种指数（图2-35、表2-5），分析了复种指数分布状况。

复种指数分布状况表明，监测期内中国北方（东北、西北和华北北部）、缅甸中部、泰国和柬埔寨接壤的部分区域，是一年一熟种植模式的主要分布区域。中国黄河流域与长江流域之间的区域，主要为一年二熟的种植模式。从中国华南区域开始至印度尼西亚，由于光热条件好，耕地利用强度逐渐增强，部分区域存在一年三熟的耕地种植模式。

监测期内马来西亚、印度尼西亚、菲律宾、文莱和越南的复种指数值分别为238%、226%、210%、200%和200%，明显高于其余5个国家。这些国家农气适宜度较高，农民可以按自己的种植意愿在全年任意时段播种，区域内存在一年三熟的作物种植模式，耕地利用强度较高。老挝和泰国耕地种植模式主要以一年二熟为主，少数区域存在一年三熟的耕地种植模式，这两个国家的耕地复种指数均为174%。缅甸和柬埔寨的耕地种植模式主要为一年一熟和一年二熟，两种模式比例基本相当，复种指数分别为149%和145%。中国的情况与缅甸和柬埔寨类似，主要的耕地种植模式为一年一熟和一年二熟，其中，一年一熟作物所占比例较高，在华南区域存在一年三熟的种植模式，但由于其占全国耕地的比例较低，因此中国总体的耕地复种水平介于一年一熟和一年二熟之间，耕地复种指数为139%。

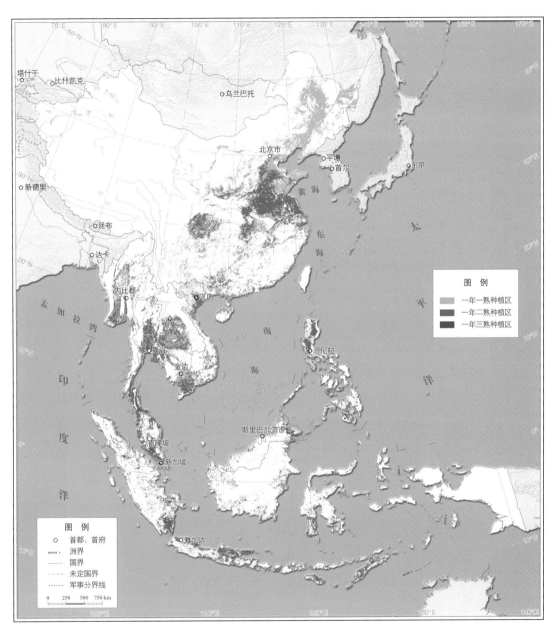

图例
- 一年一熟种植区
- 一年二熟种植区
- 一年三熟种植区

图例
- ○ 首都、首府
- ─·─ 洲界
- ───── 国界
- ───── 未定国界
- .... 军事分界线

0 250 500 750 km

图2-35　2013年6月~2014年5月中国－东盟区域复种指数

图中所显示耕地范围对应1km尺度纯像元（来自FAO全球土地覆盖数据）

表2-5　中国-东盟区域各国监测期内复种指数及距平百分比

国家	过去5年平均复种指数／%	2013～2014年复种指数／%	距平／%
缅甸	140	145	3.59
文莱	198	200	1.04
柬埔寨	151	149	−1.47
印度尼西亚	227	226	−0.64
老挝	160	174	8.84
马来西亚	241	238	−1.35
菲律宾	216	210	−2.87
泰国	167	174	4.05
越南	207	200	−3.55
中国	137	139	1.18

老挝、泰国、越南和缅甸在监测期内复种指数相比过去5年平均水平变幅超过3%，其中，缅甸、老挝和泰国的复种指数增加幅度分别为3.6%、8.8%和4.1%，越南复种指数减幅为3.6%。其余6个国家耕地复种水平基本与过去保持一致，复种指数相比过去5年平均水平变幅分布为-3.0%～1.2%。

中国-东盟区域农业生产强度总体较高，除中国北方、泰国中部外，其他国家和地区多为一年二熟或一年三熟种植模式。

2.5.3　耕地种植情况

利用时间序列遥感植被指数产品，分析了中国-东盟区域耕地种植状况分布（图2-36）及各国耕地种植比例（表2-6）。

中国及东盟各国（不包括新加坡）中，仅缅甸在监测期内耕地种植比例低于90%。其余9个国家在监测期内耕地种植比例均高于95%，说明东盟区域耕地利用率总体较高，几乎所有的耕地都得到有效利用。

监测期内大部分未种植耕地分布在中国北方、缅甸中部，以及越南最南部，但不同区域耕地未种植的原因各不相同。缅甸中部和越南最南部地区耕地未种植主要是受该地区降水量显著偏少的影响。中国的未种植耕地主要分布在甘肃中北部、宁夏中部、内蒙古中部、陕西北部和新疆零星地区，这些地区一方面受农气条件影响，不适宜作物生长，另一方面可能是农民的种粮积极性不高，部分耕地存在弃种现象。中国其他地区耕地利用率较高，鲜有未种植耕地。

与近5年平均耕地种植比例相比，印度尼西亚、老挝、马来西亚、菲律宾、泰国和越南的耕地种植比例变化不大，为-0.2%～0.3%。值得一提的是，柬埔寨近5年平均耕地种植比例为93.8%，而监测期内耕地种植比例攀升至97.2%，大幅增加约3.6%。

中国-东盟区域人口密度较大,需要在有限的耕地面积上产出更多的粮食,以满足食物供给需求。因此,总体耕地利用率相对较高。

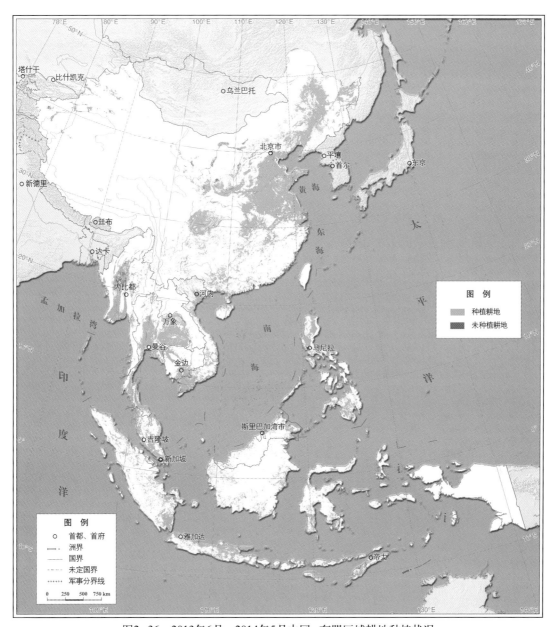

图2-36 2013年6月~2014年5月中国-东盟区域耕地种植状况

图中所显示耕地范围对应1km尺度纯像元(来自FAO全球土地覆盖数据)

表2-6　中国-东盟区域各国监测期内耕地种植比例及距平百分比

国家	过去5年平均耕地种植比例 / %	2013~2014年耕地种植比例 / %	距平 / %
缅甸	86.06	86.44	0.45
文莱	99.73	99.97	0.24
柬埔寨	93.84	97.20	3.59
印度尼西亚	99.79	99.74	−0.05
老挝	97.32	97.31	−0.01
马来西亚	99.65	99.57	−0.08
菲律宾	99.95	99.90	−0.05
泰国	99.46	99.77	0.31
越南	95.94	95.82	−0.13
中国	94.66	95.94	1.35

2.6　小结

本章利用遥感产品对中国-东盟区域光、温、水条件与自然植被生长状态进行了监测分析，对森林和农田两种典型生态系统进行量化评估。

（1）中国-东盟区域年光合有效辐射空间分布呈现出由西南向东北逐渐减少的趋势，年光温生产潜力青藏高原最低，中南半岛最高。

区域年光合有效辐射最高值为3500MJ/m²，最低值为2400MJ/m²，东盟国家由于都处于低纬度地区，年光合有效辐射相近，大致为3000MJ/m²。东盟各国的光合有效辐射季节变化不明显，月光合有效辐射差异小于150MJ/m²；中国的月光合有效辐射呈现出明显的季节变化特征。区域年光温生产潜力青藏高原最低，中南半岛最高。

（2）中国-东盟区域马来群岛水分条件优越，中南半岛次之；中国水分条件最差，且降水空间分布极不均匀。

马来群岛发育有热带雨林气候及热带雨林生态系统，降水量（3022mm）、蒸散（947mm）及水分盈余（2075mm）均高于中南半岛（2107mm、793mm、1314mm）。中国受温带大陆性气候影响，降水量（720mm）、蒸散（383mm）及水分盈余（337mm）均为区域最低值。马来群岛热带雨林气候区降水全年较为稳定，而中南半岛降水存在明显的干湿季差异，雨季降水量占降水量的70%~80%；东盟各国的月蒸散均在40mm以上，无明显的干湿季差异。中国不同气候区具有雨热同期的气候特征，降水和地表蒸散在6~8月达到峰值。

（3）中国–东盟区域典型植被生长季长度由北方寒带向温带、亚热带、热带生态类型逐渐增加，NPP呈现由东南向西北地区逐渐减少的趋势。

典型植被生长季长度呈现由北方寒带向温带、亚热带、热带生态类型逐渐增加的趋势。植被生长季长度由北方寒带生态区的灌丛、草地100天左右增加到热带雨林生态区大于340天。区域NPP呈现由东南向西北地区逐渐减少的趋势，100gC/m²等值线与400mm等降水量线较为吻合。

（4）中国–东盟区域森林总生物量近400亿t，常绿阔叶林和混交林占96.3%，中国、印度尼西亚森林总生物量占区域总量的3/4以上。

区域森林总生物量为396.8亿t。中国森林总生物量为162.7亿t，东盟地区森林总生物量为234.1亿t。东盟国家中森林总生物量最高的是印度尼西亚，为138.3亿t，占区域总量34.8%；其次是马来西亚和缅甸，各占区域总量的6.1%和5.6%。

（5）中国–东盟区域农业生产强度总体较高，大部分耕地种植比例大于95%，东盟地区农气适宜度高于中国。

东盟大部分地区农气适宜度高，大于0.65；除缅甸外，各国监测期内耕地种植比例均大于95%；种植模式多为一年二熟或一年三熟，马来西亚、印度尼西亚、菲律宾、文莱和越南的复种指数明显高于其余国家。中国平均农气适宜度为0.64，其值分布自北向南逐步上升。

三、典型区域生态环境状况

　　大湄公河次区域涵盖多种气候类型，兼具多种地理特征，自然资源丰富，生态环境状况多样。澜沧江–湄公河水系是大湄公河次区域的重要水源地，同时也是全球生态变化的敏感区，对气候变化具有"晴雨表"的作用。

　　本章分别以大湄公河次区域、澜沧江–湄公河流域为主要研究对象，从植被覆盖变化、森林扰动案例、极端气候影响、水资源状况等角度进行分析，阐述中国–东盟的典型生态环境问题。

3.1　大湄公河次区域生态环境状况分析

3.1.1　植被盖度特征分析

　　大湄公河次区域处于亚热带和热带生态区，植被覆盖率高，拥有丰富的森林资源，农业种植面积广。但随着城市化扩张，地表利用类型改变，植被盖度下降。基于30m分辨率HJ–1/CCD卫星提取的植被盖度产品监测2013年6月～2014年5月期间大湄公河次区域植被盖度空间分布状况以及季节分布差异。2013年11月2～10日，台风"海燕"（也称为"紫罗兰"）在菲律宾登陆，造成严重破坏，并且影响了东南亚的越南、泰国，以及中国海南、广西等地。利用1km分辨率的植被盖度产品，分析台风对典型植被的破坏程度。

1）最大植被盖度空间差异显著，季节变化明显

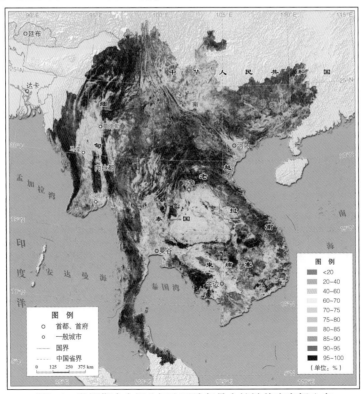

图3–1　监测期内大湄公河次区域年最大植被盖度空间分布

大湄公河次区域年最大植被盖度具有明显的空间差异（图3-1），受植被类型分布影响，老挝和越南北部森林和灌丛的最大植被盖度大于90%；缅甸曼德勒省和马奎省、泰国和柬埔寨的农田、草地最大植被盖度小于80%；中国广西地区植被覆盖程度均匀，为80%～90%，中国云南部分地区地形起伏、地表类型破碎，最大植被盖度偏低，为60%～80%。

监测期内大湄公河次区域内的月均植被盖度呈明显的季节变化（图3-2），最大值出现在2013年10月，除柬埔寨和越南西南部分地区外，区域内植被盖度均高于70%；区域最小值出现在2014年5月，中国云南、缅甸西部、泰国、柬埔寨和越南南部的植被盖度低于50%。2013年7月和10月的月植被盖度高于2014年1月和5月，雨季长势优于旱季。

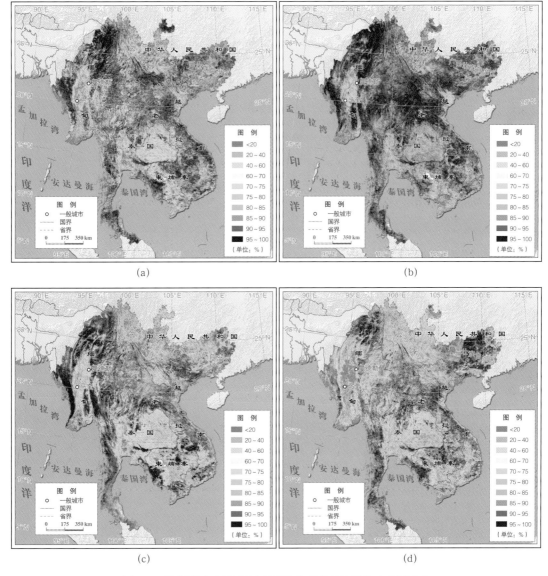

图3-2　监测期内大湄公河次区域典型月份植被盖度空间分布

2）台风"海燕"对越南和中国广西地区森林和农田破坏性大

利用1km空间分辨率、5天时间分辨率的遥感植被盖度产品，分析了2013年11月登陆的台风"海燕"（两次登陆日期分别在11月2日和11月12日前后）对大湄公河次区域典型植被的破坏程度。

在越南和中国广西地区，台风"海燕"对森林的破坏性较大（图3-3），在台风过境时植被盖度由60%下降到47%。老挝和泰国地区，森林植被盖度在台风第一次登陆后略有下降，在台风第二次过境后持续下降，11月7日达到最小值63%。

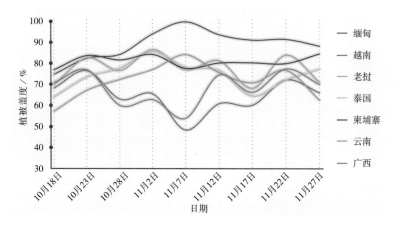

图3-3　2013年台风"海燕"过境前后大湄公河次区域森林植被盖度

在越南和中国广西地区，台风"海燕"对农田也有一定的影响（图3-4），在台风过境时植被盖度由50%下降到40%以下。老挝、泰国、柬埔寨和缅甸地区，农田植被盖度在台风第一次登陆后略有下降，降低到55%左右，在台风第二次过境后持续下降，11月7日达到最小值约50%。

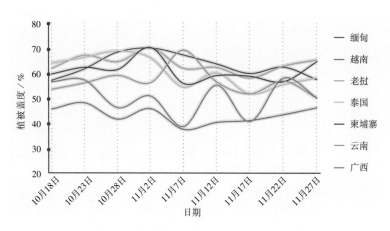

图3-4　2013年台风"海燕"过境前后大湄公河次区域农田植被盖度

在老挝和泰国地区，草地植被盖度在台风第一次登陆后略有下降（图3-5），降低到50%左右，在台风第二次过境后持续下降，11月7日达到最小值约46%。越南地区草地植被盖度普遍较低，受台风过境影响不明显。

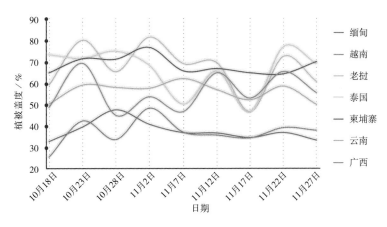

图3-5　2013年台风"海燕"过境前后大湄公河次区域草地植被盖度

3.1.2　森林生物量与固碳能力分析

一方面，大湄公河次区域拥有丰富的森林资源，但该区域的森林受采伐、火灾、病虫害等因素的影响，森林面积整体上呈减少的趋势，尤其是天然林在加速减少；另一方面，该区域的人工林也在快速增加，橡胶林、桉树林等工业用材林扩张快，大量的中幼林固碳能力很强。因此，利用该区域高分辨率遥感产品（图3-6）进行森林生物量和固碳能力分析，可为提升森林质量和林业可持续发展规划提供参考依据。

1）大湄公河次区域森林生物量达到117亿t，常绿阔叶林占总量的3/4

结合FAO 2010年发布的森林资源评估报告和2014年中国林业局发布的第八次全国森林清查数据，统计了大湄公河次区域森林面积及覆盖率（表3-1）。该区域森林总面积为122.96万km²，其中，老挝、柬埔寨、缅甸、越南和泰国的森林覆盖率依次为68%、57%、48%、44%和37%；中国云南、广西两省的森林覆盖率分别为50.0%和56.5%。

表3-1　大湄公河次区域森林面积及森林覆盖率

国家/地区	柬埔寨	老挝	缅甸	泰国	越南	中国云南	中国广西
森林面积／km²	100940	157510	317730	189720	137970	191420	134270
森林覆盖率／%	57	68	48	37	44	50.0	56.5

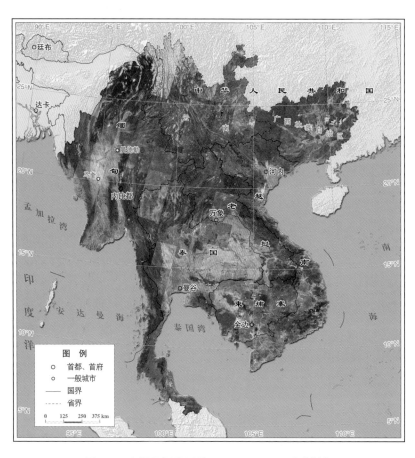

图3-6　大湄公河次区域Landsat 8 OLI遥感影像

　　该区域森林资源丰富，总生物量为116.8亿t。森林生物量高值区主要分布在缅甸北部和东南部、云南西北部、广西东北部、缅甸-中国-老挝的交界地区、泰国的北部和西部、老挝的中部和南部、越南的中南部，柬埔寨的北部和西部（图3-7）。结合联合国环境开发署的全球保护区数据库进行分析，森林生物量高值区域与保护区的分布呈现高度相关，大部分保护区及周边的森林生物量较高，表明在森林保护方面的努力取得了成效。

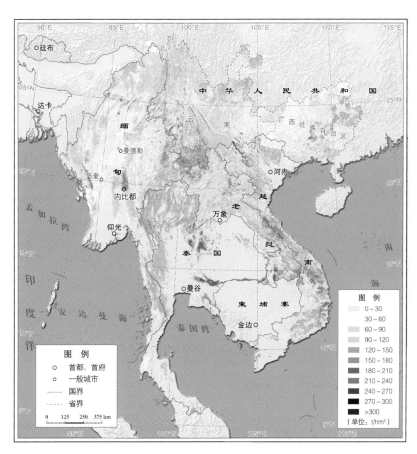

图3-7　大湄公河次区域森林生物量分布

结合全球土地覆盖特征数据分析各森林类型生物量（表3-2）。大湄公河次区域常绿阔叶林生物量66.1亿t，占总量78.5%，与区域内气候特征适宜常绿阔叶林生长有关；混交林17.8亿t，占21.2%，中国云南省由于气候及自然条件复杂，混交林生物量最大。由于受气候和植被分布的影响，大湄公河次区域的常绿针叶林和落叶阔叶林均较少，区域内常绿针叶林生物量最大的是缅甸和中国云南，落叶阔叶林生物量最大的是缅甸。

表3-2 大湄公河次区域不同森林类型的地上生物量统计

	常绿针叶林/Mt	常绿阔叶林/Mt	落叶阔叶林/Mt	混交林/Mt	汇总/Mt	平均生物量/（t/hm²）
柬埔寨	0.060	549.350	0.819	8.846	989.392	95.773
老挝	0.000	1048.890	0.392	3.023	1157.303	133.529
缅甸	6.420	1985.645	5.356	217.057	2912.205	85.372
泰国	0.027	1141.611	1.726	37.406	1943.373	120.363
越南	0.008	1146.619	1.458	36.600	1645.692	115.865
云南	15.143	461.462	0.029	1280.443	2161.021	107.948
广西	0.031	271.378	0.013	196.575	875.977	91.979
合计	21.688	6604.957	9.793	1779.952	11684.965	—

　　缅甸森林总生物量最大，占24.9%，其次为中国云南，占18.5%，泰国占16.6%、越南占14.1%、老挝占9.9%，柬埔寨和中国广西分别占8.5%和7.5%（图3-8）。

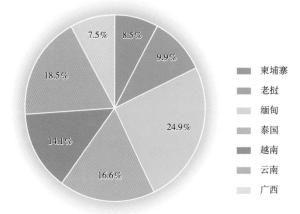

图3-8 大湄公河次区域各国家森林地上生物量占区域总量比例

　　大湄公河次区域平均生物量为107.2 t/hm²，其中老挝最高，达133.5 t/hm²，与老挝原始林和天然次生林较多有关；中国广西相对较低，为92.0 t/hm²，与近年来短轮伐期工业用材林扩展很快有关。

2）大湄公河次区域固碳能力强，缅甸与中国云南碳汇贡献最大

　　大湄公河次区域的2014年森林植被总初级生产力（GPP）总量为31.3亿t（图3-9），均值为27.4 t/hm²，森林GPP空间分布的基本特点是高值区域主要集中在老挝、越南南部、中国云南南部地区、缅甸西部以及泰国南部地区。GPP水平相对较低地区为缅甸中部、中国云南北部、越南中部地区和柬埔寨东北部地区。

　　大湄公河次区域NPP总量为9.3亿t，均值为8.2t/hm²。该区域固碳能力较强，呈现亚热带高于热带、从沿海向内陆逐级递增趋势。NPP与GPP的空间分布大体一致，与森林生物量空间分布存在部分差异。以缅甸南部为例，该地区由于造纸业的发展需求，以种植速生林为主，其森林生物量在该地区处于中下水平，但其年NPP总量较高，说明其森林的固碳能力较强，但所累积的有机物质量较少。

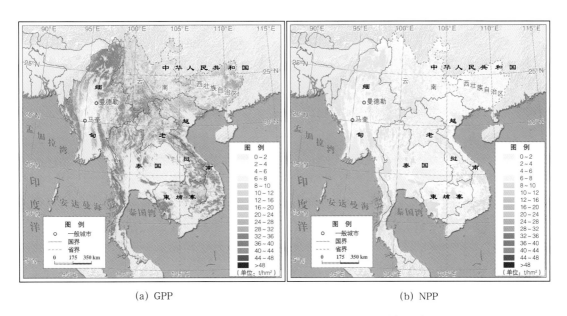

(a) GPP   (b) NPP

图3-9　大湄公河次区域2014年森林GPP和NPP空间分布

大湄公河次区域中缅甸和中国云南的固碳能力较强，碳汇贡献位居第一位与第二位，分别占区域NPP总量的31.8%和17.3%。泰国、越南和老挝分别占该地区NPP总量的15.0%，12.0%，9.1%，广西所占比例最少，为6.2%（图3-10）。均值从高到低依次为老挝9.8t/hm²、缅甸8.7t/hm²、泰国8.7t/hm²、中国云南8.1t/hm²、柬埔寨7.7t/hm²、越南7.9t/hm²和中国广西6.1t/hm²。

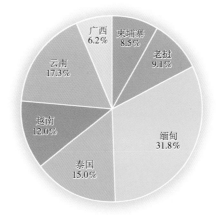

图3-10　大湄公河次区域2014年森林NPP占比

将云南西双版纳国家级自然保护区的NPP和Landsat 8 OLI遥感影像进行空间对比分析（图3-11），该地区由于森林保护较好，中龄林和成熟林在保护区内占据主导，其GPP较高、NPP较低。

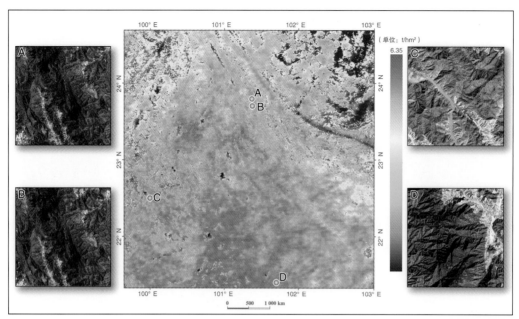

图3-11　2014云南省西双版纳自然保护区森林NPP空间分布

3.1.3　典型森林扰动案例分析

　　大湄公河次区域森林资源丰富，由于近年频现的森林砍伐及森林火灾等扰动现象，森林覆盖率持续下降。选取老挝（琅勃拉邦省）和越南北部（北干省）、泰国西北部（夜丰颂府）和缅甸西部边境（钦邦）（图3-12），分别进行森林砍伐及森林火灾扰动典型案例分析。

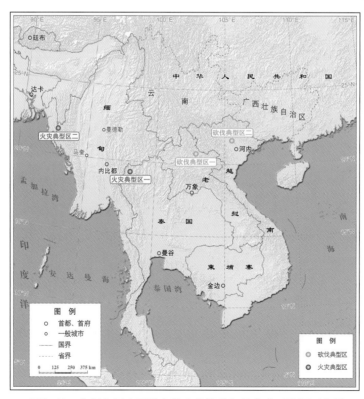

图3-12　大湄公河次区域森林砍伐扰动与林火典型监测区位置

1）林地边缘地区易遭采伐

老挝森林资源丰富，68%的国土面积被森林覆盖。自1986年起实行革新开放，优先发展农林业，但近20年来，老挝非法采伐活动屡禁不止，森林面积以每年0.5%的平均速率下降。将老挝琅勃拉邦省作为森林砍伐典型区，选取2014年2月2日和2015年1月4日Landsat 8 OLI遥感影像（图3-13），分析该区域2014年的森林砍伐状况。

近年来越南森林资源面临着严重锐减的威胁，越南林业有关部门的统计结果表示，森林以每年11万hm²的速度减少，越南除了南部与老挝交界地区之外已没有大面积的森林。因此，将越南北干省作为另一个森林砍伐典型区，选取2014年1月19日及2014年5月11日Landsat 8 OLI遥感影像（图3-13），分析该区域2014年的森林砍伐状况。

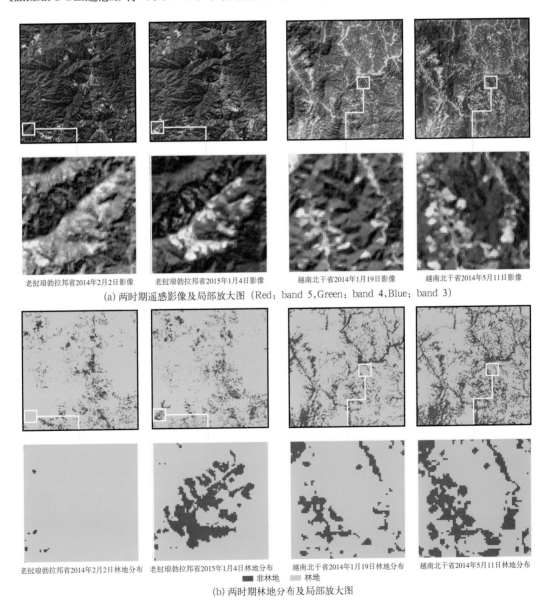

老挝琅勃拉邦省2014年2月2日影像　　老挝琅勃拉邦省2015年1月4日影像　　越南北干省2014年1月19日影像　　越南北干省2014年5月11日影像

(a) 两时期遥感影像及局部放大图（Red：band 5，Green：band 4，Blue：band 3）

老挝琅勃拉邦省2014年2月2日林地分布　　老挝琅勃拉邦省2015年1月4日林地分布　　越南北干省2014年1月19日林地分布　　越南北干省2014年5月11日林地分布

■ 非林地　　□ 林地

(b) 两时期林地分布及局部放大图

图3-13　老挝琅勃拉邦省和越南北干省典型区两时期遥感影像和林地分布

利用两期林地分布图，提取老挝琅勃拉邦省及越南北干省典型区森林砍伐扰动信息（图3-14），按林地不变、非林地不变、林地减少和林地增加四种类别进行森林面积统计分析（表3-3）。

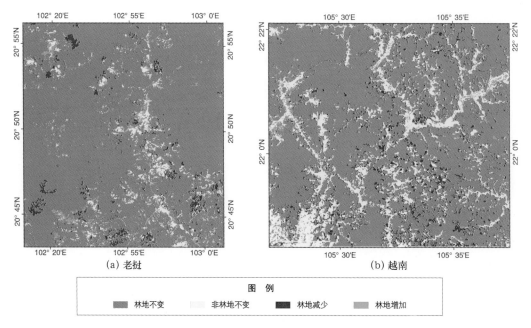

(a) 老挝   (b) 越南

图 例

■ 林地不变   ■ 非林地不变   ■ 林地减少   ■ 林地增加

图3-14　砍伐扰动典型案例分布

表3-3　砍伐扰动典型案例森林面积变化信息统计

区域	类别	林地不变	非林地不变	林地减少	林地增加
老挝（琅勃拉邦省） 2014年2月2日～2015年1月4日	面积／km²	464.30	38.70	15.97	9.61
	比例／%	86.69	7.23	2.98	1.80
越南（北干省） 2014年1月19日～2015年5月11日	面积／km²	214.90	50.79	30.52	6.23
	比例／%	71.05	16.79	10.09	2.06

老挝琅勃拉邦省典型区的西南部和北部，受人工砍伐影响较大，林地面积以减少为主，监测期内该典型区部分林地虽有所恢复，但林地面积总体减少2.98%；越南北干省典型区影像覆盖范围内林地面积减少10.09%，与老挝典型区相比更为严重，该典型区内林地变化区域大多分布于林地边缘地区，此类区域易受当地居民砍伐影响。在老挝与越南典型区域内，由于经济因素等影响，林地砍伐情况较为严重，应引起相关部门重视并采取相应的保护措施。

2）典型林火监测区焚林垦田情况普遍

2014年3月，东南亚地区出现了多处森林火情，其中，泰国西北边境夜丰颂府和缅甸西部边境钦邦受到较为严重的火灾影响。将夜丰颂府和钦邦作为森林火灾典型区，分别选取夜丰颂府2014年2月16日和2014年3月4日，以及钦邦2014年2月28日和2014年4月17日Landsat 8 OLI遥感影像（图3-15），分析其受火灾的影响范围及程度。

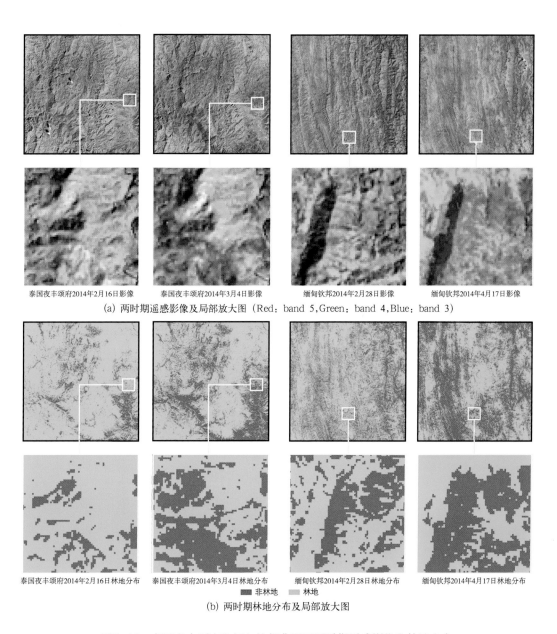

泰国夜丰颂府2014年2月16日影像　　泰国夜丰颂府2014年3月4日影像　　缅甸钦邦2014年2月28日影像　　缅甸钦邦2014年4月17日影像

(a) 两时期遥感影像及局部放大图（Red：band 5，Green：band 4，Blue：band 3）

泰国夜丰颂府2014年2月16日林地分布　　泰国夜丰颂府2014年3月4日林地分布　　缅甸钦邦2014年2月28日林地分布　　缅甸钦邦2014年4月17日林地分布

■ 非林地　■ 林地

(b) 两时期林地分布及局部放大图

图3-15　泰国夜丰颂府和缅甸钦邦典型区两时期遥感影像和林地分布

　　利用上述两时期林地分布图，提取泰国夜丰颂府和缅甸钦邦典型区森林火灾扰动信息（图3-16）。分林地不变、非林地不变、林地减少和林地增加四种类别进行森林面积统计（表3-4）。

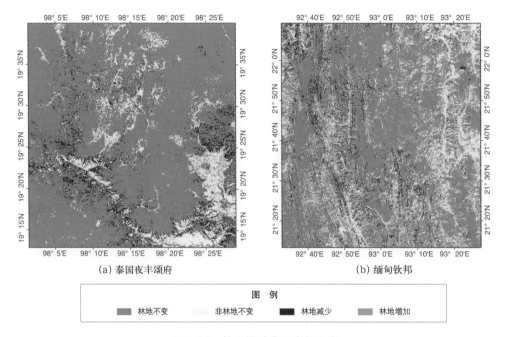

(a) 泰国夜丰颂府　　　　　　　　　　(b) 缅甸钦邦

图　例

▄ 林地不变　　▄ 非林地不变　　▄ 林地减少　　▄ 林地增加

图3-16　林火扰动典型案例分布

表3-4　林火扰动典型案例森林面积变化信息统计

区域	类别	林地	非林地	林地减少	林地增加
泰国（夜丰颂府） 2014年2月16日~2014年3月4日	面积／km²	1626.06	341.24	363.23	4.45
	比例／%	69.64	14.61	15.56	0.19
缅甸（钦邦） 2014年2月28日~2014年4月17日	面积／km²	4345.22	2901.0	1981.74	307.96
	比例／%	45.57	30.42	20.78	3.23

遥感监测结果表明，夜丰颂府和钦邦典型区影像覆盖范围内林地面积分别减少15.6%和20.8%，大部分林地受到火灾影响。为进一步分析火灾的严重程度，对火灾前后的影像提取归一化火灾指数（normalized burn ratio，NBR），结合上述森林变化结果，得到夜丰颂府和钦邦的森林火灾分级（分为轻、中、重三级）分布图，如图3-17所示，具体面积统计结果如表3-5所示。

表3-5　林火扰动典型案例火灾分级面积统计结果

区域	级别	轻度火灾区	中度火灾区	重度火灾区	总计
泰国（夜丰颂府） 2014年2月16日~2014年3月4日	面积／km²	309.34	43.15	10.74	363.23
	比例／%	13.25	1.85	0.46	15.56
缅甸（钦邦） 2014年2月28日~2014年4月17日	面积／km²	1669.86	222.06	89.83	1981.74
	比例／%	17.51	2.33	0.94	20.78

在夜丰颂府和钦邦典型区，重度火灾区所占比例均不大，分别为0.5%和0.9%，多分布于火点周围。典型区内多为中度及轻度火灾区，分布在重度火灾区附近。此次监测到的火灾系人为原因，当地农民为开垦农用地，在旱季3～4月大量焚烧林地，期间林火一直未间断，焚烧的林地面积持续增加。通过Landsat 8 OLI遥感影像对典型区的持续监测显示，这些火灾区域在2014年下半年大多转变为农业用地。

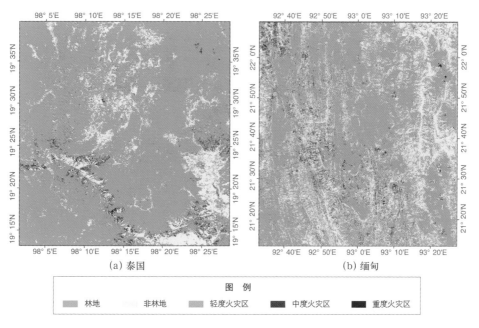

(a) 泰国　　　　　　　　　　　　　　　(b) 缅甸

图 例

　林地　　　非林地　　　轻度火灾区　　　中度火灾区　　　重度火灾区

图3-17　林火扰动典型案例火灾分级

3.1.4　大湄公河次区域农情监测

1）大湄公河次区域耕地利用状况

利用HJ-1 CCD影像（图3-18）生成多时相30m归一化植被指数产品，识别大湄公河次区域在2013年6月～2014年5月的耕地利用状况。

大湄公河次区域耕地种植比例总体较高，中国的云南和广西几乎所有耕地都得到有效利用，仅缅甸中部、越南中南部、泰国东南部、老挝南部，以及柬埔寨部分地区耕地存在休耕现象。耕地种植状况（图3-19）与1km分辨率的耕地种植状况（图2-36）相一致。利用30m分辨率的遥感数据能够捕捉更多的细节信息，如泰国东南部、老挝南部、越南中部（甘蒙高原南侧，岘港以北），以及柬埔寨部分地区耕地存在休耕现象，这些信息无法在1km分辨率的遥感影像上得到有效反映。

图3-18　2015年4月9日越南平福省HJ-1 CCD遥感影像

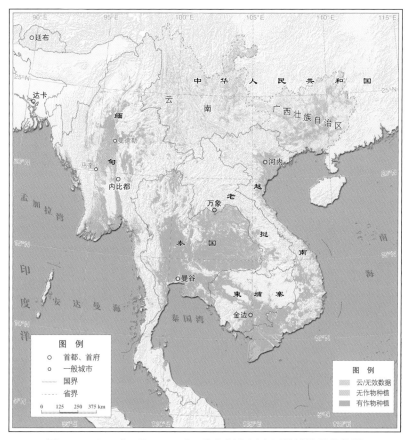

图3-19 2013年6月~2014年5月大湄公河次区域耕地种植状况

2）大湄公河次区域作物长势与胁迫

基于时间序列遥感归一化植被指数数据，利用时间序列聚类方法对大湄公河次区域当前监测期与近5年平均的差值进行聚类分析，将具有相似时间序列曲线的像元归为一类，聚类后获得聚类空间分布及相应的各类别时间序列变化过程曲线（图3-20）。

图3-20（a）中的面积比例代表不同NDVI距平变化过程类别的作物占区域耕地总面积的比例，NDVI距平变化过程类别曲线（图3-20（b））中纵坐标轴的零值表示近5年平均作物长势状况，高于零值表示在相应时期，图3-20（a）中对应颜色的区域作物长势好于近5年平均水平。这种方法的优势在于能够综合分析作物长势的时空分布状况。

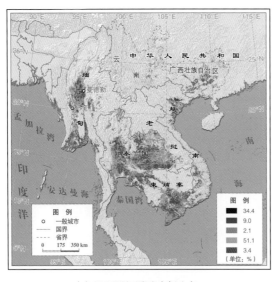

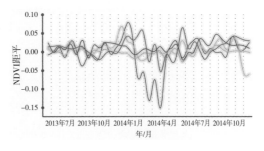

(a) NDVI距平聚类空间分布　　　　　　　　(b) NDVI距平变化过程曲线

图3-20　大湄公河区域NDVI距平聚类空间分布及NDVI距平变化过程曲线

聚类分析结果表明，监测期内大湄公河次区域作物长势波动较大，尤其在越南北部地区，作物长势在2014年4月显著下滑，台风带来的强降水和强风限制了作物生长，作物长势明显低于近5年平均水平。缅甸中部，泰国东部以及柬埔寨南部，作物长势整体较好。2013年6月～2014年12月，中国广西境内的作物长势在大部分时间内均好于平均水平。

同时作物长势监测结果表明，监测期内大湄公河次区域作物长势波动较大，在2014年4月，作物长势明显低于近5年平均水平，尤其在越南北部地区，台风带来的强降水和强风限制了作物生长。

3.2　澜沧江-湄公河流域水资源状况分析

澜沧江-湄公河作为中国-东盟区域最重要的国际河流，其水资源利用和生态环境保护问题受到国际社会的高度关注。目前对该流域水资源随时间波动与变化趋势还缺乏足够的认知，开展流域地表径流和主要湖库水域变化监测及分析，对于推动澜沧江-湄公河流域和周边国家的生态环境保护具有重要意义。

3.2.1　流域水资源状况

澜沧江-湄公河发源于中国青海省玉树藏族自治州，在中国境内称为澜沧江，从云南西双版纳出境改称湄公河，流经缅甸、老挝、泰国、柬埔寨进入越南，在越南胡志明市西南注入南海。澜沧江-湄公河流域总面积81.1万km²，干流全长4880km，居世界第六位，各国占澜沧江-湄公河流域面积及多年平均径流比例差别较大。其中，中国境内干流长2130 km，流域面积为16.5万km²，约占全流域面积的21%。

澜沧江-湄公河流域大部分属于热带季风气候，河流密集、降水丰沛，年平均径流总量约4750亿m³，是亚洲水资源最丰富的地区之一。1998～2004年的水文模拟结果显示，澜沧江流域出口控制断面径流占全流域径流比例为13.76%，与多年实测水文观测资料计算结果（13.5%）基本一致，略低于联合国环境署（UNEP）1997年发布的结果（16%）。径流来源以降水为主，地下水和融雪补给为辅。雨季径流量占全年的70%以上，11月至次年4月为旱季，4月的水量通常在最低点，5～10月为雨季，随着热带季风5月或6月从南部进入，流域内降水开始增加，上游河段的径流通常在8月或9月达到最大，而下游河段的水位则在10月以后才达到最高。

澜沧江-湄公河水系支流众多，澜沧江较大支流有沘江、漾濞江、威远江、补远江等，湄公河较大支流有巴塞河、蒙河、洞里萨河等。丰富的湖库水资源是流域社会经济发展的有利条件，流域内最大的淡水湖泊是洞里萨湖，重要水库包括南俄河水库、乌汶拉水库和诗琳通水库等（图3-21）。

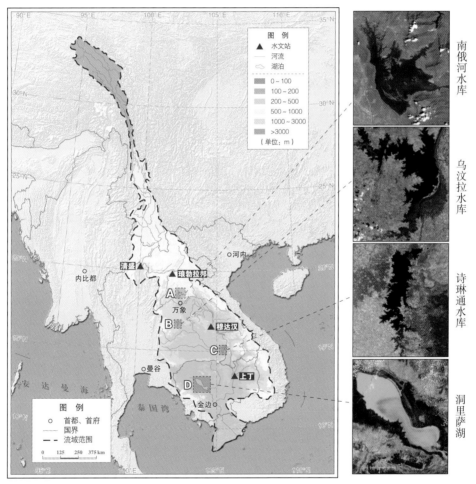

图3-21　澜沧江-湄公河流域水系分布图

3.2.2　流域降水和径流变化过程

本专题对2013年6月～2014年5月澜沧江-湄公河流域径流进行模拟，定量分析了区域年内径流的变化过程。

1）流域径流受降水影响显著，降水主要受季风控制

自北向南，在湄公河干流上的泰国清盛、老挝琅勃拉邦、泰国穆达汉和柬埔寨上丁选取了4个主要控制断面，进行逐日径流变化分析（图3-22）。4个断面的径流量主要集中在2013年6～10月的雨季，分别占其年径流量的73.4%、73.6%、81.3%和81.4%。上丁控制断面年总径流量为4330亿m³（代表全流域总径流量），与历史同期水平相当。

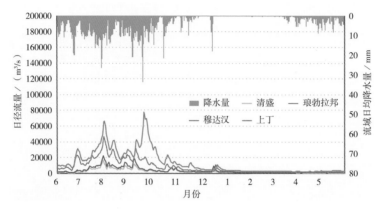

图3-22　2013年6月～2014年5月澜沧江－湄公河流域主要控制断面日径流变化

2）流域径流时空分布差异大，雨季集中了70%以上的水量

澜沧江－湄公河流域的径流深与降水量空间分布特征基本一致（图3-23），流域径流和降水由东南向西北递减，径流的时空变化主要受降水控制。澜沧江河源为全流域径流深最小的地区，不足500mm，径流深大于1000mm的丰水区主要位于老挝和柬埔寨北部地区。澜沧江－湄公河流域跨纬度大，且受西南季风影响频繁，流域径流变化主要由老挝境内以及泰国和柬埔寨沿海地区的降水情况决定。流域径流模数（单位面积产水量）下游丰于上游，左岸丰于右岸，年径流深最大值为2564mm，年降水最大值为3803mm，均位于下游左岸。

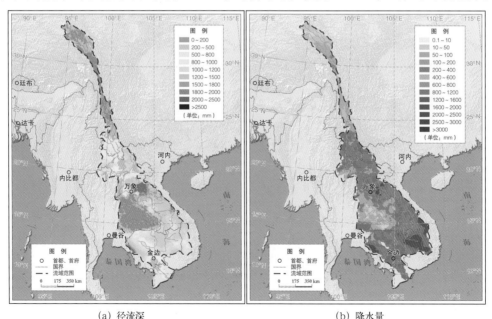

　　　　（a）径流深　　　　　　　　　　　　（b）降水量

图3-23　2013年6月～2014年5月澜沧江－湄公河流域径流深和降水量分布

受径流补给因素影响，监测时段内整个流域都呈明显的干、湿两季的变化特征，70%以上的水量集中在雨季，其空间分布特征与降水一致（图3-24）。流域主要产流来自下游的河道左岸老挝境内，而河道右岸受泰国西部山脉阻挡，从印度洋过来的西南季风难以到达，致使年降水量小于1000mm，对流域产流贡献低。流域下游径流分布更为丰沛，主要集中在老挝首都万象东北部，雨季径流深最大值为2477mm。雨季最大降水量3484mm，出现在柬埔寨东部，该区域雨季降水量占全年的91%。

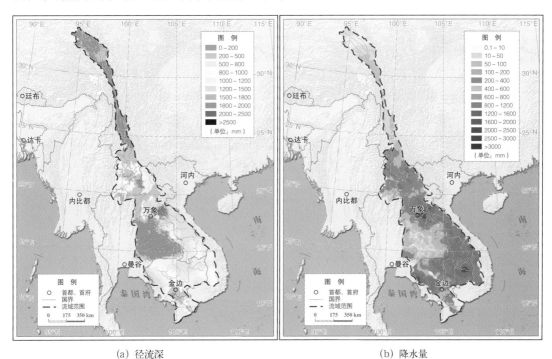

(a) 径流深   (b) 降水量

图3-24 2013年6月～10月澜沧江-湄公河流域径流深和降水量分布

3）澜沧江对流域径流贡献分析

基于遥感模拟径流结果，分析该时段内澜沧江出口控制断面径流对上丁站以上流域径流的贡献情况（表3-6）。在模拟时段内澜沧江流域对上丁站以上湄公河径流贡献为11%，与通过长系列实测资料分析的成果13.5%比较接近，佐证了遥感水文模拟方法的可靠性。其中，澜沧江流域径流在枯水期所占径流比例较大，约为18%左右，而在雨季所占比例较小，只有不到10%，是枯水期比例的一半。由此可以看出，澜沧江流域径流对湄公河流域贡献较小，在枯水期的影响比在洪水期的影响大。

表3-6 雨季、枯季和全年澜沧江流域占上丁站以上流域日均流量占比

监测时段		澜沧江出口断面/(m³/s)	上丁/(m³/s)	占比/%
2013年5月～2014年6月	全年	1525	13732	11.11
	雨季	2657	27088	9.81
	枯季	748	4257	17.57

3.2.3　典型湖库水域动态变化监测

利用HJ-1A /1B和GF-1卫星CCD数据，对澜沧江–湄公河流域内的典型湖库洞里萨湖（Tonle Sap Lake）、南俄河水库（Nam Ngum Reservoir）、乌汶拉水库（Ubol Ratana Reservoir）和诗琳通水库（Sirindhorn Reservoir）的水域面积及蓄水量变化进行了监测分析，对于可持续利用湖库水资源和制定湖库水资源保护政策具有重要意义。

1）洞里萨湖水域季节性变化十分显著

洞里萨湖是澜沧江–湄公河水系重要组成部分（图3-25），位于中南半岛东南部，柬埔寨西部，是东南亚最大的淡水湖泊，通过洞里萨河同湄公河相连，是湄公河的天然蓄水池。洞里萨湖流域面积为8.5万km²，产流量占湄公河流域多年平均径流量的6%。洞里萨湖水域变化对于湄公河流域生态环境保护具有举足轻重的作用。

洞里萨湖是季节性吞吐湖，水域面积随季节变化显著（图3-26、图3-27），在2013年10月～2014年1月波动最为剧烈，变动幅度均在1500km²以上。雨季来临前，洞里萨湖处于最低水位，2013年6月的水域面积仅为2331km²。由于此时湄公河干流的水位更低，湖水经洞里萨河顺流入湄公河干流，补充了湄公河干流水量的不足。进入雨季后，湄公河干流水位上涨，河水开始经洞里萨河倒灌进入洞里萨湖中，不仅减轻了湄公河下游洪水的泛滥，同时也使洞里萨湖水域面积逐渐变大。

2013年11月后，湄公河流域进入干季，湄公河干流洪水开始回落，但其水位依然高于洞里萨湖，河水继续倒灌入洞里萨湖。至2013年12月，洞里萨湖区和洪泛平原积蓄了来自湄公河干流的大量洪水，水域面积达到最大值1.42万km²。随着湄公河干流洪水的逐步消退，其水位开始低于洞里萨湖，湖水再次顺流入河，水域面积迅速减小，至2014年1月仅剩2773km²，面积减小了80%。

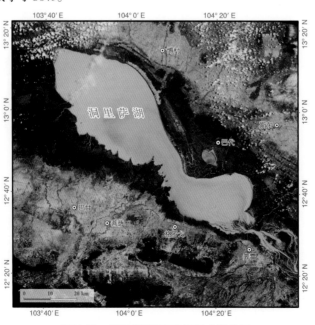

图3-25　洞里萨湖HJ卫星遥感影像图

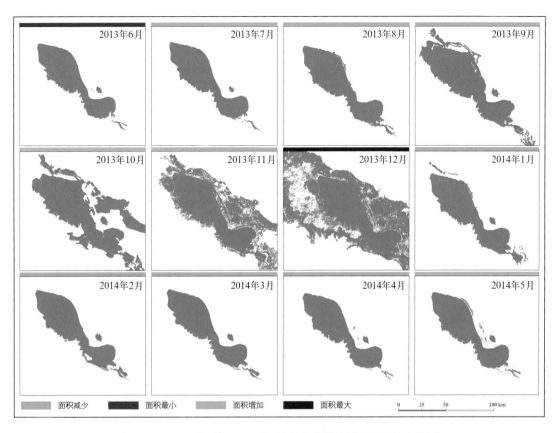

图3-26　2013年6月～2014年5月洞里萨湖水域范围月际变化图

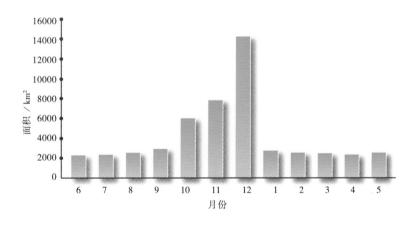

图3-27　2013年6月～2014年5月洞里萨湖水域面积月际变化过程

　　通过洞里萨湖库容曲线计算2013年6月～2014年5月蓄水量的变化（表3-7），洞里萨湖的蓄水量随季节变化明显。2013年9～12月是洞里萨湖蓄水量增加最快阶段，蓄水量共增加了600多亿立方米，使得12月的蓄水量达到最大。2013年12月～2014年1月是蓄水量快速消退阶段，蓄水量急剧减少了619亿m³。4个月的时间内，湖水从快速蓄满到迅速排空，体现了洞里萨湖在调节湄公河下游洪水方面的巨大功能。

表3-7　2013年6月~2014年5月洞里萨湖的蓄水量变化统计

时间	水域面积／km²		蓄水量变化／亿m³	
	面积	面积变化	蓄水量变化	累积蓄水量变化
2013年6月	2330.80	—	—	—
7月	2389.24	58.43	—	—
8月	2588.13	198.89	—	—
9月	2912.39	324.26	6.3	6.32
10月	6003.53	3091.14	91.95	98.28
11月	7836.44	1832.91	81.60	179.88
12月	14236.22	6399.78	442.98	622.86
2014年1月	2773.13	−11463.09	−619.33	3.53
2月	2534.82	−238.30	−4.51	−0.98
3月	2509.73	−25.10	−0.45	−1.43
4月	2380.42	−129.30	—	—
5月	2531.77	151.35	0.40	−1.03

注：—表示DEM数据缺失，未计算蓄水量的变化。

2）典型水库水域面积的动态变化与调控能力有关

水库具有调节气候、改变河道水资源的时空分布、防洪抗旱、发电等重要作用，南俄河水库、乌汶拉水库和诗琳通水库是位于湄公河支流上的三座典型水库，其水库水域面积动态变化与其调控能力密切相关。

南俄河水库位于老挝湄公河主要支流南俄河（图3-28），距首都万象东北约96km，是东南亚水域面积最大的人工湖，库容为71亿m³，流域年均降水量2000mm，上下游水体落差较大，其主要功能为发电和灌溉，可为万象地区供电和为万象平原灌区提供灌溉用水，水电站装机容量148.7MW。

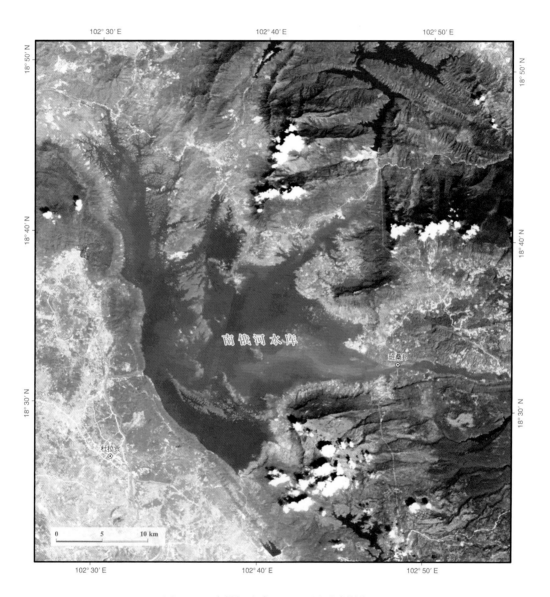

图3-28　南俄河水库HJ-1卫星遥感影像图

乌汶拉水库位于泰国东北部湄公河最大支流蒙河的支流锡河（图3-29），最大库容256万m³，功能包括发电、灌溉、防洪、航运和渔业等，电站装机容量25.2MW。

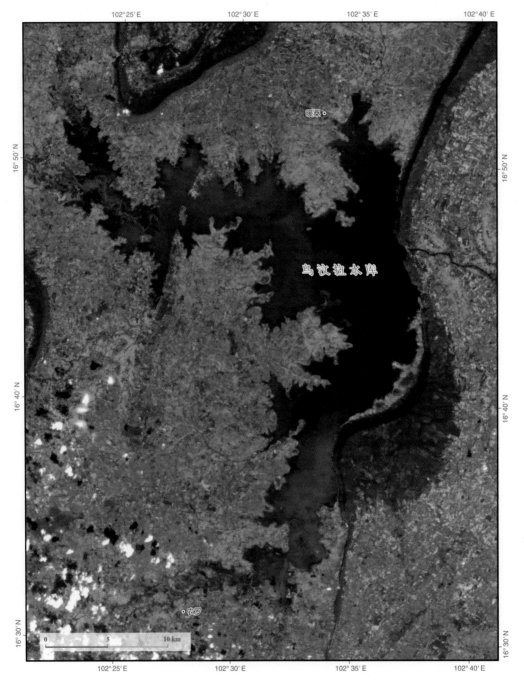

图3-29　乌汶拉水库HJ-1卫星遥感影像图

诗琳通水库位于泰国东北部湄公河的最大支流蒙河（图3-30），功能以防汛和发电为主，电站装机容量36万MW。

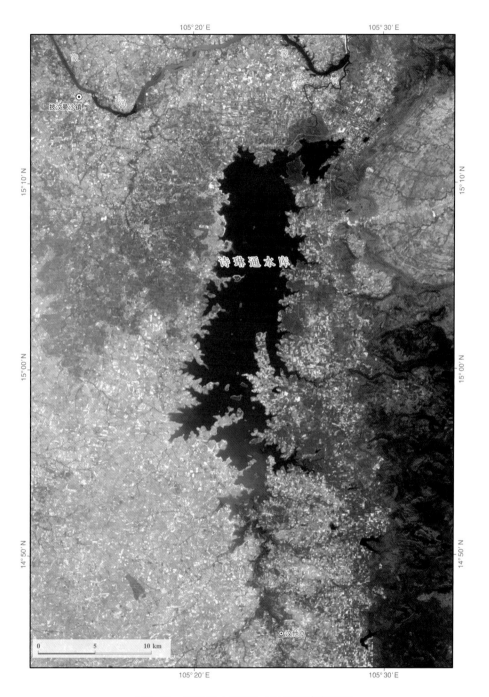

图3-30　诗琳通水库HJ-1卫星遥感影像图

利用HJ-1A /1B和GF-1CCD卫星数据，对三座典型水库2013年6月～2014年5月的水域面积和蓄水量变化进行了监测和分析（图3-31～图3-34和表2）。

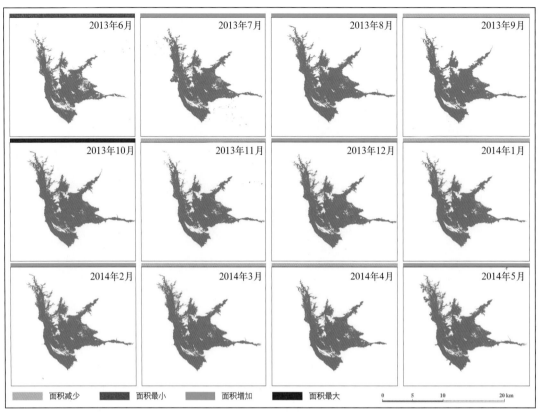

<table>
</table>

| 面积减少 | 面积最小 | 面积增加 | 面积最大 | 0 5 10 20 km |

图3-31　2013年6月～2014年5月南俄河水库水域范围月际变化图

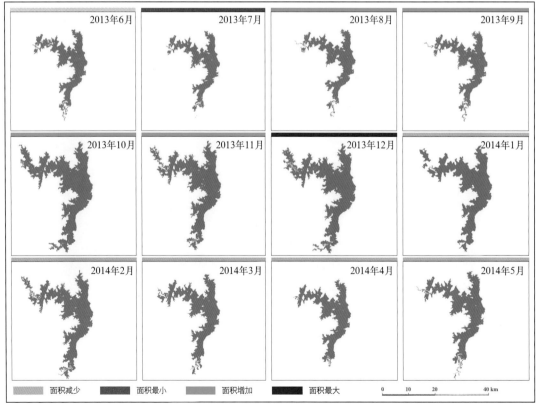

| 面积减少 | 面积最小 | 面积增加 | 面积最大 | 0 10 20 40 km |

图3-32　2013年6月～2014年5月乌汶拉水库水域范围月际变化图

图3-33　2013年6月～2014年5月诗琳通水库水域范围月际变化图

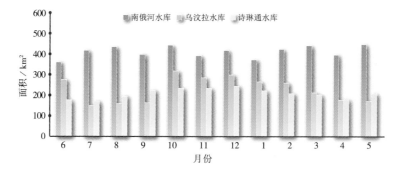

图3-34　2013年6月～2014年5月典型水库水域面积月际变化过程

　　受水库调蓄的影响，南俄河水库水域面积季节性变化趋势不明显，月际波动幅度在60km²以内。2014年5月水域面积最大，达到447km²；2013年6月的水域面积最小，为362km²。南俄河水库发电规模较大，蓄水量变化既与季节有关，也与水库发电调度有关。雨季来临后，在正常发电下泄一定水量的同时，水库也拦蓄上游来水，蓄水量总体不断增加，2013年7～10月水库蓄水量共增加了12.95亿m³。该水库调节能力很强，进入干季后仍在拦蓄发电之外多余的水量，到2014年5月，蓄水量累计增加了13.45亿m³。

乌汶拉水库的水域面积和蓄水量变化受防洪调度影响显著，7月和10月水域面积波动最大，变化幅度超过了100km²。为保证防洪安全，在降水量较为集中的7～9月，水域面积保持在较低水平，7月水面最小仅为151km²；雨季后期，防洪压力逐渐减小，同时为保证旱季发电和灌溉等需要，水库开始蓄积水量，10月水域面积达到最大值318km²；11～12月水库蓄水量继续维持在较高水平，其中11月减少了28.31亿m³，12月增加了12.64亿m³；由于旱季上游来水减少，2014年1月后水库水面面积开始逐月减少。

诗琳通水库规模相对较小，水域面积季节性波动幅度不大，均小于30km²，且蓄水量最大值出现时间滞后2个月。2013年6～7月，为调节洪水而提前排空，水库水量维持在较低水平；8月以后，随着防洪压力的减轻开始蓄水，水域面积逐渐变大，至11月达到234km²；12月水域面积达到最大值244km²，蓄水量增加了6.47亿m³。2014年1月以后，水域面积逐月减小。

3.3 小结

本章监测分析了大湄公河次区域生态环境状况与澜沧江–湄公河流域水资源状况；选择典型案例将自然灾害（台风及林火）及人类活动（森林砍伐）对植被生态系统的扰动进行了评估。

（1）大湄公河次区域森林总生物量占中国–东盟区域29.5%，主要碳汇贡献以常绿阔叶林与混交林为主。

大湄公河次区域森林总生物量为116.8亿t，占中国–东盟区域29.5%，常绿阔叶林占78.5%，混交林占21.2%；平均生物量为107.3 t/hm²，老挝最高，缅甸最低，与近年来采伐与工业用材林扩展迅速有关。该区域的森林2014年NPP总量为9.3亿t，均值为8.2t/hm²，固碳能力呈现亚热带高于热带、从沿海向内陆呈现逐级递增趋势。

（2）澜沧江–湄公河流域雨季集中了70%以上的水量，洞里萨湖调洪作用显著，典型水库水域面积的动态变化与调控能力有关。

遥感模拟径流结果显示，2013年6月～2014年5月澜沧江水量占全流域径流总量的11.1%。澜沧江–湄公河流域径流时空分布差异大，雨季集中了70%以上的水量。流域径流模数具有下游丰于上游、左岸丰于右岸的特点，老挝及及泰国和柬埔寨沿海地区产流量占整个流域的58%。

洞里萨湖年内自然调蓄对湄公河下游的洪水调节作用显著，对湄公河下游干流洪水的吞吐能力巨大。典型水库水域面积的动态变化主要取决于其功能与调控能力。南俄河水库调蓄能力较强，水电装机容量较大，水域面积的季节性变化趋势不太显著；乌汶拉水库则受防洪调度的影响较为显著。

四、中国–东盟区域生态环境评估

利用人均植被面积、森林生物量、大宗粮油产量、NPP和人均GDP，结合光、温、水等自然要素，以及土地覆盖类型信息等，综合评估中国–东盟区域各国及中国各省（区）的生态环境状况。

4.1 中国–东盟区域生态环境自然要素综合分析

由于光、温、水、植被等自然要素综合影响区域生态环境，选择年累积光合有效辐射、光温生产潜力、降水量、蒸散量和植被年NPP 5种要素，进行叠加与空间聚类，形成9种不同生态环境状况类型（图4-1）。

各类型生态环境状况受不同因素制约，包括光、温、水条件和土地利用方式。类型1和类型2 NPP较低，前者受降水制约明显，后者受温度制约明显；类型3和类型4NPP中等，类型6～类型9 NPP较高，光温水条件优越。

类型1是典型的降水制约区域，覆盖中国新疆大部分地区和内蒙古西部、甘肃北部、宁夏、青海北部地区，光温条件较好，光温生产潜力属于中等水平，但降水匮乏。类型2受温度制约明显，主要覆盖青藏高原地区，海拔较高，气温低，导致光温生产潜力低，降水量也较低。这两个类型NPP低，固碳量少。

类型3光、温、水条件适中，受人类活动影响明显，包括中国的新疆西北部、东北三省、河北北部、山西、陕西北部、甘肃东南部，以及四川西部一些斑块状区域。类型3比类型1降水量略多，比类型2光温生产潜力略高，综合起来，NPP和蒸散量均高于前两个类型。

类型4和类型6交错覆盖中国的华中、华南大部分省（区），除华北平原受降水条件制约外，其余区域光、温、水条件较好。类型4以平原为主，土地利用类型以耕地和城市建设用地为主，NPP中等；类型6以山区为主，森林覆盖率高，NPP高，固碳能力强。

类型5受温度条件制约明显，北部包括中国的大小兴安岭和长白山区域，纬度较高；南部包括青藏高原东南部，主要指藏东、川西山地针叶林地带，海拔较高。温度较低导致光温生产潜力低，但森林覆盖率高，林型以针叶林为主，总体NPP高，固碳能力强。

类型7光、温、水条件优越，主要位于中南半岛南部，是中国–东盟区域光温生产潜力最高的地区，但受人类活动引起的土地利用变化影响显著，大量自然植被地表已转化为居民区或农田甚至裸土，固碳能力不强。

类型8和类型9光、温、水条件优越。类型8覆盖马来群岛大部分农田区域和农林混合区；类型9包括中南半岛北部、东西边界和马来群岛大部分地区。类型9森林覆盖率高，NPP远高于类型8，在所有类型中固碳能力最强，生态环境状况好。

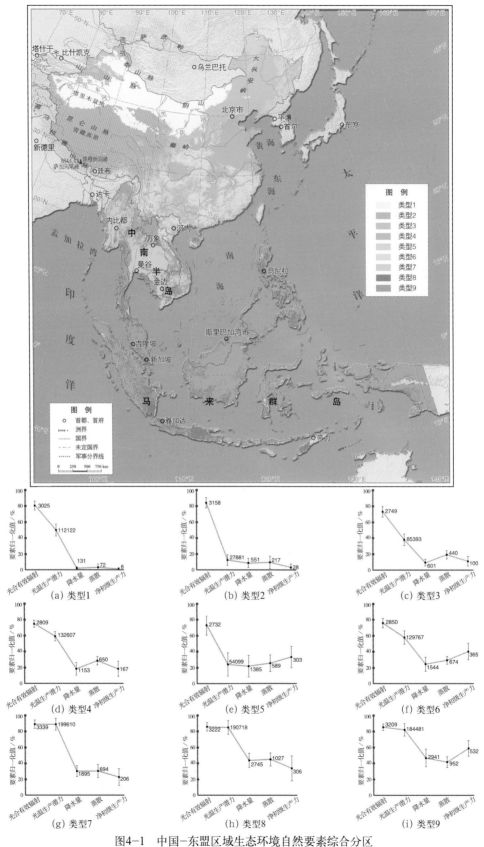

图4-1　中国-东盟区域生态环境自然要素综合分区

光合有效辐射（J/m²）；光温生产潜力（kg/hm²）；降水量（mm）；蒸散（mm）；NPP（gC/m²）

4.2 中国–东盟区域各国生态环境状况对比分析

根据中国–东盟区域各国家的人均GDP、人均森林生物量、人均自然植被面积（图4-2、图4-3）和人均大宗粮油产量（图4-4），对比分析各国经济发展水平和自然资源人均占有量。

中国–东盟区域内经济发展水平显著不均衡，各国家人均GDP在0.1万 ~ 5.46万美元。人均GDP最高的是新加坡，其次是文莱，最低的是柬埔寨和缅甸。

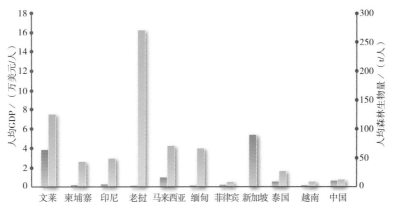

图4-2 中国–东盟区域各国人均GDP和森林生物量

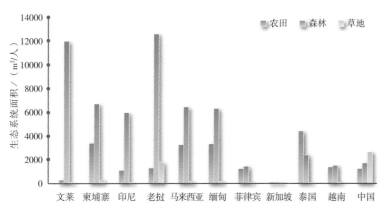

图4-3 中国–东盟区域各国人均植被面积

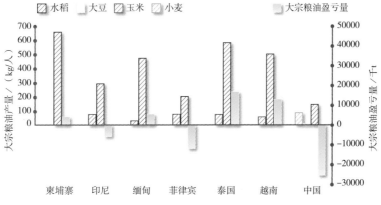

图4-4 中国–东盟区域各国人均大宗粮油年产量及盈亏

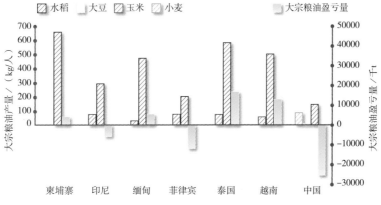

1）高收入国家中文莱的人均生态资源丰富

按照世界银行所提供标准，新加坡、文莱属于高收入国家。新加坡是东盟地区金融中心，人均GDP高达5.46万美元，但高度城市化等因素使其人均生态资源占有量较低，人均森林面积仅25.05m²，人均草地面积和农田面积均在10m²以下。

文莱依靠丰富的石油和天然气资源，人均GDP高达3.78万美元，在中国–东盟国家中排第2位。同时，文莱森林覆盖率高，人均森林面积达12001.41m²，人均森林生物量为126.40t。文莱政府近年来努力推进经济结构多元化，通过发展工业和制造业等降低对油气资源的依赖。

2）中等偏上收入国家中马来西亚人均生态资源丰富，中国人均生态资源最少

马来西亚、中国和泰国属于中等偏上收入国家。马来西亚人均GDP达1.04万美元，人均植被面积较高，尤其人均森林面积大于6000m²；中国人均GDP为0.68万美元，人均森林面积少，人均森林生物量为10.91t，草地资源丰富，达2668.83m²，但分布不均，人均农田面积处于中等水平，玉米、水稻和小麦的人均年产量较为均衡，玉米达139.27kg，小麦和大豆分别为86.88kg和9.49kg；泰国人均GDP为0.58万美元，人均森林占有量较低，而人均农田占有量高，达4397.72m²，大宗粮油以水稻为主，水稻人均年产量高达581kg。近年来泰国旅游业发展势头良好，如何在拉动经济发展水平的同时保护现有生态资源，实现可持续发展是当地政府的重要关注点。

3）中等偏下收入国家中印度尼西亚和老挝人均森林占有量丰富，越南大宗粮油产量高

印度尼西亚、菲律宾、越南和老挝经济发展水平相对落后，属于中等偏下收入国家。印度尼西亚人均GDP为0.34万美元，人均森林面积较高，大于6000m²，且以常绿阔叶林为主。老挝人均GDP仅0.16万美元，经济发展水平相对落后，自然植被资源丰富，人均森林面积最大，达12591.04m²，人均森林生物量高达270.81t，在未来经济发展过程中更应注重保护生态环境，实现可持续发展。越南和菲律宾人均GDP略高于老挝，而人均森林面积中等偏下，森林生物量较低。越南的人均农田面积处于中等水平，但耕地利用效率高，人均水稻年产量高达501 kg，位居各国前列。

4）低收入国家生态资源丰富

缅甸和柬埔寨属于低收入国家，人均GDP只有0.1万美元，但自然植被资源丰富，人均植被占有面积高，人均森林面积大于6000m²、农田面积大于3000m²。缅甸森林资源丰富，人均森林生物量高达7t、大宗粮油年产量为503kg；柬埔寨人均森林生物量略低，为44.42t，而农田资源更丰富，人均大宗粮油年产量高达657kg。

根据FAO标准，人均400kg粮食即可满足营养均衡需求。各国粮食产量满足本国人口消费需求后，总剩余量可反映该国产粮自给能力与贸易趋向。泰国、越南、缅甸和柬埔寨四国粮食在满足本国人口消耗需求基础上仍有盈余，是世界主要的粮食出口国；印度尼西亚、中国粮食产量可基本满足自身需求；其余国家粮食需要进口。东盟各国气候条件适宜种植水稻，大宗粮油以水稻为主、玉米为辅，而小麦和大豆种植较少；中国地理气候条件复杂多变，玉米、水稻和小麦的产量均衡。

4.3 中国各省（区）生态环境状况对比分析

对比分析各省（区）的森林生物量和大宗粮油产量所占比例（图4-5），中国各省（区）生态资源分布不均衡。云南森林资源丰富，森林生物量排在中国首位，占11.55%。黑龙江森林生物量占全国总量9.24%，排第2位；湖南、四川、内蒙古、广西、西藏和江西森林资源较丰富，占比为5.5%～7.5%；黑龙江和河南大宗粮油年产量居前两位，分别占10.94%和9.84%；山东和江苏大宗粮油年产量较高，为6%～9%。

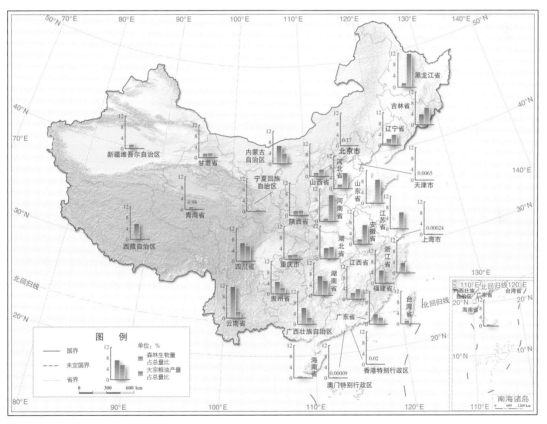

图4-5　中国各省（区）大宗粮油年产量和森林生物量占中国总量比例分布

结合世界银行收入水平划分标准，根据人均生态系统面积、森林生物量和大宗粮油作物年产量等指标（附表1），综合评估中国各省（区）的生态环境状况（图4-6）。

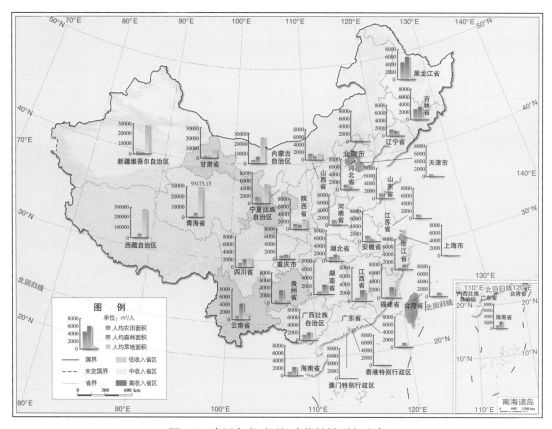

图4-6　中国各省（区）人均植被面积分布

1）高收入省（区）人均生态资源普遍低

澳门、香港、台湾、天津、北京和上海收入水平高，人均GDP大于1.4万美元，但这些地区人均植被面积少，生态资源匮乏。台湾人均森林面积为1053.78m²、森林生物量为8109.33kg；香港、上海和澳门人均森林占有面积小于1m²、森林生物量均小于30kg、草地面积不足2m²。

2）中等偏上收入省（区）中西藏人均生态资源丰富，江苏生态资源匮乏

中国大部分省（区）属于中等偏上收入水平。江苏人均GDP最高，为1.2万美元，而生态资源匮乏，人均森林面积和森林生物量分别为30.28m²和270.38kg，排倒数第4位；人均农田面积处于中等水平，大宗粮油产量可基本满足消费需求。内蒙古人均GDP略低，为1.09万美元，但生态资源丰富，人均森林面积为6871.41m²，排第2位；人均农田面积高达3681.16m²、大宗粮油年产量为683.81kg，排第3位；人均草地面积为26302.75m²，排第4位。西藏人均GDP为0.42万美元，但人均生态资源非常丰富：人均森林和草地面积远高于其他省份，人均森林生物量高达332.47t。湖南、四川、广西、江西、福建、湖北、吉林、广东等省（区）生态资源总量丰富，但人均量不高。

按照世界粮农组织标准，安徽、河南、黑龙江、吉林、辽宁、内蒙古和山东的大宗粮油产量有盈余（图4-7）。盈余量最高的是黑龙江，达3623.864万t；其次是吉林，为1870.87万t；安徽、河南和内蒙古分别排在第3～5位，盈余量在700万～920万t。河北、湖北、湖南、江苏、江西、辽宁、宁夏和山东粮食产量可基本满足自身消费需求。

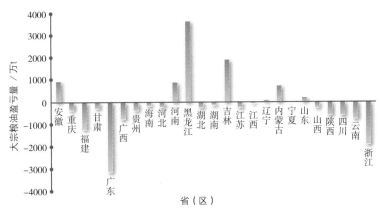

图4-7　中国各省（区）大宗粮油盈亏量

3）中等偏下收入省（区）中云南人均生态资源丰富

云南、甘肃和贵州收入中等偏下。云南人均GDP为0.4万美元，生态资源丰富：人均森林面积为4257.27m²、森林生物量为44606.38kg，排第3位；人均农田面积中等偏下、大宗粮油年产量为233.54kg。甘肃草地资源丰富，人均面积达8309.8m²；人均农田面积较高，为2098.54m²，但人均大宗粮油年产量只有281.74kg，主要受限于区域降水量不足。贵州人均森林面积也较高，为3383.51m²，排第6位；人均森林生物量为23.20t，排第7位；人均农田面积中等偏下，人均大宗粮油年产量属于中等水平，为289.87kg。云南、甘肃和贵州三省粮食总量分别亏缺7.8百万t、3.05百万t和3.86百万t。

4.4　小结

本章利用人均植被面积、森林生物量、大宗粮油产量和人均GDP，结合光、温、水等自然要素以及土地覆盖类型信息，综合评估中国-东盟区域各国及中国各省（区）的生态环境状况。

（1）受自然要素或人类活动制约，中国-东盟区域生态环境状况空间分异明显。

中南半岛北部和马来群岛大部分区域，光、温、水条件好，常绿阔叶林覆盖率高，固碳能力强；中南半岛南部、马来群岛大部分农田和农林混合区，光温水条件优越，但固碳能力稍低，主要受人类活动制约；中国的华中、华南大部分山区光、温、水条件适宜，混交林覆盖率高，固碳能力强。

（2）中国-东盟区域各国经济发展不平衡，人均生态资源占有量差异大。

文莱和马来西亚属于人均生态资源丰富且经济发展水平较高的国家；中国和印度尼西亚生态资源总量丰富但人均占有量少；老挝、柬埔寨和缅甸经济发展水平低但人均生态资源丰富。

（3）中国各省（区）经济发展差异大，中东部省（区）生态资源总量丰富但人均量低。

澳门、香港、台湾、天津、北京和上海等高收入省（区）人均生态资源普遍低；西藏、云南、青海等省（区）收入水平不高但人均生态资源丰富；湖南、四川、广西、江西、福建、贵州、湖北、吉林、黑龙江、广东等中东部省（区）生态资源总量丰富但人均量不高。

五、结　论

本专题对2013～2014年中国-东盟区域生态环境主要特征进行监测分析，全面评估了中国-东盟区域生态环境现状。

（1）中国-东盟区域生态环境要素空间分异显著，东盟国家生态环境状况良好，人类活动影响仍需关注。

根据对影响区域生态环境的光、温、水和植被等自然要素的综合分析，中国-东盟区域可明显划分为9个类型。东盟地区光、温、水条件优越，光温生产潜力最高。中南半岛北部和马来群岛的森林覆盖率高，固碳能力最强（500gC/m²以上），生态环境状况最好；中南半岛大部分农田区域和农林混合区受人类活动影响较大，固碳能力较低（210gC/m²以下），需更加重视生态环境保护。中国内部生态环境状况差异大，华南和西南大部分区域光、温、水条件适宜，混交林覆盖率高，生态环境状况良好；青藏高原地区海拔高，气温低，导致光温生产潜力低，生态环境脆弱；西北地区干旱少雨，植被覆盖度低，生态环境状况差。

（2）中国-东盟区域森林资源丰富，总生物量近400亿t，年固碳能力近20亿t。

中国-东盟区域森林总生物量396.8亿t，年固碳能力19.5亿t，其中常绿阔叶林和混交林生物量占96.3%，是主要碳汇贡献林型。中国、印度尼西亚森林生物量分别占区域总量的41.0%和34.8%，马来西亚为6.1%，缅甸为5.6%、泰国为3.0%、越南为3.0%、老挝为2.7%、菲律宾为2.3%、柬埔寨为1.4%。森林砍伐和森林火灾对森林固碳能力有显著影响。

（3）澜沧江-湄公河流域径流时空分布差异大，洞里萨湖调洪作用显著。

2013年6月～2014年5月，澜沧江-湄公河总径流量为4330亿m³，其中澜沧江径流量占全流域总量的11.1%。受流域降水不均和地形分异的影响，流域流量具有下游丰于上游、左岸丰于右岸的特点，老挝、泰国和柬埔寨产流量占整个流域的58.0%。洞里萨湖洪水吞吐能力强，对湄公河下游的洪水调节作用显著，2013年9～12月蓄水量增加了600多亿立方米。

（4）中国-东盟区域生态资源丰富，但人均占有量差异大。

文莱和马来西亚属于人均生态资源丰富且经济发展水平较高的国家；中国和印度尼西亚生态资源总量丰富但人均占有量少；老挝、柬埔寨和缅甸经济发展水平低但人均生态资源丰富。中国–东盟区域森林总面积为503.4万km²，人均森林面积为2540.8m²，人均森林生物量为21.6t；其中，东盟地区森林总面积为269.4万km²，人均森林面积为4307.8m²，人均森林生物量为39.6t。人均森林生物量最高的国家为老挝和文莱，其他依次为马来西亚、缅甸、印度尼西亚、柬埔寨、泰国、中国、越南、菲律宾和新加坡。中国–东盟区域农业生产强度总体较高，大部分耕地种植比例大于95%，泰国、柬埔寨、越南和缅甸为主要粮食出口国，人均大宗粮油产量依次为659.4kg、657.4kg、558.8kg和503.0kg。

致 谢

本专题得到国家高技术研究发展计划（863计划）"星机地综合定量遥感系统与应用示范"项目和团队的支持，由国家遥感中心牵头组织实施，中国科学院遥感与数字地球研究所、中国林业科学研究院资源信息研究所和中国水利水电科学研究院等共同完成。北京大学、北京师范大学等提供部分共性定量遥感产品算法，中国科学院寒区旱区环境与工程研究所等进行产品验证，南京大学、武汉大学参与森林生态环境监测。中国资源卫星应用中心、环境保护部卫星环境应用中心和国家卫星气象中心等提供卫星遥感观测数据。国家基础地理信息中心提供报告的基础地理底图。

中国－东盟区域生态环境状况

227

附　录

1. 数据

利用多源多尺度遥感数据（表1）基于MuSyQ（Multi-source data Synergized Quantitative remote sensing production system）系统生产了陆表定量遥感产品。

表1　生产陆表定量遥感产品所用数据信息列表

编号	卫星	传感器	空间范围	空间分辨率	时间分辨率	归一化处理
1	Terra/Aqua	MODIS	中国及东盟	1km	1天	重投影、分幅、大气校正
2	FY3A /3B	MERSI	中国及东盟	1km	1天	几何校正、光谱归一化、交叉辐射定标、重投影、分幅、大气校正
3	FY3A /3B	VIRR	中国及东盟	1km	1天	几何校正、光谱归一化、交叉辐射定标、重投影、分幅、大气校正
4	HJ-1A/ 1B	CCD1/ CCD2	大湄公河次区域	30m	8天	几何校正、光谱归一化、交叉辐射定标、重投影、分幅、大气校正
5	Landsat 5	TM	大湄公河次区域	30m	16天	重投影、分幅、大气校正
6	Landsat 8	OLI	大湄公河次区域	30m	16天	重投影、分幅、大气校正
7	ALOS	PALSAR	大湄公河次区域	25m		
8	MST2	VISSR	中国及东盟	5km	1小时	

2. 方法与验证

"星机地综合定量遥感系统与应用示范"项目旨在攻克星地协同观测与卫星组网关键技术，多尺度时空遥感数据快速定量流程化处理、基于卫星组网和虚拟星座的综合定量遥感产品生成和真实性检验等关键技术，通过多学科、多领域应用示范，建立一套国家级的星机地综合定量遥感应用系统，实现事件驱动的遥感数据主动式服务，以及资源与环境遥感信息的业务化运行服务。项目以中国卫星数据为主、国外数据为辅，生产了十余种共性定量遥感产品，并用于农业、林业及水资源专题遥感产品生产。

本专题在863计划项目提供的遥感产品支持下，结合气象、统计以及其他参考数据，对中国-东盟区生态环境进行监测分析和综合评估（图1）。用1km遥感产品分别对中国-东盟区域生态环境进行评估，监测指标包括光温条件（光合有效辐射、气温和光温生产潜力）、水分条件（降水、蒸散和水分盈亏），以及植被条件（植被生长季长度、最大植被覆盖和NPP）。选择森林和农田两种典型植被生态系统类型进行监测分析，其中森林监测指标为森林生物量，农田监测指标包括农气适宜度、农作物复种指数和耕地种植情况。

在两个典型区域（大湄公河次区域和澜沧江–湄公河流域）尺度上，利用30m监测指标遥感产品对典型区域生态环境评估。在大湄公河次区域选择最大植被盖度、森林减少面积以及固碳能力指标对自然灾害（台风及林火等），以及人类活动（森林砍伐等）对生态环境扰动进行分析。在澜沧江–湄公河流域，选择河道径流、径流深、水域面积和蓄水量变化指标，评价了气候变化、人类活动对水循环和生态环境的影响。

综合自然资源信息并结合人口与GDP统计数据，对区域内各国生态环境和社会经济进行了综合分析与评估。

1）区域光温条件

光温等气候要素决定了自然界植被与作物的分布及类型，所使用的监测指标包括：

平均气温与气温距平：气温是植被生长的热量条件。平均气温指一年内气温观测值的算术平均值，气温距平是当年平均气温相比过去13年平均气温的变幅。气温数据根据GSOD气象数据集获取。

光合有效辐射与光合有效辐射距平：光合有效辐射指400～700nm的太阳辐射能量，是绿色植物光合作用的能量来源。其距平是当年光合有效辐射相比过去13年平均光合有效辐射的变幅百分比。根据遥感产品与ECMWF大气再分析数据获取。遥感产品与地面实测数据相比，晴天条件下均方根误差为25.9W/m²，决定系数为0.98，阴天条件下均方根误差为50.6W/m²，决定系数为0.87。

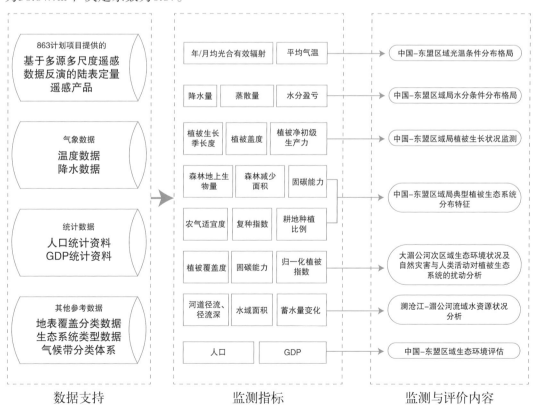

图1　中国–东盟区域生态环境遥感监测技术路线图

2）区域水分条件

降水、蒸散和径流是陆表水循环过程的三个主要环节，决定区域的水量动态平衡和水资源总量，所使用的监测指标包括：

降水量：降水是区域水分补给的重要来源，以降雨和降雪为主。降水量指一定时段内（日降水量、月降水量和年降水量）降落在单位面积上的总水量，用毫米深度表示，降水距平是当年降水相比过去13年平均降水的变幅百分比。根据TRMM卫星遥感降水产品和ECMWF大气再分析数据获取。

蒸散：是土壤－植物－大气连续体中水分运动的重要过程，包括蒸发和蒸腾，蒸发是水由液态或固态转化为气态的过程，蒸腾是水分经由植物的茎叶散逸到大气中的过程。根据遥感产品和ECMWF大气再分析数据获取。

水分盈亏：反映了不同气候背景下大气降水的水分盈余亏缺特征，是指降水与蒸散之间的差值。

3）陆地植被生长状态

用遥感监测植被生长季长度、植被覆盖和NPP对生态环境调查、水土保持研究及其他研究领域具有重要意义。所使用的监测指标包括：

植被生长季长度：决定了植被生长的有效期，为一年内每个生长周期的有效生长长度之和。经验证，遥感物候产品与地面物候观测结果存在良好的一致性，可以准确地描述植物群落的物候特征。

植被盖度：是衡量地表植被状况的一个重要指标，指植被冠层或叶面在地面的垂直投影面积占植被区总面积的比例。基于遥感技术提取的植被覆盖为绿色植被冠层占像元的比例，经地面实测数据验证，标准偏差0.078，决定系数达到0.821。

GPP：反映植被固碳能力的指标之一，决定了进入陆地生态系统的初始物质和能量，为单位时间内生物（主要是绿色植物）通过光合作用途径所固定的有机碳量，又称总第一性生产力，可根据遥感数据计算得到。

NPP：反映植被固碳能力的指标之一，是评估植被固碳能力和碳收支的重要参数，指绿色植物在单位时间、单位面积上所累积的有机物数据，是由光合作用所产生的有机质总量中扣除自养呼吸后的剩余部分，可根据遥感数据计算得到。经与MODIS同类产品进行交叉验证，精度相当，但时间分辨率更高，能够反映出植被生产力更加细微的时间变化情况。

4）森林生态系统

森林生物量不仅是估测森林碳储量和评价森林碳循环贡献的基础，也是森林生态功能评价的重要参数。所使用的监测指标包括：

森林地上生物量：森林生态系统最基本的数量特征，指某一时刻森林活立木地上部分所含有机物质的总干重，包括干、皮、枝、叶等分量，用单位面积上的重量表示。用森林地上生物量生长量表示一定时间内单位面积森林地上生物量的净增加量。结合遥感数据与地面数据获取。中国境内以第八次森林清查数据作为验证数据，决定系数大于0.8；东盟境内以FAO参考数据比较，精度相当。

森林减少面积：反映森林扰动信息。森林扰动导致森林冠层覆盖和林木生物量显著变化，包括采伐、造林、火灾、病虫害等。森林减少面积由遥感数据计算提取。经验证，各类别制图精度和用户精度均大于90%。

5）农业生态系统

农气适宜度用于判断当季气候是否适合作物生长，复种指数和耕地种植比例能反映耕地的利用强度，所使用的监测指标包括：

农气适宜度：是对比光照、温度、降水这三个参数值来评价一个地区或国家的综合地理气候条件对作物生长的适宜程度，对分析作物生长适宜性有重要的意义。根据温度、降水与光合有效辐射数据集获取。所用光合有效辐射和降水与地面数据比较，决定系数大于0.8；温度与同类高精度数据相比，决定系数大于0.9。

复种指数：能够反映耕地的利用强度，指在同一田地上一年内接连种植两季或两季以上作物的种植方式，用来描述某一区域的粮食生产能力。根据遥感数据提取，利用中国境内监测站点验证，总体精度为96%。

耕地种植比例：是区域内有作物种植的耕地占总耕地面积的比例，能够反映地区耕地利用率。根据遥感数据提取，总体分类精度均超过97%。

6）流域水资源状况分析

水是基础性的自然资源，也是促使生态环境向良性方向发展的关键因素，所使用的监测指标包括：

河道径流：用于定量反映流域地表水资源的变化特征和趋势，指陆地上的降水汇流到河流中的水流。可利用遥感共性产品及相关数据驱动流域分布式水文模型，模拟计算流域一定时段内各河道断面的降水径流过程。

径流深：反映了计算时段内流域产流的空间分布状况，指计算时段内的径流总量平铺到分析河道断面以上流域面积上的水层厚度（mm）。利用遥感共性产品及相关数据驱动流域分布式水文模型计算得到。与水文站日流量数据比较，模拟的年径流总量相对误差在5%以内。

水域面积：指湖泊和水库的水体范围大小。根据多时相HJ-1A/1B和GF-1 CCD卫星数据解译得到。采用人工目视方法检验，具有较高一致性。

蓄水量变化：反映一年内典型湖库蓄水量的变化过程，指计算时段湖库内蓄水量的增加或减少值。可通过建立湖库区水面高程和水域面积之间的关系模型来计算。

3. 创新性

（1）发展了多源协同反演理论，研制出多源数据协同定量遥感产品生产系统（MuSyQ），从算法、生产和质检各个环节保证十余种高精度和高可靠性共性产品的快速生产，国产卫星数据使用率超过50%。

（2）生产并发布了中国–东盟区域时间分辨率5天、空间分辨率1km的地表反射率、光合有效辐射、地表蒸散、植被指数、植被盖度、植被物候、植被NPP及森林生物量等遥感产品，以及时间分辨率10天、空间分辨率30m的地表反射率、植被指数、植被盖度等遥感产品。与现有同类型产品相比，时间分辨率更高，空间覆盖更完整，更好地反映了区域光、温、水条件与植被生态系统特征。

（3）选择光、温、水、植被等自然要素综合影响区域生态环境，选择年累积光合有效辐射、光温生产潜力、降水量、蒸散量和植被年NPP5种自然要素综合指标，进行空间聚类，对中国–东盟区域生态环境进行了综合分析与评估；将自然资源要素与社会经济指标相结合进行综合关联分析，推进遥感在生态环境中的应用。

4. 参考文献

陈丽晖, 何大明. 2001. 澜沧江–湄公河整体水分配. 经济地理, 21（1）:28~32.

贺芳芳, 顾旭东, 徐家良. 2006. 20世纪90年代以来上海地区光能资源变化研究. 自然资源学报,21（4）:559~566.

K.纳帕叻旺, 郭亚男, 钱卓洲, 等. 2013. 南俄河流域水情的改善.水利水电快报, 34（5）:22~24.

莫兴国, 刘苏峡, 林忠辉, 等. 2011. 华北平原蒸散和GPP格局及其对气候波动的响应. 地理学报, 66（5）:589~598.

农业作物产量数据. 2014. Cropwatch通报.http://www.cropwatch.com.cn/htm/cn/buttetin27.shtml.2015-1-20.

武永峰, 李茂松, 李京. 2008. 中国植被绿度期遥感监测方法研究. 遥感学报,（1）:92~103.

张青文, 林昌善, 张一宾. 1989. 河北省农业气候资源与气候生产潜力. 华北农学报, 4（3）:54~59.

中华人民共和国国家标准. GB/T 50095-98.水文基本术语和符号标准.

钟华平, 王建生. 2011. 湄公河干流径流变化及其对下游的影响.水利水运工程学报,3:48~52.

Arino O, Perez J, Kalogirou V, et al. 2009. GLOBCOVER.http://due.esrin.esa.int/page_globcover.php. 2014-11-2.

Broxton P, Zeng X, Sulla-Menashe D, et al. 2014. A global land cover climatology using MODIS data. J Appl Meteor Climatol, 53: 1593 ~ 1605. doi: http://dx.doi.org/10.1175/JAMC-D-13-0270.1.

Benedetti R, Rossini P. 1993. On the use of NDVI profiles as a tool for agricultural statistics: The case study of wheat yield estimate and forecast in Emilia Romagna. Remote Sensing of Environment, 45: 311 ~ 326.

Cui Y, Jia L.2014. A modified gash model for estimating rainfall interception loss of forest using remote sensing observations at regional scale. Water, 6: 993 ~ 1012.

Cui Y, Jia L, Hu G, et al. 2015. Mapping of interception loss of vegetation in the Heihe River basin of China using remote sensing observations. IEEE Geoscience and Remote Sensing Letters, 12: 23 ~ 27.

Environmental Criteria for Hydropowerdevelopment in the Mekong Region.2007.http://wwf.panda.org/about_our_earth/all_publications/?101900/Environmental-Criteria-for-Hydropower-Development-in-the-Mekong-Region. 2014-12-30.

ESA. 2010. Glob Cover Portal. http://due.esrin.esa.int/globcover/. 2014-12-18.

European Commission/JRC. http://mars.jrc.ec.europa.eu/mars/Web-Tools,http://marswiki.jrc.ec.europa.eu/datadownload/index.php. 2015-1-5.

FAO GeoNetwork. 2013. Global land cover share database. http://www.fao.org/geonetwork/srv/en/main.home?uuid=ba4526fd-cdbf-4028-a1bd-5a559c4bff38. 2015-4-15.

Fitter A H, Fitter R S R. 2002. Rapid changes in flowering time in British plants. Science, 296: 1689 ~ 1691.

Fan J, Wu B. 2004. A methodology for retrieving cropping index from NDVI profile. Journal of Remote Sensing, 8（6）: 628 ~ 636.

Fredl M, Sulla-Menashe D, Tan B, et al. 2010.MODIS collection 5 global land cover: Algorithm refinements and characterization of new datasets. Remote Sensing of Environment, 114: 168 ~ 182.

Fuller D. 1988. Trends in NDVI time series and their relation to rangeland and crop production in Senegal, 1987 ~ 1993. International Journal of Remote Sensing,19（10）: 2013 ~ 2018.

Grieser J, Gommes R, Cofield S, et al.2006. World maps of climatological net primary production of biomass, NPP. ftp://tecproda01.fao.org/public/climpag/downs/globgrids/npp/npp.pdf. 2014-12-20.

Gash J, Lloyd C, Lachaud G. 1995. Estimating sparse forest rainfall interception with an analytical model. Journal of Hydrology, 170: 79 ~ 86.

Hu G, Jia L. 2015. Monitoring of evapotranspiration in a semi-arid inland river basin by combining microwave and optical remote sensing observations. Remote Sensing, 7: 3056 ~ 3087.

Jarvis P.1976. The interpretation of the variations in leaf water potential and stomatal conductance found in canopies in the field. Philosophical Transactions of the Royal Society of London （Series B）, 273: 593 ~ 610.

Jain M, Mondal P, DeFries C, et al. 2013. Mapping cropping intensity of smallholder farms: A comparison of methods using multiple sensors. Remote Sensing of Environment, 134: 210 ~ 223.

Kuzmin P. 1953. On method for investigations of evaporation from the snow cover （in Russian）. Transactions of the State Hydrology Institute, 41: 34 ~ 52.

LAADS. LAADS Website. http://Ladsweb.nascom.nasa.gov/data/search.html. 2015-1-10.

Lieth H. 1972. Modeling the primary productivity of the earth. Nature and Resources, 1（2）:5 ~ 10.

Loveland T, Reed B, Brown J, et al. 2000. Development of a global land cover characteristics database and IGBP DISCover from 1 km AVHRR data. International Journal of Remote Sensing, 21: 1303 ~ 1330.

MRC Weekly Flood Situation Report - Week 4th November to 11th November 2013. http://ffw. mrcmekong.org/weekly_report/2013/2013-11-11%20weekly%20Flood%20situation%20Report. pdf.2015-3-18.

NASA. Tropical Rainfall Measuring Mission. trmm.gsfc.nasa.gov. 2015-3-1.

Penman H. 1948. Natural evaporation from open water, bare soil and grass. Proceedings of the Royal Society of London （Series A）, 193: 120 ~ 145.

Peñuelas J, Filella L. 2001. Responses to a warming world. Science, 294: 793 ~ 795.

Rienecker M, Suarez M, Gelaro R, et al. 2011.MERRA: NASA's Modern-Era Retrospective analysis for research and applications. J Clim, 24: 3624 ~ 3648. doi:10.1175/JCLI-D-11-00015.1.

Rienecker M, Suarez M, Todling R, et al. 2008. The GEOS-5 Data Assimilation System - Documentation of Versions 5.0.1, 5.1.0, and 5.2.0. Technical Report Series on Global Modeling and Data Assimilation, 27. http://gmao.gsfc.nasa.gov/pubs/docs/. 2014-3-15.

Shuttleworth W, Wallace J. 1985. Evaporation from sparse crops-an energy combination theory. Quarterly Journal of the Royal Meteorological Society, 111: 839 ~ 855.

Savitzky A, Golay M. 1964. Smoothing and differentiation of data by simplified least squares procedures. Analytical Chemistry, 36（8）: 1627 ~ 1639.

Sparks T, Jeffree E, Jeffree C. 2000. An examination of the relationship between flowering times and temperature at the national scale using long-term phonological records from the UK.International Journal of Biometeorology, 44: 82 ~ 87.

Stewart J. 1988. Modelling surface conductance of pine forest. Agricultural and Forest Meteorology, 43: 19 ~ 35.

STRM_DEM. http://srtm.csi.cgiar.org/SELECTION/inputCoord.asp. 2014-12-8.

UNEP.1997. Mekong River Basin Diagnostic Study. Mekong River Commission Publication,Bangkok,Thailand.

Wu B F, Zhang L, Yan C Z, et al. 2012. China Cover: Feature and Methodology. GeoInformatics.

World Database on Protected Areas, WDPA at Protected Planet. http://www.protectedplanet. net. 2015-2-17.

Wu B, Meng J, Li Q, et al. 2014. Remote sensing-based global crop monitoring: experiences with China's CropWatch system.International Journal of Digital Earth, 7（2）: 113 ~ 117.

Wu B, Zhang M. 2013. New indicators for global crop monitoring in CropWatch——Case study in Huang-Huai-Hai Plain.Oral Presentation in35th International Symposium on Remote Sensing of Environment, Beijing, China. 22-26 April.

Zhang M, Wu B, Meng J, et al. 2013. Fallow land mapping for better crop monitoring in Huang-Huai-Hai Plain using HJ-1 CCD data.35th International Symposium on Remote Sensing of Environment, 22 ~ 26 April 2013, Beijing, China.

5. 附表

附表1　中国-东盟区域2013年人均生态资源统计

国家		人口/万人	人均GDP*/万美元	人均主要植被面积/（m²/人）			人均粮食年产量/kg	人均森林生物量/t
				农田	草地	森林		
文莱		42.67	3.78	265	45	12001	—	126.40
柬埔寨		1543	0.1	3413	287	6702	657.43	44.43
印度尼西亚		25330	0.34	1131	1	5986	372.13	50.23
老挝		689.8	0.16	1333	1773	12591	—	270.81
马来西亚		3019	1.04	3245	155	6428	—	71.65
缅甸		5372	0.1	3311	133	6317	503.00	66.99
菲律宾		10010	0.27	1249	—	1465	280.51	8.78
新加坡		546.97	5.46	6	1	25	—	0.17
泰国		6722	0.58	4398	6	2387	659.36	27.74
越南		9255	0.19	1364	39	1528	558.83	10.20
中国	全国	135600	0.68	1249.33	2668.83	1726.01	381.60	13.35
	安徽	6029.8	0.51	1512.69	110.83	587.07	551.53	5.16
	澳门	56.64	9.14	—	—	—	—	0.03
	北京	2114.8	1.49	266.98	51.26	362.59	—	1.50
	重庆	2970	0.69	984.34	459.26	1253.1	269.46	9.15
	福建	3774	0.93	234.76	313.43	2548.81	74.51	22.21
	甘肃	2582.18	0.39	2098.54	8309.8	1406.06	281.74	10.23
	广东	10644	0.94	298.85	58.7	1150.57	104.03	6.17
	广西	4719	0.49	1395.8	537.66	2049.8	232.74	22.99
	贵州	3502.22	0.37	654.76	913.71	3383.51	289.87	23.20
	海南	895.28	0.57	995.67	79.08	2360.49	—	9.80
	河北	7332.61	0.62	1397.52	353.53	700.87	368.47	3.74
	河南	9413.35	0.55	1354.13	37.48	318.35	492.79	2.20
	黑龙江	3835.02	0.61	4568.16	699.89	6071.83	1344.94	43.62
	湖北	5799	0.69	1152.91	78.6	1801.22	351.13	12.16
	湖南	6690.6	0.59	655.85	64.78	2325.31	379.55	19.37
	吉林	2751.28	0.76	2747.34	506.35	3321.44	1080	25.28
	江苏	7939.49	1.2	1037.79	7.18	30.28	366.25	0.27

续表

国家		人口/万人	人均GDP*/万美元	人均主要植被面积/（m²/人）			人均粮食年产量/kg	人均森林生物量/t
				农田	草地	森林		
中国	江西	4522.15	0.51	796.3	87.64	2657.59	384	22.77
	辽宁	4390	1	1680.66	161.89	1320	412.51	9.20
	内蒙古	2497.61	1.09	3681.16	26302.8	6871.41	683.81	47.99
	宁夏	654.19	0.63	1764.62	5191.92	291.35	358	2.23
	青海	577.79	0.59	906.04	93173.1	4250.51	—	30.74
	山东	9733.39	0.91	1359.03	65.65	61.73	420.21	0.45
	山西	3629.8	0.56	1618.46	1676.79	947.35	327.15	6.81
	陕西	3764	0.69	1379.7	2743.94	1213.02	235.47	7.96
	上海	2415.15	1.44	195.23	0.62	0.91	—	—
	四川	8107	0.52	1140.77	2426.88	2191.22	325.31	15.02
	台湾	2340.42	2.34	50.42	28.63	1053.78	—	8.11
	天津	1472.21	1.58	552.84	14.74	18.88	—	0.08
	西藏	312.04	0.42	523.97	286083	41338.6	—	332.47
	香港	718.8	3.81	0	1.81	67.61	—	0.53
	新疆	2264.3	0.6	2645.14	28405.3	1501.74	—	11.34
	云南	4686.6	0.4	1004.76	1738.64	4257.27	233.54	44.61
	浙江	5498	1.1	448.67	15.97	1316.66	50.67	11.88

注：*表示根据世行2013年新标准，人均GDP低于1035美元为低收入国家；1035～4085美元为中等偏下收入国家。

附表2　湄公河流域典型湖库2013年6月～2014年5月水域面积与蓄水量变化统计

时间	南俄河水库				乌汶拉水库				诗琳通水库			
	水域面积/km²		蓄水量变化/亿m³		水域面积/km²		蓄水量变化/亿m³		水域面积/km²		蓄水量变化/亿m³	
	面积	面积变化	蓄水量变化	累积蓄水量变化	面积	面积变化	蓄水量变化	累积蓄水量变化	面积	面积变化	蓄水量变化	累积蓄水量变化
2013年6月	361.94	—	—	—	274.49	—	—*	—*	177.32	—	—*	—*
2013年7月	418.47	56.53	—	—	150.58	-123.91	—*	—*	171.00	-6.32	—*	—*
2013年8月	436.58	18.11	8.93	8.93	160.18	9.60	—*	—*	195.14	24.14	—*	—*
2013年9月	399.02	-37.56	—	—	163.17	2.99	—*	—*	224.79	29.65	—*	—*
2013年10月	443.9	44.89	4.02	12.95	318.09	154.92	—*	—*	233.98	9.19	—*	—*
2013年11月	392.73	-51.17	—	—	284.87	-33.23	-28.31	—*	234.07	0.09	0.08	—*
2013年12月	417.75	25.02	-4.13	8.82	299.48	14.61	12.64	-15.66	243.72	9.65	6.47	6.55

237

时间	南俄河水库				乌汶拉水库				诗琳通水库			
	水域面积/km²		蓄水量变化/亿m³		水域面积/km²		蓄水量变化/亿m³		水域面积/km²		蓄水量变化/亿m³	
	面积	面积变化	蓄水量变化	累积蓄水量变化	面积	面积变化	蓄水量变化	累积蓄水量变化	面积	面积变化	蓄水量变化	累积蓄水量变化
2014年1月	373.33	−44.42	—	—	265.38	−34.1	—*	—*	223.25	−20.48	—*	—*
2014年2月	424.19	50.86	1.02	9.84	258.88	−6.50	—*	—*	208.27	−14.98	—*	—*
2014年3月	442.50	18.3	2.89	12.73	213.08	−45.8	—*	—*	203.68	−4.59	—*	—*
2014年4月	397.05	−45.44	—	—	177.88	−35.2	—*	—*	180.31	−23.37	—*	—*
2014年5月	447.07	50.02	0.72	13.45	171.59	−6.28	—*	—*	208.56	28.26	—*	—*

注：*表示对应时间的水域面积较小，位于DEM缺值区内，因此无法计算蓄水量的变化。

6. 附图

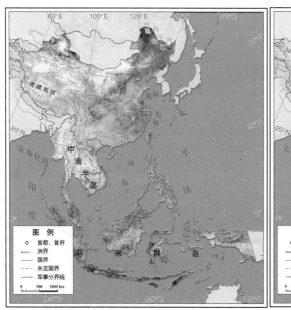

附图1　中国−东盟区域地表反射率图　　附图2　中国−东盟区域地物覆盖空间分布图

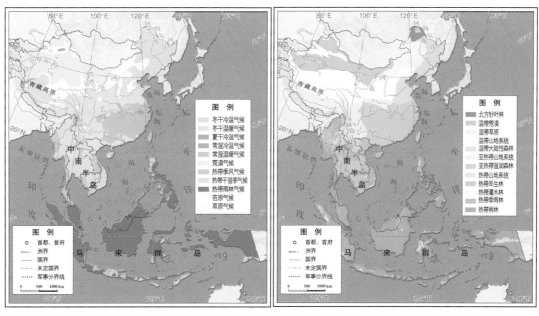

附图3　中国-东盟气候区划分布图　　　　　附图4　中国-东盟生态区划分布图

第四部分
非洲土地
覆盖专题

全球生态环境
遥感监测
2014
年度报告

全球生态环境
遥感监测
2014
年度报告

一、引　言

1.1　背景与意义

长期以来，非洲的人口、粮食、健康与生物多样性保护等问题是全球关注的热点。作为土地资源、陆地生物栖息地和环境指征的土地覆盖，是实时了解非洲大陆土地状况，研究非洲环境问题和国家及民间投资决策的重要基础要素之一。传统的土地资源调查手段更新速度慢，耗费人力巨大，不利于进行长期、连续的监测；而卫星遥感具有覆盖范围广、监测频次高、人力成本低等优势，是开展非洲土地资源调查最为先进的手段。当前，美国和欧洲采用卫星遥感数据研制了2010年前后的百米级空间分辨率的全球土地覆盖图，中国也已发布了2000年和2010年30m分辨率的全球土地覆盖图。非洲是世界上发展最快的大洲之一，需要及时了解非洲大陆的生态环境变化状况，支持全球变化研究。在联合国环境规划署和美国联邦地质调查局的辅助下，清华大学于2013年发起并推动了以非洲为研究对象的快速遥感制图。这一活动得到了包括南非在内的近20个非洲国家和组织的响应，并在中国、美国、欧盟和南非四个联合主席国主导的国际地球观测组织框架下成立了非洲土地覆盖制图工作组。2014年，在国家遥感中心的支持下，清华大学与中国科学院遥感与数字地球研究所、欧盟联合研究中心（EU Joint Research Center，JRC）共同开展2014年非洲土地覆盖制图。

2014年非洲土地覆盖制图基于多种卫星遥感数据，建立了目前现势性最强的非洲土地覆盖数据库，并针对重点土地覆盖类型和重点区域的变化开展了监测。在非洲国家2014年土地覆盖面积结构分析的基础上，依据国土面积、国内生产总值（GDP）、人口、对外经贸关系等，选择了13个国家，比较分析了土地覆盖状况。针对非洲重要土地覆盖类型变化及其环境影响，选择4个典型区域分析了2000年、2014年土地覆盖变化，具体包括尼罗河下游农田变化、刚果盆地东部森林变化、维多利亚湖周边城市化和萨赫勒草原变化。

1.2　数据与方法

非洲土地覆盖制图空间分辨率为30m，以国内外卫星数据（6437景）和其他专题数据产品为信息源，包括：① 美国陆地卫星（Landsat）TM、ETM+和OLI 数据；② 高分一号（GF-1）、资源二号（ZY-2）、资源三号（ZY-3）、环境减灾卫星（HJ-1）等国产卫星数据产品；③ 美国国家航空航天局全球地形数据产品（SRTM）；④ JRC非洲土壤图；⑤ USGS非洲生态系统图；⑥ 北京师范大学叶面积指数数据（GLASS-LAI）；⑦ 美国波士顿大学叶面积指数数据；⑧ 英国东安格利亚大学气候研究中心全球月降水数据。

土地覆盖信息采用监督分类方式提取。监督分类样本综合参考Landsat遥感图像、Google Earth上的高分辨率图像、温度、降水、MODIS EVI序列、生态区等信息的方式获取。制图流程包括遥感影像预处理（大气校正、指数计算和异构数据融合）、土地覆盖制图（随机森林机器学习方法）、制图后处理（制图局部结果优化）3个步骤。由于遥感制图存在同物异谱、异物同谱，以及云和阴影等的影响，造成局部区域分类误差，影响制图精度。通过采用多时相技术将云和阴影等影响降到最低，提高数据质量。

1.3 监测指标

监测非洲地区农田、森林、草地、灌丛、水面、裸地和冰雪等土地覆盖类型。由于非洲人造地表覆盖面积很小，分析时不单独列出。

二、2014年非洲土地覆盖状况

非洲东濒印度洋，西临大西洋，北临地中海，横跨约69个经度，纵跨约73个纬度，赤道贯穿非洲中部，约3/4的区域位于南北回归线之间。以高原地形为主的非洲，地势东南高西北低，涵盖了南非高原、东非高原、埃塞俄比亚高原、北非高原，在高原上分布了宽广的盆地和台地。在非洲这片土地上发育了世界大陆上最大的断裂带，即东非大裂谷，裂谷两侧分布有乞力马扎罗山、肯尼亚山等高原山地，形成由基伍湖、坦噶尼喀湖、马拉维湖等构成的巨型湖群。

非洲的地理位置决定了非洲以热带气候为主，年平均气温在20℃以上的地方约占全洲面积的95%。气温具有典型的地带性规律（图2-1）。高原山地地区的气温随海拔升高而降低，出现垂直地带性，如埃塞俄比亚高原、肯尼亚山、玛格丽塔山、乞力马扎罗山等。以非洲最高的乞力马扎罗山为例，距离赤道仅约300km，海拔为5895m。其气候带从基带的热带雨林气候往上分布了亚热带常绿阔叶林带、温带森林带、高山草甸带、高山寒漠带和积雪冰川带。

非洲降水空间分异显著（图2-2），赤道附近雨量充沛，年降水量达到2000mm，而撒哈拉沙漠、卡拉哈里沙漠和纳米布沙漠等热带荒漠地区年降水量不足10mm，甚至有的地方无雨。地形对降水再分配造成了重要影响，有些地区迎风坡和背风坡降水相差数倍，莫桑比克暖流、厄加勒斯暖流、本格拉寒流等洋流影响当地降水。降水的时间分布多样，包括全年多雨型（赤道地区为主）、全年少雨型（撒哈拉地区和红海、亚丁湾沿岸及纳米布沙漠等地区）、双雨季型（位于南北纬5°之间、受热带辐合带移动影响的地区）、冬雨型（北非地中海沿岸和摩洛哥大西洋沿岸地区）、夏雨型（位于双雨季型的南北两侧、夏季受热带辐合带影响的地区）。

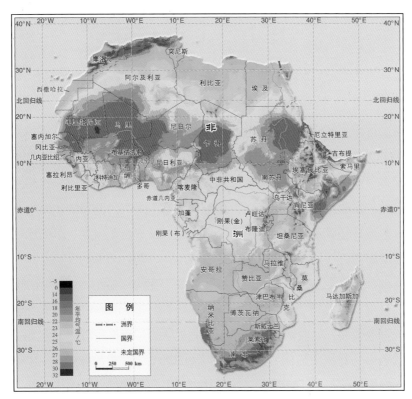

图2-1　1950～2000年非洲平均气温①

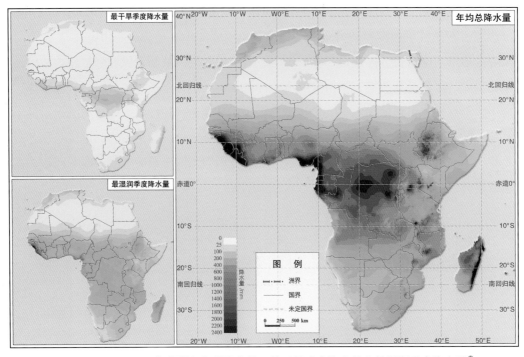

图2-2　1950～2000年非洲年均总降水量、最干旱季度降水量和最湿润季度降水量②

①原始气温数据来源于WorldClim。
②原始气温数据来源于WorldClim。

2.1　非洲土地覆盖概况

按照气候分类，非洲包括了热带雨林气候、热带草原气候、热带荒漠气候、亚热带地中海式气候等。以此气候特征为基础，非洲的自然景观带主要以赤道为中心向两侧对称展开，也体现在土地覆盖类型的分布规律上（图2-3）。热带雨林带主要存在于刚果盆地和几内亚湾沿岸，终年常绿。稀树草原带在热带雨林带的南北侧，在东非高原上相连，以高大旱生草本为优势，散布稀疏乔木，干湿季节分明，雨季繁茂，干季枯黄。副热带高压带控制形成的荒漠带位于西北非的撒哈拉地区和南部非洲的卡拉哈里，以及纳米布沙漠，一般植被覆盖度很低，植被为旱生灌木和少数草本植物，也存在雨后迅速生长的植物。非洲大陆西岸的亚热带森林带，以旱生硬叶林和有刺常绿灌丛为主。

2014年非洲农田面积251.51万 km^2（占非洲大陆总面积的8.36%，下同），森林面积413.15万 km^2（占13.74%），草地面积553.82万 km^2（占18.42%），灌丛面积798.73万 km^2（占26.56%），水面面积34.29万 km^2（占1.14%），裸地面积955.83万 km^2（占31.78%），冰雪面积不足300 km^2。各个国家（或地区）之间土地覆盖结构差异很大（图2-4）。

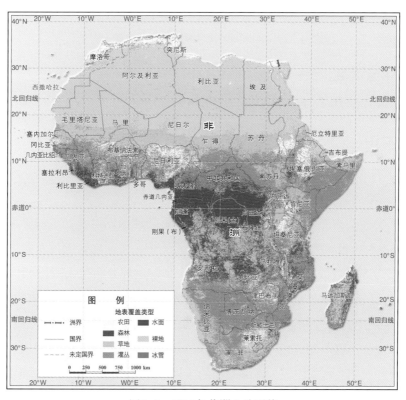

图2-3　2014年非洲土地覆盖

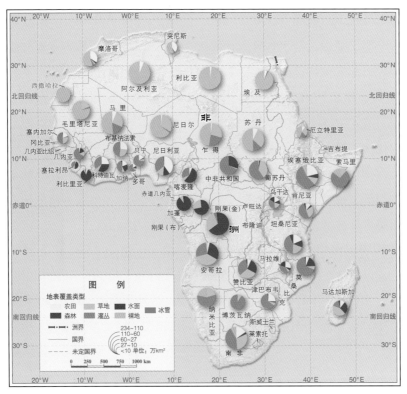

图2-4　2014年非洲国家（或地区）土地覆盖构成

图中饼图直径代表国土面积

本书分别对农田、森林、草地、灌丛、水面、裸地、冰雪等7个土地覆盖类型进行分析。

2.2　农田

2014年非洲农田总面积251.51万km²，人均农田面积24.35km²/万人[①]，比世界人均25.13km²/万人[②]略低。

农田主要分布在地中海南岸、10°N附近的萨赫勒地区以南及25°～40°E的东非大裂谷谷地（图2-5）。非洲绝大部分大陆属热带和亚热带，普遍能够满足农业生产的热量需求，所以农田分布主要受水分的制约，非洲农作物的地理分布也表现出相似的规律性。西部非洲和东部非洲的农田面积是整个非洲最大的，分别占非洲所有农田的29.41%和34.88%，这些农田分布地区的年降水量基本都在500mm以上。降水丰富的西部非洲几内亚湾是主要的农业生产区。除此之外，东部非洲的埃塞俄比亚及维多利亚湖周边、北部非洲地中海沿岸平原及阿特拉斯山区、南部非洲的温带草原区也有相当多的农田分布。

---

① 人口采用联合国人口基金会发布的2013年非洲人口数据，下同。

② 采用Yu等（2014）2010年全球土地覆盖数据及世界银行发布的2010年世界人口数据计算得到，下同。

农业一直是非洲最重要的经济及外汇收入来源。农田面积最大的前10个国家及其人均农田面积如图2-6所示。排在前两位的尼日利亚和埃塞俄比亚农田总面积远大于其他国家，而作为人口大国，人均农田面积却远低于其他国家。

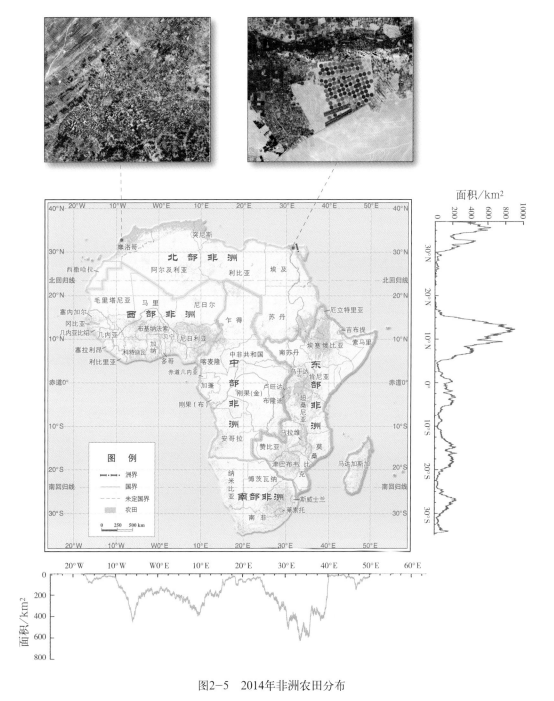

图2-5 2014年非洲农田分布

非洲分区采用联合国统计署（United Nations Statistics Division, UNSD）的全球地理分区系统，下同

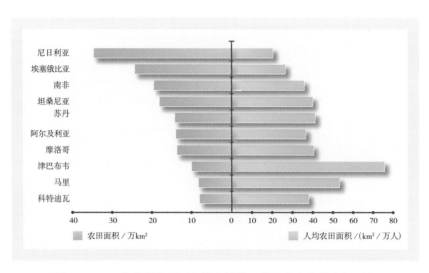

图2-6　2014年非洲农田面积最大的前10个国家和人均农田面积

2.3　森林

2014年非洲森林面积413.15万km²，人均森林面积40.00km²/万人，低于世界人均森林面积（61.62km²/万人）。

森林主要分布在10°S～10°N、10°～30°E的热带地区（图2-7）。按区域统计，中部非洲的森林占全非洲的68.64%，包括湿润森林（含热带雨林）、季节性干旱森林等，其中，刚果河流域全年高温多雨，集中分布了热带雨林，中部非洲南端分布有季节性干旱森林。西部非洲的森林面积占非洲森林总面积的10.74%，主要分布在几内亚湾北部沿岸，该地区受赤道低气压带影响，同时在西南季风和几内亚湾暖流的共同影响下，终年高温多雨，集中发育了湿润森林。在非洲的最北部，摩洛哥和阿尔及利亚等国家的地中海沿岸，分布着地中海森林。东部非洲分布着大片的季节性干旱森林，但是马达加斯加的东部沿海与高原东坡受东南信风影响，形成湿润森林。

森林面积最大的前10个国家及其人均森林面积如图2-8所示。刚果（金）以大于150万km²的森林面积居于榜首，远高于其他国家。

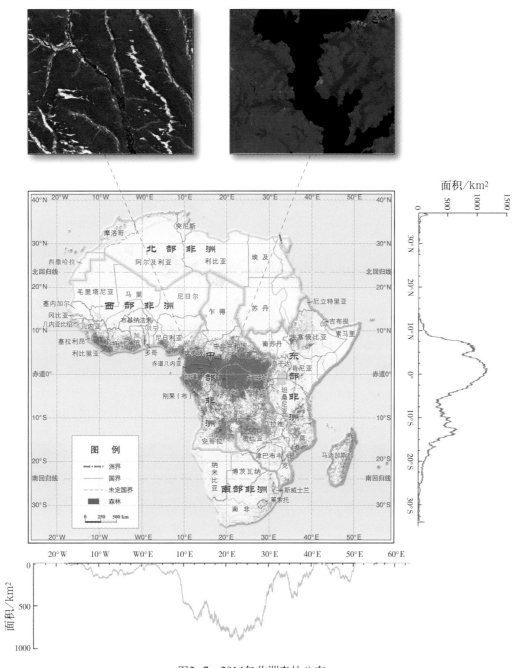

图2-7 2014年非洲森林分布

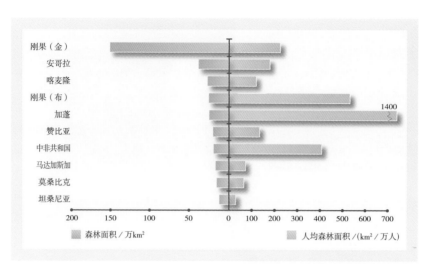

图2-8　2014年非洲森林面积最大的前10个国家和人均森林面积

2.4　草地

2014年非洲草地面积553.82万km²，人均草地面积53.61 km²/万人，比世界人均草地面积40.43 km²/万人高很多。

草地在非洲大陆上分布较为广泛（图2-9），中部非洲、东部非洲、西部非洲草地依次占非洲草地总面积的29.90%、26.03%及22.01%。萨赫勒地区的草地按纬度集中分布在10°~20° N，呈带状横跨整个非洲大陆；在南部非洲，分布有高地草原及德拉肯斯堡山地草原；马达加斯加岛西部处于雨影区，降水不足，干湿季分明，发育了热带稀树草原。

草地面积最高的前10个国家和人均草地面积见图2-10。

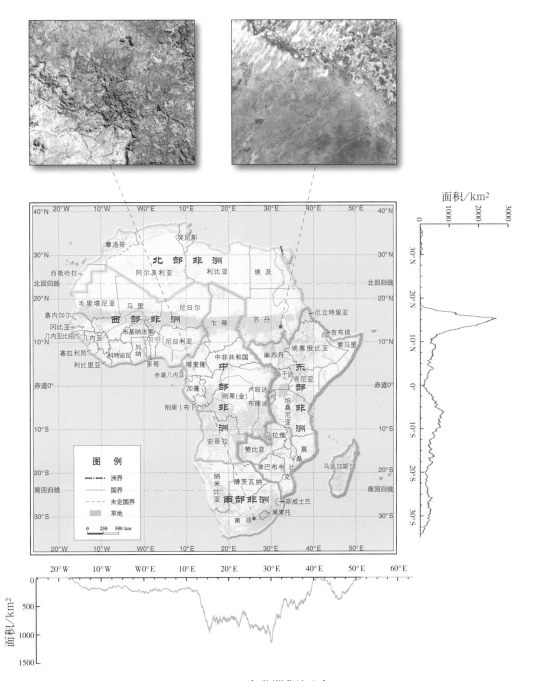

图2-9 2014年非洲草地分布

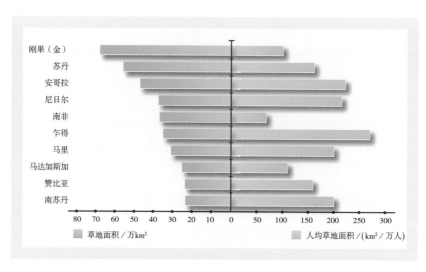

图2-10　2014年非洲草地面积最大的前10个国家和人均草地面积

2.5　灌丛

2014年非洲灌丛面积798.73万km²，人均灌丛面积77.32 km²/万人，远高于世界人均灌丛面积（30.67 km²/万人）。

灌丛主要分布在5°～15°N的萨赫勒地区、15°～25°S的区域；按经度横跨非洲大陆（图2-11），可能是受气候条件所限或受人类持续扰动影响而没有演替成森林。东部非洲的灌丛面积最大，占非洲灌丛总面积的43.47%，埃塞俄比亚、肯尼亚、索马里及苏丹等国，主要受降水所限，有大片多刺灌丛和金合欢属稀树草原混杂分布，同时受放牧、薪柴采集等人类活动扰动较多。灌丛的分布沿东部非洲向南延伸到南部非洲，雨季和旱季有着鲜明对比。还有一些山地灌丛，是山地垂直带中的一层。

灌丛面积最大的前10个国家见图2-12。

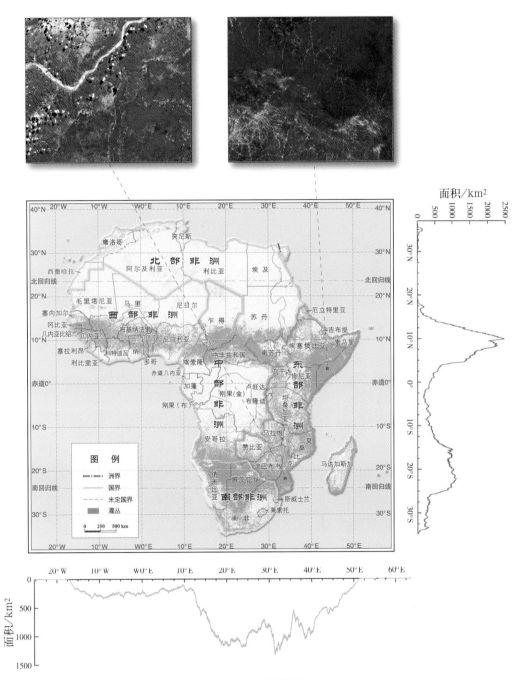

图2-11　2014年非洲灌丛分布

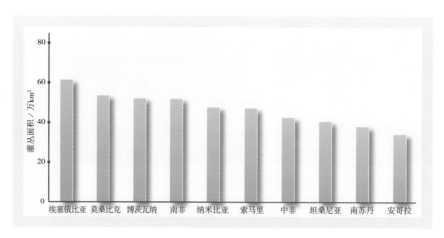

图2-12 2014年非洲灌丛面积最大的前10个国家

2.6 水面

2014年非洲水面面积34.29万km²，人均水面面积3.32km²/万人，低于世界平均水平（9.46km²/万人）。水资源短缺影响到非洲粮食安全和经济社会发展。

受降水量和地形影响，非洲水面主要分布在赤道附近和35°E附近（图2-13）。非洲的水系主要包括尼罗河和刚果河水系。非洲东部存在一些大的淡水湖，其中维多利亚湖是非洲面积最大的湖，也是尼罗河支流白尼罗河的源头。东部非洲的水面面积比例最大，占整个非洲水面面积的56.76%。

水面面积最大的前10个国家见图2-14。

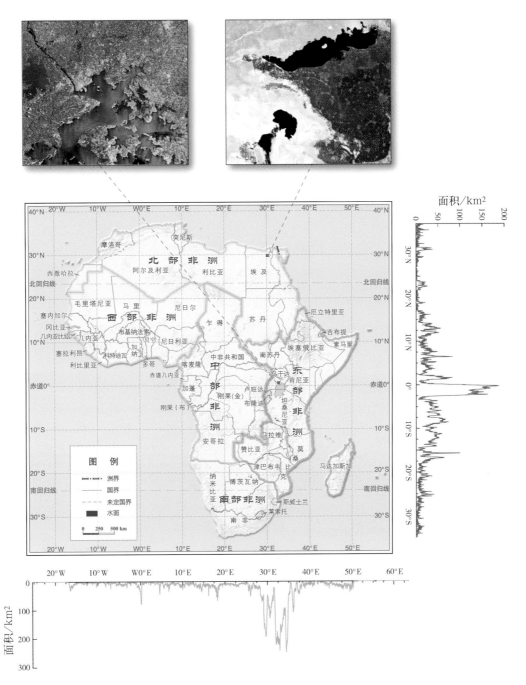

图2-13　2014年非洲水面分布

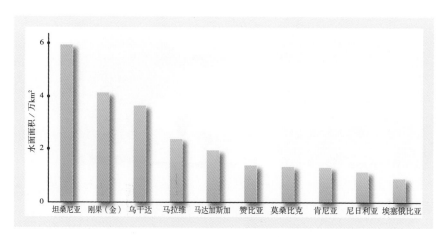

图2-14 2014年非洲水面面积最大的前10个国家

2.7　裸地

2014年非洲裸地面积955.83万km²。裸地（主要是沙漠）是比例最大的非洲土地覆盖类型，约占非洲大陆面积的1/3（图2-15），占世界裸地面积的56.74%。

北部非洲和西部非洲裸地面积最大，分别占非洲裸地总面积的64.38%和23.32%。在15°~30° N，由于副热带高压带和东北信风带交替控制，副热带高压带气流下沉，而东北信风是干燥的大陆气团，难以产生降水，形成世界最大的沙质荒漠，即撒哈拉沙漠。在南半球，南回归线附近受副热带高压控制，西岸的本格拉寒流加剧干旱，在纳米比亚西部形成了纳米布沙漠。

非洲裸地面积最大的前10个国家与地区见图2-16。

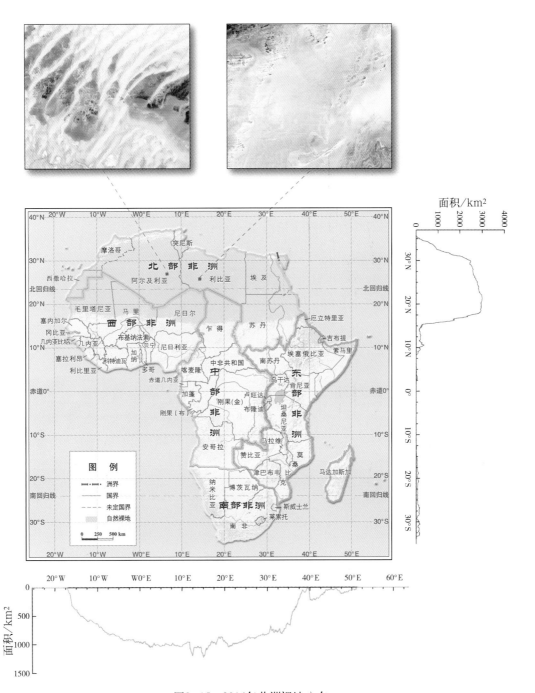

图2-15　2014年非洲裸地分布

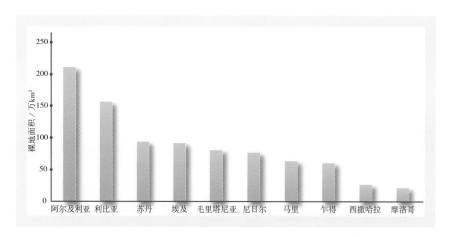

图2-16　2014年非洲裸地面积最大的10个国家与地区

2014年非洲人工裸地（人造地表覆盖）主要分布在地中海沿岸、几内亚湾沿岸、南非等地（图2-17）。这些区域集中了非洲的主要人口和GDP。

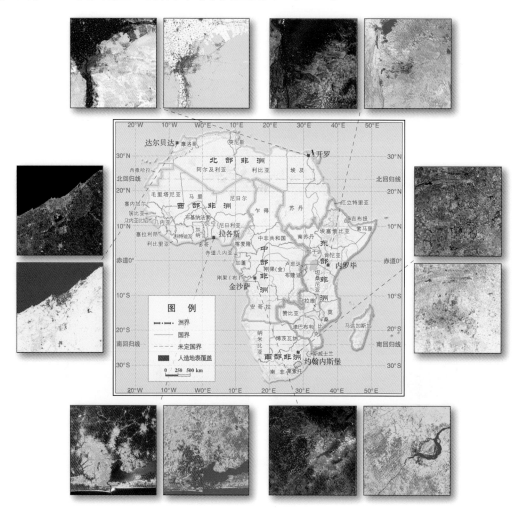

图2-17　2014年非洲人造地表覆盖分布

2.8　冰雪

2014年非洲永久冰雪面积不足300km²（图2-18），主要分布于海拔较高的山区（如阿特拉斯山脉、肯尼亚山、乞力马扎罗山）。冰雪面积较大的国家有摩洛哥103km²、阿尔及利亚43.8km²、纳米比亚41.7km²、利比亚36.8km²、马达加斯加23.4km²、肯尼亚19.1km²和坦桑尼亚12.9km²。

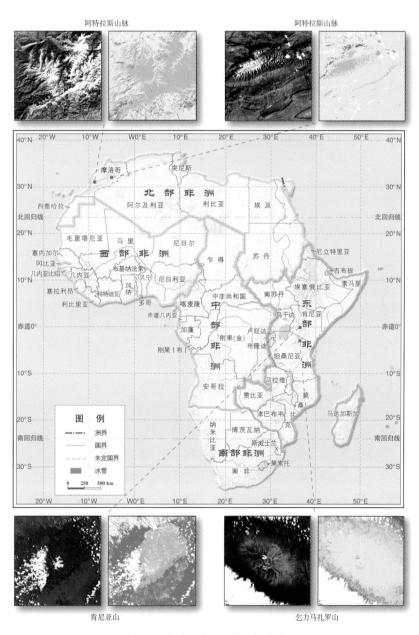

图2-18　2014年非洲冰雪分布

三、2014年非洲部分国家土地覆盖状况

依据国土面积、国内生产总值、人口、对外经贸关系等为筛选条件，选择了13个非洲国家（或地区）进行了土地覆盖结构分析。这些国家包括：阿尔及利亚、埃及、埃塞俄比亚、安哥拉、刚果（布）、刚果（金）、肯尼亚、利比亚、南非、尼日利亚、苏丹、坦桑尼亚和乍得（图3-1）。后面章节将对非洲其他国家的土地覆盖状况进行分析。

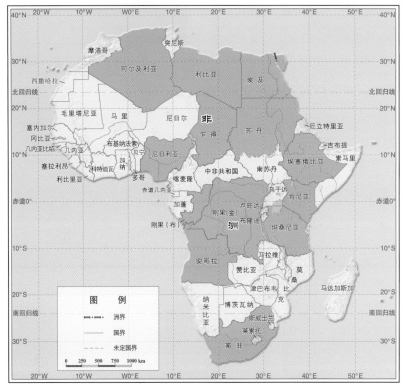

图3-1　土地覆盖分析涉及的非洲部分国家分布

3.1　阿尔及利亚

阿尔及利亚民主人民共和国（简称"阿尔及利亚"）位于非洲西北部，北临地中海，东临突尼斯、利比亚，南与尼日尔、马里和毛里塔尼亚接壤，西与摩洛哥、西撒哈拉交界（图3-2）。阿尔及利亚总面积232.53万km²，人口3790万[1]，GDP2093亿美元[2]。2014年农田面积13.90万km²，森林面积1.35万km²，草地面积1.88万km²，灌丛面积2.28万km²，水面面积0.27万km²，裸地面积212.84万km²，冰雪面积43.81km²。

---

①中国外交部网站，访问日期2015年5月7日，下同。

②中国外交部网站，访问日期2015年5月7日，下同。

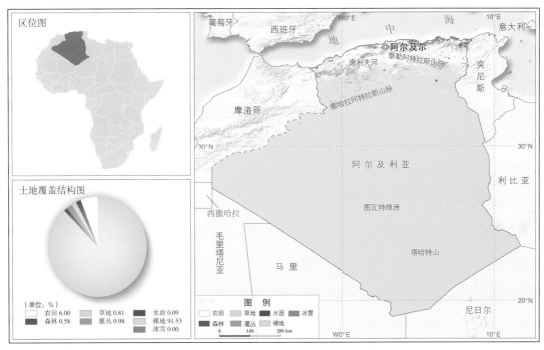

图3-2　2014年阿尔及利亚土地覆盖

　　阿尔及利亚是非洲面积最大的国家，北部为从西南到东北方向斜贯整个马格里布地区的阿特拉斯山区，南部是撒哈拉沙漠的重要部分。北部山区在阿尔及利亚境内由平行于海岸的三个带状区域组成，泰勒阿特拉斯山脉、山间高原以及撒哈拉阿特拉斯山脉，最高峰塔哈特山海拔3003m。相对湿润温和的阿特拉斯山区以北的狭窄地区主要为滨海平原，以农田为主，山区以南为广袤的撒哈拉沙漠。阿尔及利亚气候类型也与这三个地貌单元相对应，降水量随着纬度的下降不断减少。

　　阿尔及利亚农田主要分布在海岸线一带的狭窄平原和阿特拉斯山区（图3-2）。从海岸线向内陆100～200km的地区，是肥沃的平原和谷地，集中了全国主要的农业，种植谷物（小麦、大麦、燕麦）、豆类、蔬菜、葡萄、柑桔和椰枣等。在大面积的荒漠中有少量绿洲，用于耕作。其中，在阿尔及利亚中西部（在舍什沙漠东缘，成西北-东南方向沿贝沙尔至马里加奥的公路分布）的图瓦特绿洲引地下水灌溉，产优质椰枣、谷物和蔬菜。沙漠中雨后出现的草地，被游牧民族用来放牧。除阿特拉斯山区、海岸带平原及撒哈拉沙漠中绿洲上的椰枣种植业，其他区域自然条件很难支持农业发展。阿尔及利亚多半人口从事农业，2013年农业产值占国内生产总值的9.2%，主要靠天吃饭，产量起伏较大。

　　阿尔及利亚森林主要分布在沿海区域，位于最北部，主要集中在狭窄的滨海平原和泰勒阿特拉斯山脉。该区域属于地中海气候，冬季温和多雨，夏季炎热干燥，年降水量在沿海能达到1000mm，也有雨影区低至130mm，降水集中在冬季。泰勒阿特拉斯发育的土层相对厚，充足的降水和适宜的温度使得海岸线一带植被生长状况良好，有阿勒颇松、栓皮栎、常绿橡树等。

草地和灌丛主要分布在泰勒阿特拉斯山脉和撒哈拉阿特拉斯山脉之间的高原上。两山脉之间是大草原景观，气候类型从地中海气候转变为半干旱或干旱的热带草原气候，夏季干燥长达5～6个月，冬季更冷更干，年降水量为200～400mm，向南至撒哈拉阿特拉斯山脉的降水量则不足200mm，由于气候干燥，土壤较滨海平原和泰勒阿特拉斯山脉更为贫瘠，高原和撒哈拉阿特拉斯山脉只分布草地和金钟柏、杜松等耐寒灌木，高原上只有散落的灌木和针茅等植被。

成片的裸地分布于撒哈拉阿特拉斯山脉以南地区，是撒哈拉沙漠的组成部分，属热带沙漠气候。气候干燥炎热，昼夜温差大，沙漠中心的年降水量少于10mm，土壤多为砂质，因而少有植被，属于典型的沙漠景观。石油及天然气产业是阿尔及利亚国民经济的支柱，油气田大部分在中南部撒哈拉腹地。阿尔及利亚石油开采量居非洲前列，但从2013年开始，石油生产和出口出现微量紧缩，由此导致经济增速有所下滑。此外，阿尔及利亚还开采和出口铁矿石和磷灰石。

3.2 埃及

阿拉伯埃及共和国（简称"埃及"）跨亚、非两大洲，西连利比亚，南接苏丹，东临红海，北濒地中海，大部分位于非洲东北部，只有苏伊士运河以东的西奈半岛位于亚洲西南部（图3-3）。埃及总面积98.65万km²，人口8670万，GDP2900亿美元。2014年农田面积4.82万km²，森林面积30.64 km²，草地面积0.56万km²，灌丛面积0.03万km²，水面面积0.84万km²，裸地面积92.40万km²。

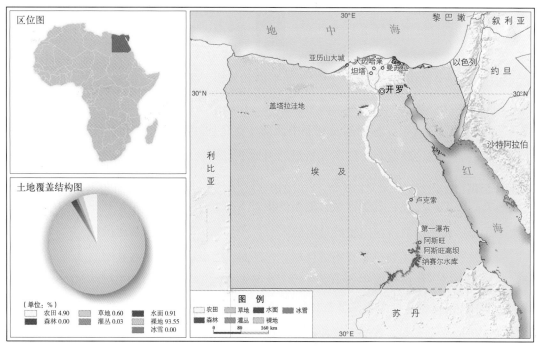

图3-3 2014年埃及土地覆盖

根据自然条件的差异，埃及大致可以分为四个地理区：尼罗河谷（尼罗河谷地和尼罗河三角洲地带）、西部沙漠（尼罗河谷以西称为西部沙漠区）、东部沙漠（尼罗河谷以东的沙漠区）和西奈半岛（苏伊士运河以东半岛，属于亚洲）。埃及农田主要分布于尼罗河谷地和尼罗河三角洲地带（图3-3）。这里是埃及的粮棉基地，绝大部分农田进行常年灌溉，作物可以一年两熟至一年三熟，复种指数高达180%以上，是非洲农业集约化水平最高的地区。埃及不仅是非洲最大、世界著名的棉花产区，还是非洲主要的水稻和小麦产区。夏季主要农作物是棉花、水稻、玉米、高粱，而冬季是小麦、豆子、埃及车轴草（一种苜蓿，用作牲畜饲料）等。

　　草地主要分布于盖塔拉洼地（位于埃及西北部的干旱盆地）和马特鲁区域（位于西部沙漠东北部，地中海沿岸）。自20世纪80年代以来，埃及畜牧业发展迅速，畜禽产品持续有所增长。埃及没有单独的自然牧场，畜牧业主要依靠家庭饲养。

　　埃及全境的沙漠面积占90%以上。大部分地区属热带沙漠气候，炎热干燥，沙漠地区气温可达40℃，年平均降水量不足30mm。由于人口的急剧增加，人口多农田少成为埃及的一项基本国情。埃及政府一直鼓励开垦荒地，制定各种优惠政策改造沙漠、扩大农田面积。尼罗河谷沿岸的沙漠已经或正在被用于农业生产。

　　埃及的主要城市（人造地表覆盖）有开罗、亚历山大城、吉萨、舒卜拉海迈、塞德港、苏伊士、卢克索、曼苏拉、大迈哈莱和坦塔等，主要位于尼罗河谷和尼罗河三角洲区域。

　　埃及的水资源较为稀缺，主要的河流是尼罗河，主要湖泊有大苦湖和提姆萨赫湖，以及阿斯旺高坝形成的纳赛尔水库是非洲最大的人工湖。开罗以北的下埃及区域沿海有不少咸水泻湖，如马加特湖、艾德库湖、布如勒斯湖及曼沙来湖等。农业是埃及的用水大户，埃及的农业用水主要来自尼罗河水、地下水、降水、农业废水及城市废水的回收再利用。苏伊士运河是埃及境内重要的国际航道，航运收入是埃及经济支柱之一。

3.3　埃塞俄比亚

　　埃塞俄比亚联邦民主共和国（简称"埃塞俄比亚"）是非洲东北的内陆国。东临吉布提、索马里，西与苏丹、南苏丹交界，北临厄立特里亚，南接肯尼亚（图3-4）。埃塞俄比亚总面积113.48万km^2，人口9100万，GDP388亿美元。2014年农田面积占24.23万km^2，森林面积6.96万km^2，草地面积11.77万km^2，灌丛面积61.12万km^2，水面面积0.93万km^2，裸地面积8.47万km^2。

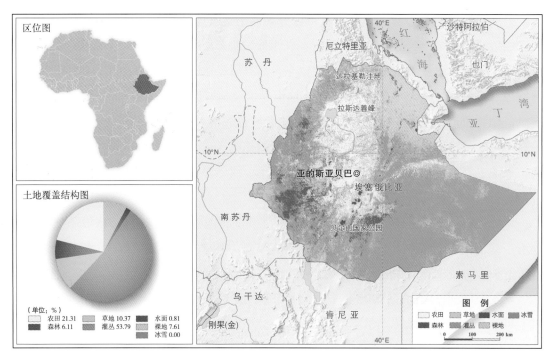

图3-4　2014年埃塞俄比亚土地覆盖

　　埃塞俄比亚地形以高原为主，高程范围由低于海平面100m的达洛尔洼地到海拔4000m以上的高原山地不等，最高峰拉斯达善峰高4620m。埃塞俄比亚地处热带，但海拔不同使得温度条件差别较大。传统的分区包括荻加（超过海平面以上2400m的地区）、沃意那荻加（海拔为1800~2400m的地区）以及克拉（海拔低于1800m的地区）。

　　埃塞俄比亚是农业大国，2013年农牧业约占GDP50%。大面积的农田分布在阿姆哈拉州以及奥罗米亚州。从海拔的自然分区上看，受霜冻影响，高于海拔3800m的高山草甸一般不用于农作。荻加一般被用来种植大麦、小麦、豆类。沃意那荻加是主要的雨养农业（指无人工灌溉，仅依靠自然降水作为水分来源的农业生产）种植带，可以种植上述各种作物，甚至适合种植茶和咖啡等经济作物。克拉的温度条件更好，但降水受到限制，高粱是主要作物。南方州海拔1100~2300m的森林边缘，有许多破碎的农田小板块，很多是咖啡林或半经营的咖啡园。

　　森林主要分布在奥罗米亚州、南方州以及甘贝拉州。中部连片森林是位于奥罗米亚州的贝尔山国家公园南部和西南部的哈仁娜森林，海拔为1500~2600m，是以阔叶林为主的湿润山地森林。其西南方向为亚贝洛野生动物避难所，主要植被类型是稀树草原，生长着干旱山地常绿林，以非洲圆柏、非洲橄榄木为优势种。除上述几州外，北部的阿姆哈拉州和本尚古勒-古马兹州交界处也有大规模的森林分布。

灌木在埃塞俄比亚分布广泛。沿西边国境分布的灌木带在生态分区中属于东苏丹稀树草原区，海拔偏低，一般不超过1400m，大部分时间炎热干燥，降水呈现明显季节性。干季灌木落叶，草本萎蔫，甚至发生草原火灾。埃塞俄比亚东部的索马里州也以灌木覆盖为主，其生态分区为索马里金合欢属–没药属灌丛区，地势低平，海拔一般不超过500m。在海拔更低、降水更少的灌木区是向干草原和荒漠的过渡地带。

埃塞俄比亚是畜牧业大国。干旱的阿法尔州和奥加登平原东部分布着矮小的灌丛草原，从地表覆盖图中看是以灌丛为主，混有裸地和草地，以蓄养山羊和骆驼为主，放牧方式主要是游牧，受干旱影响十分严重。半干旱的博勒纳地区和奥加登平原西部，天然植被以稀树草原和干旱林地为主，这些地区比干旱地区更有利于木本植物生长，但人类扰动如砍伐、薪柴收集打破了演替，维持草本植物的平衡。由于较湿润，草本层的生产力较为稳定，该地区更多蓄养牛和绵羊，放牧方式主要为半游牧或定居。半湿润放牧区，如西部的甘贝拉州部分地区，天然植被是湿润稀树草原，林下层是高草为主。放牧方式是农牧结合，有少量农田分布，主要是种植玉米，养牛、绵羊和山羊。

成片的裸地集中在埃塞俄比亚东北角的洼地、阿法尔州以及索马里州北端。阿法尔洼地是东非大裂谷的一部分，终年炎热干燥。阿法尔洼地剧烈的蒸发形成了大面积的盐碱覆盖，开发盐碱资源也是阿法尔州的主要收入来源。只有阿瓦什河通过阿法尔州南部形成了狭窄的绿洲，供养了沙漠中的游牧民族。

从土地覆盖图中可以看到境内的主要河流湖泊。河流主要发源于中部高原，大裂谷以西属尼罗河水系，以东为印度洋水系，另有几条内陆河。最大的湖泊是位于北部阿姆哈拉州的塔纳湖，也是非洲第三大湖，围绕其建立了一些灌溉工程，大面积增加了周围的灌溉农田。东非大裂谷系列湖泊纵贯埃塞俄比亚，其中有淡水湖、碱湖、咸水湖，对生物多样性保护或渔业发展有不同的意义。

3.4 安哥拉

安哥拉共和国（简称"安哥拉"）位于非洲西南部，西滨大西洋，北及东北临刚果民主共和国，南临纳米比亚，东南临赞比亚，首都罗安达（图3-5）。安哥拉总面积125.50万km²，人口2100万，GDP1330.5亿美元。2014年农田面积4.34万km²，森林面积37.13万km²，草地面积46.79万km²，灌丛面积34.08万km²，水面面积0.34万km²，裸地面积2.82万km²。

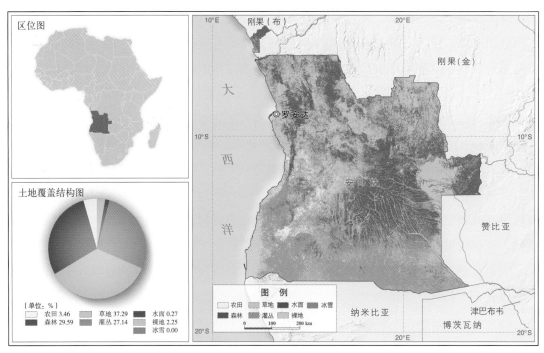

图3-5　2014年安哥拉土地覆盖

安哥拉地势东高西低，可分为高原、丘陵和平原三大地区。安哥拉国土面积的2/3是高原，包括西北部的马哲兰高原、东北部的隆达高原和南部的威拉高原，主要分布有森林、灌丛、草地，平均海拔为1050～1350m，较高山脉超过2000m，最高峰是位于万博州的莫科山，海拔2620m。大西洋沿岸为海拔200m以下的狭长沿海平原，南部是纳米布沙漠的一部分。安哥拉大部分地区属热带草原气候，每年10月至次年4月为雨季，平均气温33℃；5～9月为旱季，平均气温24℃。年均降水量约400mm，由东北高原地区最高1500mm逐渐向西南沙漠地区50mm递减。

农田主要分布在大西洋沿岸的狭窄平原、中部高原和西南部地区。安哥拉土壤肥沃，河流密布，有良好的农业条件。北部是经济作物产区，主要种植咖啡、剑麻、甘蔗、棉花、花生等作物，刚果盆地是棉花种植区。中部高原和西南部地区为产粮区，主要种植玉米、木薯、水稻、小麦、马铃薯、豆类等作物。

安哥拉森林分布较广，约占国土面积的1/3，是仅次于刚果（金）的第二森林大国，出产乌木、非洲白檀木、紫檀木等名贵木材，主要分布在卡宾达区、马哲兰高原以及安哥拉的中西部。卡宾达是位于热带雨林区的一块飞地，气候温暖湿润，天然森林砍伐严重。安哥拉中部属于高原地带，森林资源丰富。

草地主要分布在安哥拉北部和中部，多集中分布在中东部。灌丛主要分布在安哥拉南部，气候较干，降水稀少，主要发展畜牧业，是传统的畜牧饲养区，尤其是西南部高原，以牛只饲养为主。安哥拉的畜牧业可以满足国内一半左右的牛羊肉和鸡肉供应。

安哥拉的裸地主要分布在安哥拉西南部与纳米比亚交接处，属于纳米布沙漠的一部分，这是世界上最古老、最干燥的沙漠之一。纳米布沙漠起于安哥拉和纳米比亚边界的大西洋沿岸，止于奥兰治河，沿非洲西南大西洋海岸延伸2100km，东西最宽处达160km，最狭处只有10km。纳米布沙漠年均降水量仅50mm左右，绝大多数面积完全无土壤，表面为基岩，没有植被生长。

安哥拉水利资源丰富，由中央的比耶高原向四周辐射形成了众多河流，向北流的河流多属刚果河支流，向东南流的河流多流入赞比西河，向西南流的河流为库内河，其下游构成和纳米比亚的界河，向西流的河流注入大西洋，以库安沙河为最大。渔业为安哥拉的重要产业，其渔业资源丰富，渔场自然条件良好，可全年作业。石油开采是安哥拉的主要工业之一，主要分布于海湾地区，为非洲第二大产油国。

3.5 刚果（布）

刚果共和国（简称"刚果（布）"）首都为布拉柴维尔。该国东部与刚果（金）接壤，西临加蓬共和国，北部与喀麦隆共和国、中非共和国为邻（图3-6），西南毗邻几内亚湾。刚果（布）总面积34.39万km²，人口460万，GDP171亿美元。2014年农田面积0.12万km²，森林面积24.38万km²，草地面积9.35万km²，灌丛面积0.15万km²，水面面积0.34万km²，裸地面积0.04万km²。

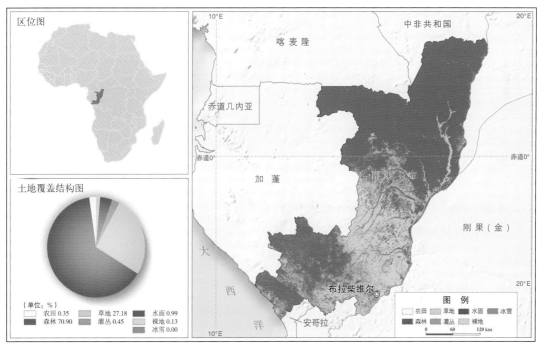

图3-6 2014年刚果（布）土地覆盖

刚果（布）位于非洲大陆中部，赤道横贯其中部。其中部和北部是海拔300～400m的平原地带，以热带雨林为主，气温高，湿度大，年平均气温为24～28℃，年降水量可达2000mm以上，属于刚果盆地的一部分。而南部则为巴泰凯高原，地形主要以丘陵、平地为主，海拔为500～1000m，以热带草原气候为主，终年高温，年平均气温约25℃。受赤道低压带和信风带的影响，刚果（布）的南部地区雨季和旱季分明，形成了与热带雨林截然不同的稀树草原景观。因此，刚果（布）主要的地表覆盖类型是森林和草地。

刚果（布）2013年农业生产总值仅占总产值的3.3%，农村人口占35%，基本农产品90%以上依赖进口。农田仅占国土面积的0.4%，粮食作物有木薯（主要）、菜蕉、稻谷、土豆、花生等，经济作物包括甘蔗（主要）、咖啡、烟草等。其中，木薯是刚果（布）的主粮，超过85%以上的人口主要食用木薯，并以其为原料加工产品。

刚果（布）的森林主要分布在刚果（布）的北部（桑加省、西盆地省和盆地省）和西南角（奎卢省、尼阿里省和莱库穆省）。其中，北部的森林地处刚果盆地的热带雨林地区，物种丰富，其中大部分为天然林，阔叶林占绝对优势。刚果（布）木材品种较多，盛产棕榈林、桉树、乌木、黑檀木等，木材加工和出口是刚果（布）的支柱产业之一，使其成为世界第二大桉树原木出口国（仅次于巴西）。森林对于生物多样性、生态系统稳定性有着极为重要的作用，砍伐对当地生态系统会造成严重后果，其中南部森林的砍伐情况较北部刚果盆地的森林砍伐更为严重。近年来，刚果（布）逐步限制并提高了对于原产木材出口的要求，以更好的进行森林管理，应对气候变化。

刚果（布）灌木的比例相对较低，主要分布在热带雨林与热带草原的过渡区域。草地主要分布在中部（高原省）及南部地区（布恩扎省）。

城市一般沿河分布且地势平坦，如首都布拉柴维尔就坐落于刚果河畔，马丁古市位于南部的奎卢−尼阿里河畔。

刚果（布）的水面覆盖主要来自于刚果河及其支流乌班吉河，沿国界分布，水量丰富。其水运资源丰富，海岸线超过150km，内河航线总长约5000km，黑角港是非洲西海岸三大海港之一。石油产业是刚果（布）经济的重要支撑，大多数原油产于海上，石油产值约占刚果（布）GDP的61.2%，石油出口占出口总收入的90%，其经济发展与资源消耗存在着较为明显的依赖关系。

3.6 刚果（金）

刚果民主共和国（简称"刚果（金）"）首都为金沙萨。该国东北部与南苏丹接壤，东部毗邻乌干达、坦桑尼亚、卢旺达和布隆迪，南部与安哥拉、赞比亚为邻，西与刚果（布）为邻，西南部邻接大西洋（图3-7）。刚果（金）总面积234.34万km²，人口6750万，GDP328.84亿美元。2014年农田面积2.04万km²，森林面积150.33万km²，草地面积67.80万km²，灌丛面积9.97万km²，水面面积4.14万km²，裸地面积0.06万km²。

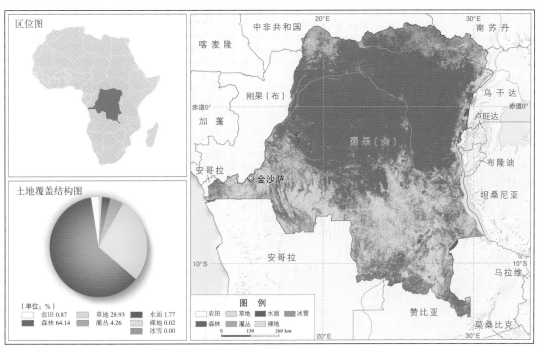

图3-7　2014年刚果（金）土地覆盖

刚果（金）地处非洲大陆中部（赤道附近），是非洲第二大国，仅次于阿尔及利亚。其东部连着米通巴山脉，沿着米通巴山脉而下分布着多个湖泊，如艾伯特湖、坦噶尼喀湖，南部有加丹加高原、宽果高原和隆达高原。马格丽塔山海拔5109m，为全国最高点。高原区域气候凉爽，雨量适中，属于热带草原气候，分布有大量灌丛和草地，赤道附近地区以热带雨林气候为主。

刚果（金）农田比例不高，在南部平原地区，由于气候湿热多雨、土壤肥沃，特别适宜农作物生长。刚果（金）是一个以农业为主的国家，2013年刚果（金）的GDP主要来源于农业（44.3%），2014年刚果（金）农业人口的比例为64%。刚果（金）主要的粮食作物有玉米、水稻、木薯、大豆等，经济作物包括咖啡、棕榈、棉花、可可、烟草等。刚果（金）耕地资源开发潜力巨大，自然条件优厚，但当前仍然处于原始农业发展阶段。自2009年以来，刚果（金）以GDP年均7%左右的增速快速发展。

森林是刚果（金）的主要植被类型，分布在刚果（金）的赤道和赤道附近地区，主要分布在姆班达卡、东开赛、基桑加尼、西开赛等北部省份，少量分布在南部。北部地区全年高温，降水量高，属于热带雨林气候，森林生长茂盛。2014年刚果（金）森林的比例是64.13%，是世界第二大热带雨林区。森林资源主要包括乌木、红木、花梨木、黄漆木等珍贵的木材，相对开发程度不高，对物种保护以及减缓气候变化有着较为突出的作用。北部分布着许多国家公园和野生生物保护区，包括维龙加国家公园、嘉兰巴国家公园、卡胡兹别加国家公园、萨隆加国家公园和霍加皮野生动物保护区。

草地主要分布在加丹加及东开赛和西开塞的南部区域，受热带草原气候决定，有些草地混有一定比例的森林和灌木。

刚果（金）的水利资源较为丰富，在全国境内分布着大量的河流和湖泊。刚果河和开赛河是刚果（金）的两条主要河道，从刚果（金）的东面出发，分别沿着东北和东南两个方向流经全国，这些流淌的河流穿过热带雨林，一方面为开发森林资源提供了重要的交通廊道，另一方面，在沿河而下的平原地区，形成了多个以港口贸易为主要特征的城市，如金沙萨、伊来博等。

3.7 肯尼亚

肯尼亚共和国（简称"肯尼亚"）首都为内罗毕，位于东非高原，东非大裂谷横贯其南北。该国东南濒临印度洋，东临索马里，南接坦桑尼亚，西连乌干达，北与埃塞俄比亚、南苏丹交界（图3-8）。肯尼亚总面积58.61万km^2，人口5400万，GDP415亿美元。2014年农田面积7.09万km^2，森林面积2.48万km^2，草地面积16.57万km^2，灌丛面积29.92万km^2，水面面积1.34万km^2，裸地面积1.20万km^2，冰雪面积19.08km^2。

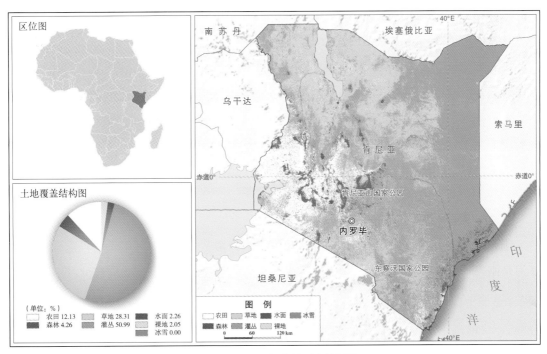

图3-8 2014年肯尼亚土地覆盖

肯尼亚位于赤道地区，是中国古代海上丝绸之路非洲到达点。贯穿其南北的东非大裂谷段800km，有串珠状湖泊和火山分布。沿海为分布有灌丛、草地、农田等的平原地带，其余大部分为海拔平均1500m的高原，以稀树草原为主。中部的肯尼亚山海拔5199m，为非洲第二高峰，峰顶常年积雪，北部为沙漠和半沙漠地带。肯尼亚位于热带季风区，大部分地区属于热带草原气候，沿海地区气候湿润，而高原地区气候温和。每年3～6月、10～12月是雨季，其余为旱季，年降水量自西南向东北由1500mm递减到200mm，且地势起伏差异较大。

肯尼亚是一个典型的农牧业国家，其中，农田主要集中在西南部，靠近河流和湖泊，有相对丰富的水资源。2014年肯尼亚大部分的人口（75%）从事着农牧业，农业产值占总产值的近1/3。肯尼亚主要粮食作物包括玉米、小麦和水稻，主要经济作物包括咖啡、茶叶、棉花、剑麻等，是目前非洲最大的鲜花出口国。部分粮食作物，如小麦和水稻，进口依赖性相对较大。

肯尼亚森林比例只有4.26%，主要分布在境内的部分高原地区，在空间上分布比较零散。肯尼亚建立了具有独特地形和森林植被特点的国家公园，如内罗毕国家公园、东察沃国家公园、肯尼亚山国家公园等，用于保护生物多样性。

灌木比例占半数以上，其分布规律主要体现在两方面：一方面在肯尼亚西部，其分布主要受海拔影响，位于草地与森林的过渡地带；另一方面在肯尼亚东部，构成了较为明显的灌木区，主要受热带季风气候的影响，相对湿热并且干湿季分明。

草地是肯尼亚主要的地表植被覆盖类型，占28.31%，受热带草原气候主导，主要分布在海拔相对较低的西部地区。

裸地比例不高，主要分布在干旱少雨，不利于植被生长的西北沙漠区域。

肯尼亚的水资源相对丰富。最大的河流为塔纳河、加拉纳河，图尔卡纳湖是肯尼亚境内最大的湖泊，位于其西北角的狭长地带。同时，肯尼亚西临维多利亚湖，拥有大量的渔业资源。其中，维多利亚湖的年捕鱼量占肯尼亚渔业生产总值的80%以上。蒙巴萨港是东非最大的港口，毗邻印度洋，拥有超过千万吨的吞吐量。

3.8　利比亚

利比亚国（简称"利比亚"）位于北非，地中海南岸，东部与埃及交界，东南与苏丹为邻，南部同乍得和尼日尔毗连，西部与阿尔及利亚和突尼斯接壤（图3-9）。利比亚总面积162.33万km²，人口636万，GDP540亿美元。2014年农田面积4.23万km²，森林面积0.02万km²，草地面积0.53万km²，灌丛面积0.23万km²，水面面积0.12万km²，裸地面积157.19万km²，冰雪面积36.82km²。

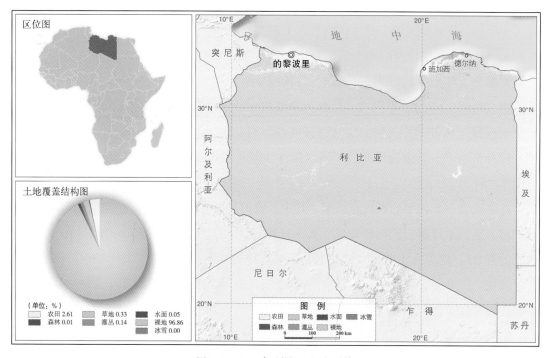

图3-9　2014年利比亚土地覆盖

利比亚包括西部的的黎波里塔尼亚、东部的昔兰尼加以及南部的费赞三个地区。利比亚是北非高原的一部分，大部分地区平均海拔500m，受宽阔低地分割，三个地区的自然景观差别不大。北部沿海有狭窄平原，分布有农田和草地。西北部与南部多砾漠、石漠，其余为沙漠，间有绿洲。由于缺乏山脉屏障，利比亚的降水同时受到了撒哈拉沙漠和地中海的影响，年平均降水量从北往南由400~500mm递减到30mm以下，每几年就有一次严重旱灾，并常有来自南部撒哈拉沙漠的干热风灾害。

利比亚有限的森林资源集中分布在昔兰尼加的北部高地，被称为绿山，主要有杉、阿勒颇松、地中海松和阿拉伯树胶等，比例非常低，仅占0.01%。

利比亚的农田面积很小，分布集中。的黎波里塔尼亚北部地中海沿岸的贾发拉平原周围有火山活动的遗迹，土壤较肥沃，水分条件较好，昔兰尼加的地中海沿岸同样具备较好的农业条件，主要种植大麦、小麦、橄榄和地中海水果。北部沿岸还有葡萄园，但面积因利比亚禁止生产葡萄酒而大幅缩减。在南部费赞地区的荒漠中有东西走向的一系列洼地，有自流水和绿洲，也分布着农田。昔兰尼加地区的塔济尔布绿洲也是比较集中的农业区。荒漠农业几乎全部靠灌溉，主要农作物是小米，还有大面积的椰枣树种植园。在利比亚，只有2%的土地有足够的降水适合耕种，但是沙漠地区蕴藏着丰富的地下淡水资源，利比亚修建了很多地下水灌溉系统。此外，在利比亚，畜牧业占重要地位，牧民和半牧民占农业人口一半以上，沙漠中的绿洲群是优质牧场，内陆的草地和灌丛也都是天然牧场。利比亚农业落后，近一半的粮食和畜牧产品依赖进口。

利比亚有大面积的裸地，主要集中在南部热带沙漠气候区。利比亚沙漠覆盖了利比亚的大部分，是地球上最干旱的地方之一，即使在高原上也很少下雨。石油是利比亚的经济命脉和主要支柱，占国民生产总值的50%~70%，绝大部分收入来自石油出口，东部的苏尔特盆地的石油资源丰富。

城市集中分布在贾发拉平原，绿山地区也集中了一些主要的城镇，如班加西、德尔纳。利比亚境内无常年性河流和湖泊，主要水源为井泉。

3.9　南非

南非共和国（简称"南非"），有三个首都，分别为比勒陀利亚、开普敦、布隆方丹。南非地处非洲大陆最南端，三面环海。北面与纳米比亚、博茨瓦纳、津巴布韦和莫桑比克接壤，另有莱索托为南非领土所包围（图3-10）。南非总面积122.44万km²，人口5400万，GDP3510亿美元。2014年农田面积19.42万km²，森林面积3.65万km²，草地面积36.65万km²，灌丛面积51.76万km²，水面面积0.76万km²，裸地面积10.20万km²。

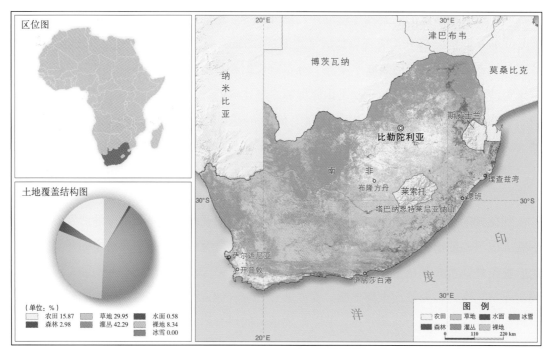

图3-10　2014年南非土地覆盖

　　南非地处非洲大陆最南端，以高原地貌为主，有"高原大陆"之称。沿海低地主要分布在东西南三侧的边缘地区，而北面则群山环绕。德拉肯斯堡山脉坐落于南非东部，其最高峰位于南非与莱索托交界处的塔巴纳恩特莱尼亚纳山，海拔为3482 m。整体上，南非全境大部分处在副热带高压带，属于热带草原气候，每年10月到次年2月是夏季，6～8月是冬季，南非气温比南半球同纬度其他国家低，但年均温仍在0℃以上，温差不大，但是海拔差异造成了气温的垂直变化。

　　南非农田主要分布在西部的沿海地区（盛产水果）及东北部地区（畜牧业和种植业）。由于南非地处南回归线，受副热带高气压的影响，降水较少，全国多地干旱，因而实际的农田面积较少，仅占国土面积的15.87%，农业经济贡献的产值只占国民生产总值的2.6%。南非主要的农作物有玉米、小麦、花生、甘蔗等，其在农产品中占有较大比例，玉米和甘蔗出口较多。除此之外，南非的畜牧业也较为发达，羊毛与乳制品是其主要产品，在满足自身需求的同时还有相当一部分用于出口。

　　南非的森林覆盖面积相对较小，仅为2.98%，主要分布在北部的德拉肯斯堡山脉及东南部的部分山地地区。德拉肯斯堡山脉迎风坡全年有充沛降水，湿度大，属于海洋性气候，有利于树木的生长。夸祖鲁-纳塔尔省的海岸平原的河口处分布着红树林。

　　灌丛主要分布在南非的北部地区（西北省、林波波河省、北开普省）和西南沿海。南非北部地势较南非东南部而言相对较低，同时受热带草原气候的影响，干湿季明显，因而主要的植被类型为灌丛。近年来，气候变化导致部分灌丛区域的草地覆盖增加。这种灌丛向草原的退化在很大程度会导致生物多样性降低。

草地主要集中在南非的东南部（东开普省、夸祖鲁-纳塔尔省），如普马兰加大草原。这种植被分布受到垂直地带及降水的影响。稀树草原的分布处于海拔相对较高的区域，同时由于东部的德拉肯斯堡山脉阻隔，降水相对较少，因而在南非东南部形成了大片的稀树草原。

南非的裸地比例相对较高，占国土总面积的8.34%，主要分布于卡拉哈里沙漠。另外，南非矿产资源丰富，黄金储量位居世界第一，土地覆盖图中有些裸地是大规模的矿井。沿南非狭长的海岸线，分布着一些主要的城市。好望角位于南非的西南角，也是南非著名的旅游胜地之一，属于地中海气候。

南非内陆的水面覆盖相对较小，约占0.58%，但由于三面环海的地理区位优势，南非的港口运输业发达，主要港口包括开普敦、德班、东伦敦、伊丽莎白港、理查兹湾、萨尔达尼亚和莫瑟尔湾。

3.10 尼日利亚

尼日利亚联邦共和国（简称"尼日利亚"）位于西非东南部，是非洲几内亚湾西岸顶点。西接贝宁，北临尼日尔，东北与乍得接壤，东接喀麦隆，南濒大西洋几内亚湾（图3-11）。尼日利亚总面积91.53万km²，人口1.73亿，GDP5799亿美元。2014年农田面积34.52万km²，森林面积10.93万km²，草地面积11.62万km²，灌丛面积32.97万km²，水面面积1.17万km²，裸地面积0.32万km²。

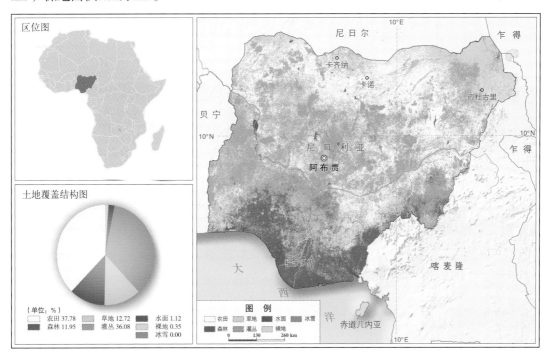

图3-11　2014年尼日利亚土地覆盖

尼日利亚地势北高南低，最高峰福格尔峰海拔2040m，在贝努埃河南边。南部沿海为带状平原，主要分布有森林、灌丛、草地；西南方是约鲁巴高地，出露岩石被森林和高草环绕，流域汇水向北入尼日尔河，向南入海；南部低山丘陵，大部分海拔为200~500m；中部的乔斯高原是乍得湖、尼日尔河和贝努埃河的交汇区域，分布有大量农田。向北的豪萨兰高地是宽阔的沙原；东部边境为山地，西北和东北分别为索科托盆地和乍得湖湖西盆地，主要分布草地。尼日利亚是非洲最大的石油生产国，石油出口是其经济的主要来源，位于南部的尼日尔河三角洲，拥有丰富的石油资源。

农田主要分布在尼日利亚中北部，如尼日尔、卡诺、约贝、包齐、卡齐纳等地。主要粮食作物有高粱、小米、玉米、小麦等。中南部地区主要种植水稻和木薯。尼日利亚独立初期为农业国，棉花、花生等许多农产品在世界上居领先地位。随着石油工业的兴起，农产品产量逐渐减少。20世纪80年代，农业在GDP中所占比例曾降至20%左右，2011年回升到40.2%。农村人口占全国总人数的70%，农业生产方式仍以小农经济为主，灌溉面积小，产量偏低，粮食不能自给，每年仍需大量进口。主要进口农产品为大米、棉花，主要出口农产品为木薯、可可和腰果。

森林主要分布在南部沿海、约鲁巴高地。南部沿海是浓密的红树林及热带雨林，向北是热带雨林区域。尼日利亚出口大量热带硬木，内需也增长很快，森林砍伐主要集中在翁多州、班德尔等地区。

灌丛主要分布在中部的乔斯高原和豪萨兰高地，该区域属于热带草原气候，植被从热带雨林到稀树草原过渡，其中灌丛主要分布在尼日尔东部、卡杜纳、塔拉巴西南部。草地主要分布在尼日利亚东北部的博尔诺，在西北部也有少量草地的分布。

尼日利亚河流众多，尼日尔河及其支流贝努埃河为主要河流，尼日尔河在境内长1400km，最终流入尼日尔三角洲，这是世界上最大的三角洲之一，分布着大片中非红树林。海岸水域正转化为渔场，传统渔场集中在乍得湖、沿海的泻湖以及尼日尔三角洲的支流。

3.11 苏丹

苏丹共和国（简称"苏丹"）位于非洲东北部，红海沿岸，撒哈拉沙漠东端。北临埃及，西接利比亚、乍得、中非，南毗南苏丹，东接埃塞俄比亚、厄立特里亚，东北濒临红海（图3-12）。苏丹总面积188.28万km²，人口3420万，GDP525亿美元。2014年农田面积14.14万km²，森林面积0.06万km²，草地面积55.56万km²，灌丛面积23.63万km²，水面面积0.57万km²，裸地面积94.31万km²。

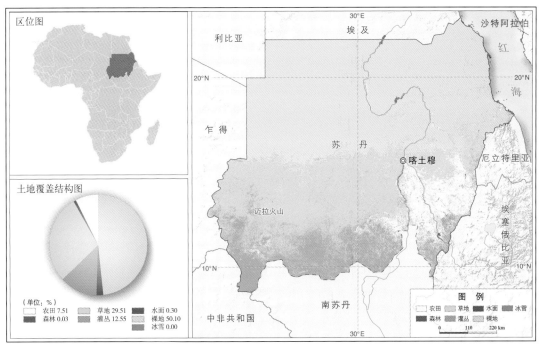

图3-12　2014年苏丹土地覆盖

苏丹整体地势平坦，基本由非洲大陆的基岩表面决定，四周高，中间低。中部和西北部基岩上覆努比亚砂岩，降水入渗形成含水层，对保持地表水有重要作用。西部是科尔多凡高原和达尔富尔高原，其中与乍得交界处附近的迈拉火山海拔约3071m，是一座死火山。苏丹位于北纬9°和北回归线之间，全境受太阳直射，干旱炎热，南北东西气温差异大，北部是高温少雨的热带沙漠气候，向南到喀土穆年降水逐渐增至200mm，干湿季分明，逐渐变为热带草原气候。从北向南，从荒漠演变为半干旱灌丛，再到稀树草原。

农田主要分布在尼罗河以东的杰济拉州、森纳尔州、加达里夫州。苏丹土壤较适宜耕作，但限制因子是水资源，因此只有中部和东部小部分黏土平原被用于密集型农耕，这里土壤发育良好，水源充足，有利于发展灌溉农业。农业是苏丹经济的主要支柱，农业人口占全国总人口的80%。苏丹农作物主要有高粱、谷子、玉米和小麦；经济作物主要有棉花、花生、芝麻和阿拉伯胶，在农业生产中占重要地位，占农产品出口额的66%。其中，长绒棉产量仅次于埃及，居世界第二；花生产量居阿拉伯国家之首，在世界上仅次于美国、印度和阿根廷；芝麻产量在阿拉伯和非洲国家中占第一位，出口量占世界的一半左右；阿拉伯胶种植面积约5万km^2，年均产量约3万t，占世界总产量的60%～80%。

苏丹基本上以喀土穆所在纬度为界，划分成热带沙漠和热带草原，境内少森林。灌丛主要分布在苏丹最南部的南达尔富尔州、南科尔多凡州和西科尔多凡州等地，这些区域降水多，主要发展畜牧业。草地主要分布在南部地区，多生长在尼罗河以东的北达尔富尔周南部、北科尔多凡州，随着纬度的降低，降水在喀土穆一带增加至200mm，干湿季分明，属于热带草原气候，以畜牧业为主，是在干季依赖阿拉伯河孕育的肥沃牧场。

裸地主要分布在喀土穆一线以北，由于常年接受太阳直射，高温少雨，属于热带沙漠气候，土壤多砂质，因此没有高大的植被，人们只能以简单的耕作和放牧为生。仅在尼罗河附近有绿色植被，由于水分条件较好，多发展农业，也有少量草地。

尼罗河流经苏丹，为苏丹农业发展提供了有利条件。

3.12 坦桑尼亚

坦桑尼亚联合共和国（简称"坦桑尼亚"）位于非洲东部，由坦桑尼亚大陆、桑给巴尔岛以及若干小岛组成。其北部与肯尼亚和乌干达交界，南与赞比亚、马拉维、莫桑比克接壤，西与卢旺达、布隆迪和刚果（金）为邻，东临印度洋（图3-13）。坦桑尼亚总面积94.81万km²，人口4490万人，GDP291亿美元。2014年农田面积18.02万km²，森林面积11.52万km²，草地面积18.59万km²，灌丛面积40.61万km²，水面面积5.96万km²，裸地面积0.10万km²，冰雪面积12.90km²。

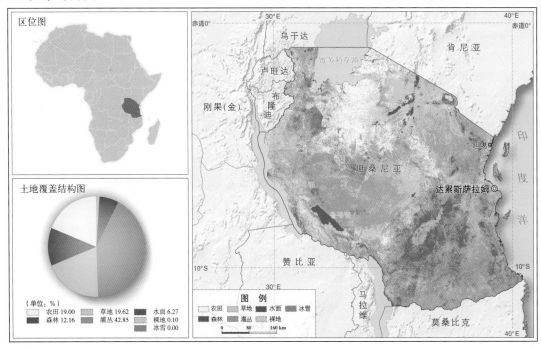

图3-13 2014年坦桑尼亚土地覆盖

坦桑尼亚地势呈现典型的"西北高-东南低"态势，即西部以高原地形为主，东南部以内陆和沿海低地为主，海拔相对较低，为900～1800m。坦桑尼亚西部内陆高原属于热带山地气候，植被呈现明显的垂直地带性；东部地区和内陆部分低地地区属于热带草原气候，常年高温，且干湿季分明，年降水为750～1000mm。桑给巴尔岛及周边的一些岛屿则属于热带海洋性气候，终年湿热。在坦桑尼亚的东北角仁立着非洲的最高山乞力马扎罗山，最高峰海拔5895m。山脚到山顶，地表覆盖依次为草地、灌丛、森林，再到灌丛、草地、裸地，形成了一个独特的环状分布，是垂直地带性的典型地表覆盖特征。

对于终年高温、干湿季分明的热带草原气候来说，农业发展对灌溉有显著需求，因此坦桑尼亚的农田主要分布在湖泊周边地区，特别是维多利亚湖的南岸。农业是坦桑尼亚主要的经济支撑之一，其经营形式主要表现为小农场主主导的形式，主要的农作物有玉米、小麦、水稻、木薯、香焦等，而主要的经济作物包括咖啡、棉花、剑麻等。2014年，坦桑尼亚农田面积虽然只占了不到20%的国土面积，却有超过70%的农业人口。年降水量少于500mm的地区分布于中央地带，主要用于放牧。年降水量大于750mm的地区位于国土的东部和西部，适宜栽培热带作物，如咖啡、香蕉和茶叶。而降水量为500～750mm的过渡带是农牧交错带，种植业基本自给，辅以牧业。

坦桑尼亚大部分的森林分布在境内海拔相对较高的山地，主要集中在南部的莫洛戈罗省和伊林加省及西部的基戈马省和鲁夸省。

草地和灌木是坦桑尼亚主要的自然植被，占国土面积的62.47%。其中，草地主要分布在中部和东北部地区。这些区域由于较靠近内陆，海拔相对较低，降水较少，因而主要表现为以干旱草原为主的地表覆盖特征。灌丛主要分布在中部和南部地区，主要受海拔的垂直地带性影响，而南部的灌丛分布主要是受到热带海洋性气候的影响，虽然海拔也相对较低但水分较为充足，因此以灌丛分布为主。

坦桑尼亚拥有丰富的水利和渔业资源，维多利亚湖的大半部分和坦噶尼喀湖就位于该国国境内。此外，还有其他的湖泊，如马拉维湖、鲁夸湖等。水面面积占坦桑尼亚整体国土面积的6.27%。同时，在沿海区域，拥有达累斯萨拉姆、姆特瓦拉、坦噶和桑给巴尔四大港口。

3.13　乍得

乍得共和国（简称"乍得"）是非洲中部的一个内陆国家，北接利比亚，东接苏丹，南接中非共和国，西南与喀麦隆、尼日利亚为邻，西与尼日尔交界。地处非洲中心，远离海洋（图3-14）。乍得总面积127.73万km²，人口1280万人，GDP150亿美元。2014年农田面积2.60万km²，森林面积0.26万km²，草地面积34.71万km²，灌丛面积29.45万km²，水面面积0.41万km²，裸地面积60.29万km²。

非洲土地覆盖专题

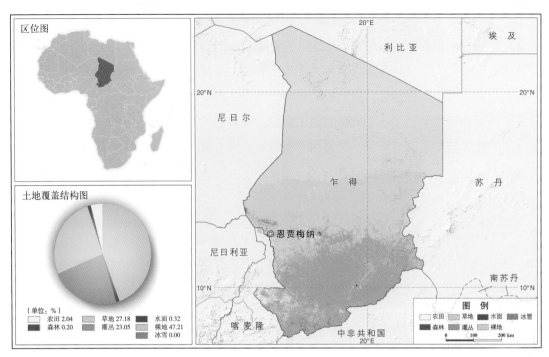

图3-14 2014年乍得土地覆盖

乍得从西南部海拔240m的乍得湖盆地向北升高至1800m的盖拉地块，再升高到3350m的提贝斯提高原，纵跨16个纬度。乍得有三个气候和植被分区，北部属沙漠或半沙漠气候，中部萨赫勒地区属热带草原气候，南部属热带稀树草原气候，全年高温炎热。除北部高原山地外，大部分地区年平均气温27℃以上，北部可达29℃。乍得土地覆盖具有明显的纬度地带性，随着纬度的增加，气候类型依次为热带稀树草原气候、热带草原气候、热带沙漠气候，而景观也依次为热带稀树草原、热带草原、热带沙漠，这是由于太阳辐射不断减少，同时伴随水分的影响，导致出现植被和土壤的地带性。

乍得是农牧业国家，经济以农牧业为主，是中部非洲地区的主要畜产国。农田主要分布在乍得西南部，降水丰富，农业人口约占总人口90%以上。乍得湖平原和南部地区是主要的农业区，主要粮食作物有高粱、玉米和小米，其他经济作物还包括烟草、花生、谷物和阿拉伯树胶。

灌丛主要分布在乍得南部，南部年降水量超过744mm（最南部升至1200mm），水分条件良好。草地主要分布于中部地区，年降水量250～500mm，受干旱影响严重，植被比较单一，水分限制明显，是典型的热带草原气候。这一带主要用于放牧，也有少量农田，其中，萨赫勒地区是大型商业牲口牧群（山羊、绵羊、驴和马）的理想牧地。

裸地主要分布在乍得北部，是撒哈拉沙漠的一部分，属于热带沙漠气候，降水稀少，土壤贫瘠，土地覆盖图中只有少量植被信息。

乍得境内有乍得湖，是非洲的第二大湖泊，主要河流有沙里河、洛贡河及其支流，河流从东南部，流经南部热带稀树草原进入乍得湖。乍得湖附近发现有大量油田，为发展经济，乍得启动石油开发计划，石油生产及出口能力增加，拉动了生产总值的增长。

四、非洲典型地区土地覆盖变化分析

非洲大陆的环境变化问题一直是全球关注的热点之一。UNEP于2002年、2006年和2013年三次发布了《非洲环境展望》报告，对非洲环境的历史、现状和未来展望，以及与环境相关的资源和健康等方面开展了综合分析。报告显示非洲在过去几十年遭受了土地退化、灾害频发、空气和水污染、森林和野生动物减少等环境恶化的严峻挑战，同时指出，近年来非洲和国际社会一起朝着可持续发展的目标开展了许多行动。

为满足环境可持续发展的需要，加深对非洲生态环境变化最新情况的了解，在四个典型区域针对主要土地覆盖变化类型，开展了2000年、2014年尼罗河下游农田变化、刚果盆地东部森林变化、维多利亚湖周边城市化和萨赫勒草原动态变化的监测和分析，从土地覆盖变化这个侧面来反映非洲的环境变化状况。这些区域或对气候变化高度敏感，或经历着快速人口增长对自然环境产生的强烈干扰，区域地表覆盖状况发生显著变化。

4.1 尼罗河下游农田变化

尼罗河是世界上最长的河流，流经非洲东部与北部，与刚果河和尼日尔河并称非洲三大河流。尼罗河流域是埃及最重要的农业区，也是受人类活动影响变化非常明显的区域。1970年阿斯旺高坝在尼罗河上建成，在埃及的防洪、灌溉和发电等方面发挥着巨大作用。但大坝建成后，下游河水不再定时泛滥，土壤肥力不断下降，盐碱化日趋严重。另外，埃及超过90%的人口生活在尼罗河沿岸和三角洲的肥沃土地上，面临着巨大的人口压力。人口增长导致城市和村落的扩张，逐渐将广阔沙漠垦殖为农田。同时，尼罗河三角洲地区也面临着由于气候变化引起的海平面上升而导致农田被海水吞噬的可能，据UNEP估算，海平面上升0.5m将影响1800km²的土地和400万人口。因此，埃及尼罗河流域是受人类活动和气候变化双重影响的敏感区域。

尼罗河下游监测区域覆盖28°～34°E，从阿斯旺水坝到尼罗河入海口，该区域是埃及主要的农业分布区，占埃及农地面积的98%以上。通过比较2000年和2014年的数据，发现尼罗河沿岸均有不同程度的农田扩张，最明显的是位于尼罗河三角洲两侧的区域和康翁波地区（图4-1、图4-2）。监测区农田净增加11.19%，增加的农田中，从裸地转化而来的占88.22%，从水面转化而来的占10.41%，两者合占98%以上。

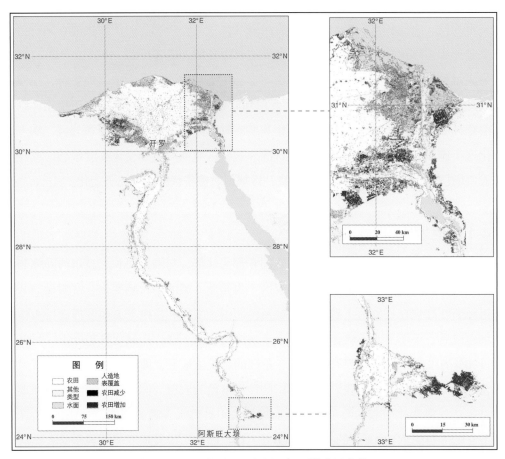

图4-1　2000年、2014年尼罗河下游农田变化

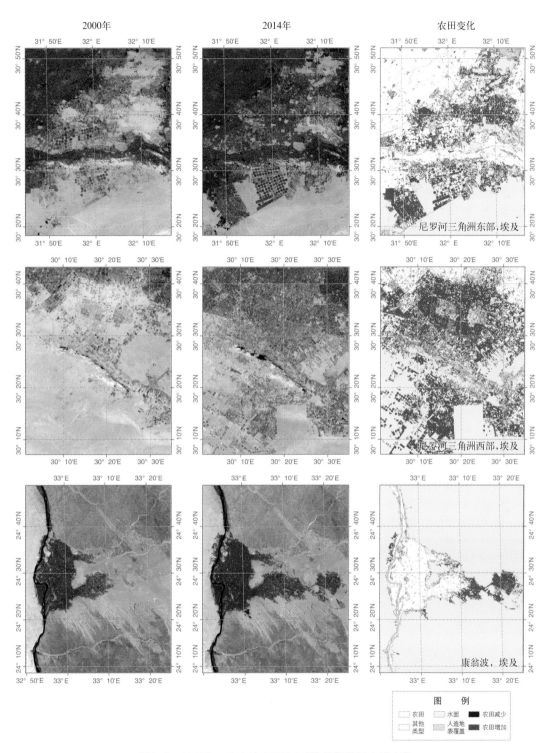

2000年 2014年 农田变化

尼罗河三角洲东部,埃及

尼罗河三角洲西部,埃及

康翁波,埃及

图 例
农田　　水面　　农田减少
其他类型　人造地表覆盖　农田增加

图4-2　2000年、2014年尼罗河下游局部地区农田变化

监测区的农田分布变化体现了埃及政府众多围绕尼罗河流域土地利用政策和投资的落实。上百年来埃及政府机构、私人公司和农户通过土地复垦来扩大种植面积，在过去的50年里，沙漠的农业复垦面积超过1.20万km²。埃及政府通过一系列大型计划使沙漠转化为农田，以获得更多粮食产量、创造更多就业。例如，埃及从1996年开始建设新河谷工程（预计历时20年，耗资600亿美元），从尼罗河阿斯旺高坝水库提水55亿m³到西部沙漠开发耕地，获得了较好的效果。同时，埃及农业投资者和农民结合当地政策将尼罗河水抽到更高的沙漠地区来扩大农田面积。

此外，阿斯旺大坝修建后，尼罗河三角洲减少了淤积，加之这一区域蒸发量很大，紧临地中海，所以土壤的盐碱化问题非常严重，导致农田质量的下降。埃及政府充分认识到了这个问题，通过与世界银行等机构进行合作筹集大量资金，在尼罗河三角洲地区和上埃及的农村修建排水系统，排除尼罗河三角洲农田中多余的积水和盐分，并且还逐步在农村推行"国家排水计划"工程。

未来该区域仍存在农田增加的潜力，尤其是埃及政府仍在继续沙漠开垦工程，并且正在积极落实农田保护政策。

4.2 刚果盆地东部森林变化

刚果（金）具有丰富的森林资源，其森林面积占刚果盆地的近50%，整个非洲的36%。刚果（金）是一个森林的"超级大国"，但其林业资源却面临严重的威胁，森林每年损失面积较大，特别是在易受到战火波及的北基伍省，林业资源更无法得到有效保护。

北基伍省是刚果（金）东部的一个省份，位于赤道附近，首府戈马坐落其南端。森林变化分析表明（图4-3、图4-4），2000年北基伍省的森林面积4.28万km²，森林覆盖率为70.96%；而至2014年，森林面积4.11万km²，森林覆盖率为68.11%。在15年间，森林面积净减少0.17万km²，其中，增加0.13万km²，减少0.30万km²。位于戈马镇北部的维龙加国家公园是非洲第一个国家公园，其森林面积减少问题一直备受瞩目，公园内森林面积15年间减少了0.06万km²，减少量占2000年整个国家公园森林面积的23.40%。

人类活动是北基伍省森林减少的一个重要因素。1998年，北基伍省人口约356万，而至2013年增长至618万。人口增长使得生存压力增加，战争、矿产开采导致大量的森林被砍伐。此外，由于电力供应严重不足，许多北基伍省的居民通常使用木材作为能源以满足日常生活的需求。因人类活动造成森林面积减少的区域，主要分布在热带雨林的边缘和沿河两侧、北基伍省北部，以及维龙加国家公园的周边。

北基伍省位于维龙加火山群，火山喷发也是森林减少的重要原因。2002年尼拉贡戈火山喷发摧毁了大量的森林，此外，尼亚穆拉吉拉火山不断喷发引起的森林火灾也在毁坏森林。因火山喷发造成森林减少的区域，主要分布在尼亚穆拉吉拉火山和尼拉贡戈火山周围。

而森林的增加主要源于次生林的增加和经济树种的种植。这一地区废弃的农田经过次生演替，在一段时间后自然更新为次生林。另外，一些经济树种（如棕榈、橡胶）的种植也使得森林面积直接增加。增加的森林主要分布在北基伍省北部农田中，如贝尼附近。虽然森林在减少的同时也在不断恢复增加，然而减少的森林大多为原始林，生态系统总体功能受到严重损毁。

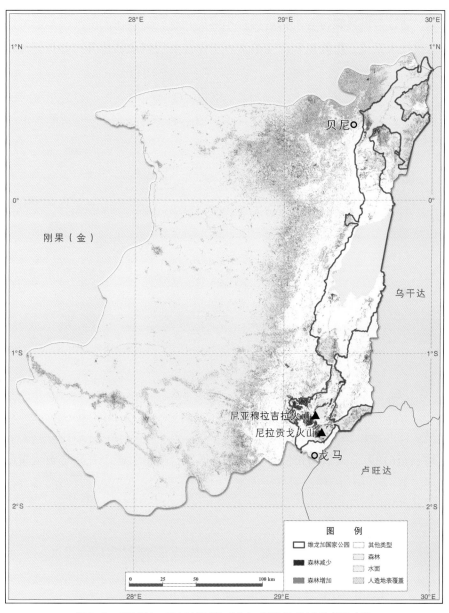

图4-3　2000年、2014年刚果（金）东部北基伍省森林变化

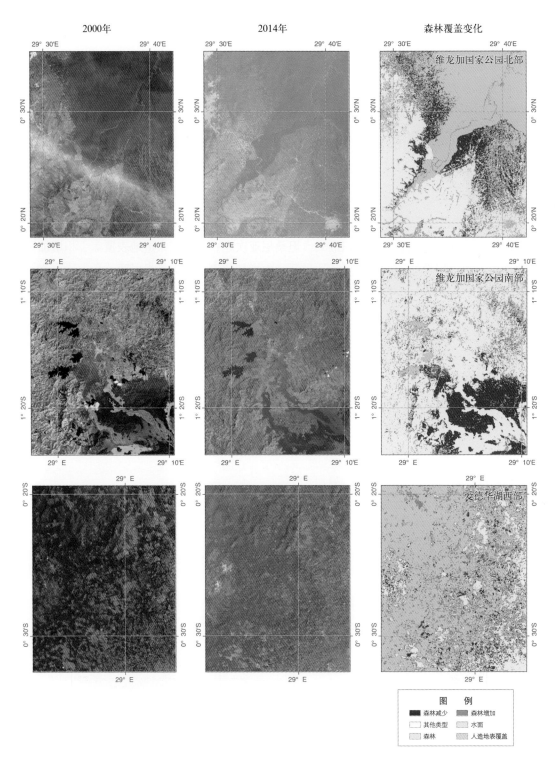

图4-4 2000年、2014年刚果（金）东部北基伍省局部地区森林变化

4.3 维多利亚湖周边城市化

维多利亚湖位于东非，是非洲第一、世界第二大淡水湖，湖面面积约6.66万km²。它分属于三个国家：肯尼亚、乌干达和坦桑尼亚。其中，肯尼亚的湖区面积占湖区总面积的5.63%，乌干达占42.59%，而坦桑尼亚则达到51.78%。湖区人口密度和贫困度均位居世界前列，人口密度大于100人/km²。

以维多利亚湖周围100km的范围为监测区，该区域内人造地表覆盖变化（图4-5、图4-6）表明，2000年区内人造地表覆盖面积264.16km²，占该区域面积的0.11%；而至2014年，人造地表覆盖面积644.47km²，占该区域面积的0.27%。15年间，人造地表覆盖面积净增加了380.31km²，相比2000年的人造地表覆盖面积增加了143.97%。研究区域分属于乌干达、坦桑尼亚、肯尼亚和卢旺达四个国家，它们的人造地表覆盖面积及变化如表4-1所示。其中，乌干达在该区域的人造地表覆盖面积最大，坦桑尼亚次之；该区域人造地表覆盖面积增加量最大的是乌干达，坦桑尼亚次之，卢旺达最低；而增加比例最高的是肯尼亚，乌干达次之，卢旺达最低。

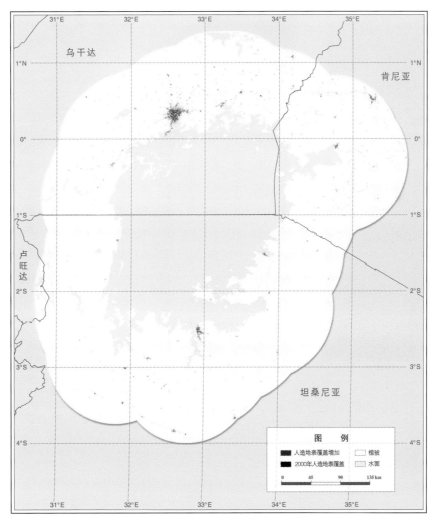

图4-5　2000年、2014年维多利亚湖周边人造地表覆盖变化

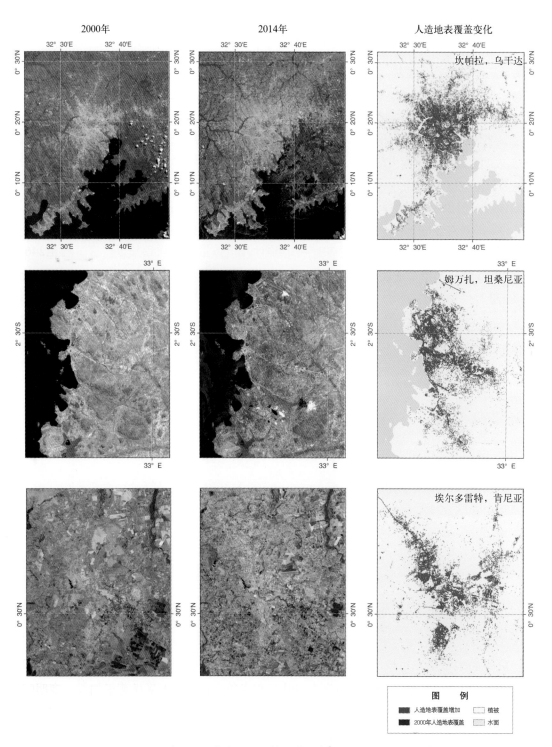

图4-6　2000年、2014年维多利亚湖周边局部地区人造地表覆盖变化

表4-1　分国家统计研究区域人造地表覆盖面积

国　家	2000年面积/km²	2014年面积/km²	2000年、2014年人造土地覆盖变化	
			增加面积/km²	增加比例/%
乌干达	162.65	396.96	234.31	144.06
坦桑尼亚	59.13	140.67	81.54	137.90
肯尼亚	41.42	104.66	63.24	152.68
卢旺达	0.96	2.18	1.22	127.08

区内人口的增长是人造地表覆盖面积增加的主要驱动力。在该区域，2000年人口数量3852万，密度159人/km²；而至2015年，预计人口数量将达到5960万，密度增至246人/km²，人口增长速率显著高于非洲其它地区。而人造地表覆盖增加的区域主要集中于大中型城市。研究区中，乌干达面积最大的城市为首都坎帕拉，人造地表覆盖面积增加134.34km²，占乌干达新增人造地表覆盖面积的57.33%；坦桑尼亚面积最大的城市为姆万扎，人造地表覆盖面积增加26.14km²，占坦桑尼亚新增人造地表覆盖面积的32.06%；肯尼亚面积最大的城市为埃尔多雷特，人造地表覆盖面积增加17.61km²，占肯尼亚新增人造地表覆盖面积的27.85%。

4.4　萨赫勒草原动态变化

萨赫勒地带属非洲撒哈拉沙漠南端与苏丹草原中部地区之间狭长地带，从西部大西洋延伸到东部非洲之角。萨赫勒地带年均降水量为200～500mm，属于典型的干旱半干旱草原地区。以萨赫勒地带作为主要监测区（图4-7），分析草原植被的动态变化。

利用GLASS-LAI数据进行长期趋势分析发现，2000～2014年，草原植被在大多数地区呈现增长趋势（图4-8、图4-9），大部分地区年均叶面积指数增加超过0.005，少部分地区年均叶面积指数增加超过0.01。尤其在靠近撒哈拉沙漠南端地区增长快速，达到统计意义的显著趋势。

萨赫勒地带草原植被的动态变化与降水分布密切相关（图4-10、图4-11）。1982～2012年，10°～20°N区域年平均降水与叶面积指数，在时间上呈显著正相关，表明降水分布是萨赫勒地带草原变化的决定性气候要素，而从2000年以来的降水持续增加是萨赫勒地带草原植被增长的主要推动力。

基于最新的卫星数据，从更长时间尺度上，论证了萨赫勒地带变绿的总体趋势仍在继续，而萨赫勒地带南端的草原叶面积指数与降水的相关性相对薄弱，尤其是靠近农田附近的少部分草原地区出现叶面积指数下降的现象，可能与人类活动的影响有关。

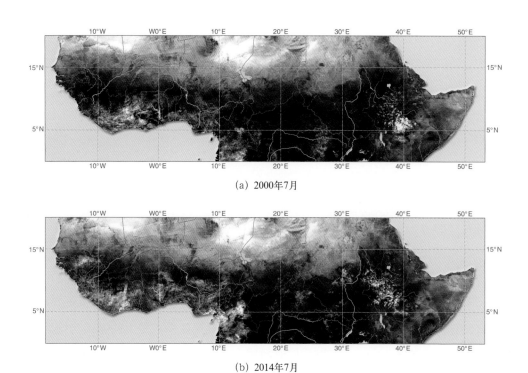

(a) 2000年7月

(b) 2014年7月

图4-7 基于MODIS卫星地表反射率数据的研究区假彩色合成图

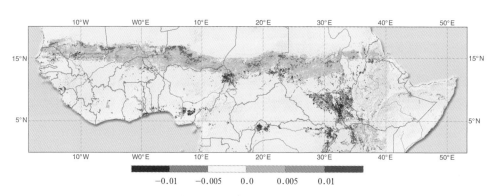

-0.01 -0.005 0.0 0.005 0.01

图4-8 2000~2014年萨赫勒草原地区平均叶面积指数年际变化率

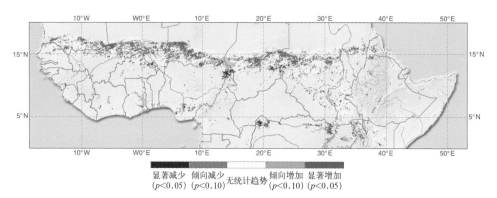

显著减少 倾向减少 无统计趋势 倾向增加 显著增加
(p<0.05) (p<0.10)   (p<0.10) (p<0.05)

图4-9 2000~2014年萨赫勒草原地区年均叶面积指数变化的曼-肯德尔检验

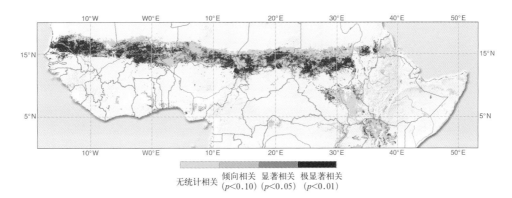

图4-10 1982～2012年萨赫勒草原平均叶面积指数与年均降水的相关性分布

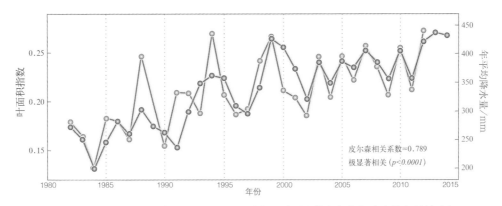

图4-11 1982～2012年非洲10°～20°N区域年均叶面积指数与年际降水的相关性分析

五、结 论

本部分采用多种卫星遥感数据，监测了非洲2014年土地覆盖状况，明确了非洲部分国家的土地覆盖状况和典型地区2000年以来的土地覆盖变化特点。由于未来潜在人口压力巨大，区域环境状况值得持续关注。

1）非洲土地覆盖划分为7个类型，裸地、灌丛、草地和森林是面积占比最大的4个类型

非洲土地覆盖包括农田面积（251.51万 km²）、森林面积（413.15万 km²）、草地面积（553.82万 km²）、灌丛面积（798.73万 km²）、水面面积（34.29万 km²）、裸地面积（955.83万 km²）和冰雪面积（<300 km²）。其中裸地、灌丛、草地和森林是面积占比最大的4个类型，面积比例分别为31.78%、26.56%、18.42%和13.74%，合计占90.5%。裸地主要分布在撒哈拉沙漠，灌丛主要分布在降水不足的东部非洲，草地主要分布在萨赫勒地区，森林主要分布在赤道附近。

2）非洲主要国家土地覆盖特点差异明显

尼日利亚的农田面积最大，人均农田面积低于非洲平均水平；刚果民主共和国（金）的森林面积最大，位于世界第二大热带雨林区，存在砍伐导致森林面积减少的现象；埃塞俄比亚、苏丹、安哥拉、南非、乍得等畜牧业大国，拥有较多的灌丛及草地；维多利亚湖周边的坦桑尼亚和肯尼亚以及河网密集的刚果（金）、尼日利亚及埃塞俄比亚的水面面积较大。

3）由于气候变化和人类活动影响，非洲典型区域地表覆盖状况显著变化

2000～2014年，埃及尼罗河流域（从阿斯旺水坝到尼罗河三角洲）农田面积净增加11.19%，随着水利工程的开展，农田面积有增加潜力；维多利亚湖周边随着人口不断增长，以城市为主的人造地表覆盖面积增加了143.97%；15年间，草原植被在萨赫勒地带大多数地区呈现增长趋势，表明全球气候变化背景下，该地区降水增加促进了植被生长。

致　谢

　　本部分由国家遥感中心牵头组织实施，清华大学、中国科学院遥感与数字地球研究所共同参与。国家基础地理信息中心提供了基础地理数据，中国资源卫星应用中心提供高分一号（GF-1）、资源二号（ZY-2）、资源三号（ZY-3）、环境减灾卫星（HJ-1）等国产卫星数据，北京师范大学提供GLASS-LAI数据。

非洲土地覆盖专题

附　录

1. 土地覆盖制图方法与流程

1.1　制图数据

本次制图用到的卫星遥感数据产品包括：①美国Landsat系列卫星数据产品（Landsat 5 TM, Landsat 7 ETM+, Landsat 8 OLI）；②中国国产卫星数据产品（高分一号GF-1，资源二号ZY-2，资源三号ZY-3，环境一号HJ-1）；③地形数据产品（SRTM）。以Landsat系列卫星数据产品为主，国产卫星数据产品与地形数据产品为辅，多种数据相结合。

非洲一季全覆盖共用1331景影像（基于Landsat系列卫星所采用的WRS-2坐标系统计），本次制图共收集到6437景不同时间节点的影像。对于每一个区域，都采用"生长季+春夏秋冬四季"的方式组织影像，即对每一个区域有一景影像选自植被生长最为繁茂的时期，另外有4景影像选自春夏秋冬各个季节，采用该方法组织数据能更加准确地捕捉植被的生长状态信息，从而确定植被的类型。其中，生长季影像1296景，春夏秋冬四季影像共5141景（图1）。

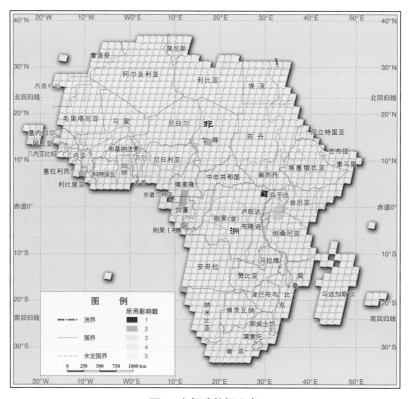

图1　生长季数据分布

大部分地区，均能满足有"生长季+春夏秋冬四季"的影像全覆盖，即拥有完整的数据。在喀麦隆，加蓬等国家，由于其靠近赤道，雨量较大，因而全年有较多的时间天空被云所笼罩，因而存在数据不足5景的情况。

制图时间节点为2014年，所有影像中，有92.5%来自于2014年和2013年，仅有7.5%来自于2013年以前。所有影像中有85.32%的影像来自于Landsat 8 OLI，10.17%来自于Landsat 7 ETM+，3.19%来自于国产星数据，1.32%来自于Landsat 5 TM（图2、图3）。

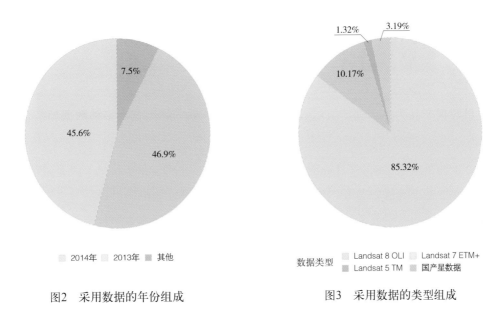

图2 采用数据的年份组成   图3 采用数据的类型组成

1.2 土地覆盖类型

当前土地覆盖制图常用的分类系统（土地覆盖类型）有美国地质调查局的Anderson系统，国际地圈生物圈计划（International Geosphere Biosphere Programme，IGBP）分类系统，马里兰大学（University of Maryland，UMD）分类系统，联合国粮农组织的LCCS系统（Land Cover Classification System），中国30m全球土地覆盖分类系统等。国际学者在非洲常用的分类系统是FAO LCCS系统（如AfriCover），通常包含20多个土地覆盖类型。但考虑到该系统类型在30m尺度下存在较多类别混淆，采用改自中国30m全球土地覆盖分类系统的7个类型（包括农田、森林、草地、灌丛、水面、裸地、冰雪）的方案。

1.3 样本采集

土地覆盖信息采用监督分类方式提取。为了支持非洲土地覆盖制图工作，开发了一套支持辅助解译的软件。该软件支持多源辅助信息输入，包括温度、降水、MODIS EVI序列、生态区等能够辅助解译员判断类型的信息。并且此软件可以联动遥感图像和Google Earth，显示样本点在遥感图像和Google Earth的位置，以及其光谱曲线，进行类型解译（图4）。

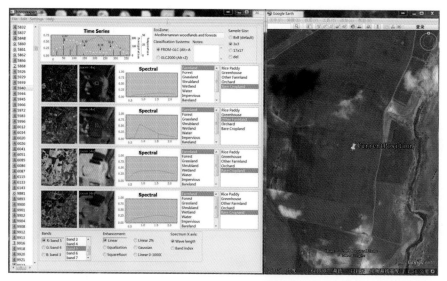

图4　样本采集软件界面

解译土地覆盖类型时，以Landsat图像不同季节（生长季+春夏秋冬）的光谱特征为依据，得到样本点土地覆盖类型。对于类型无法判断的样本，由高级解译员分生态区进行归类总结，开展实地考察或者请当地的专家协助，增加对这些样本点所代表类型的认识，完成这些样本点的解译工作。

通过这套流程得到用于训练模型的样本（训练样本）共13825个点位（图 5）。

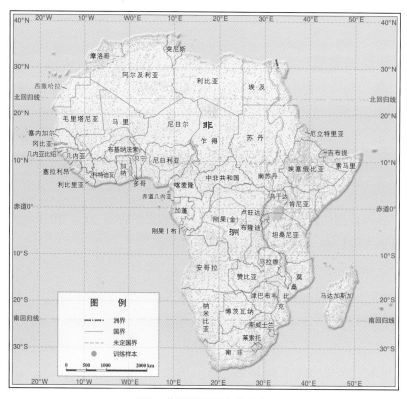

图5　非洲训练样本点分布

1.4 制图流程

非洲土地覆盖制图流程分为三个步骤：遥感影像预处理阶段、土地覆盖制图阶段、制图后处理阶段（图6）。

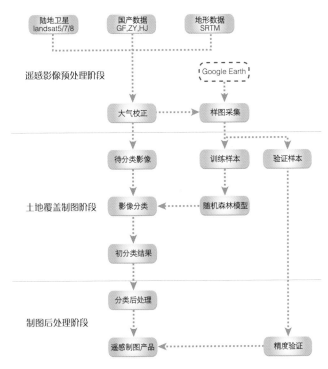

图6　数据处理流程

1）遥感影像预处理

遥感影像预处理主要包含大气校正、指数计算和异构数据融合。大气校正是为了将遥感影像的DN（digital number）值转换为真实的地表反射率，从而让不同时间空间的影像具有相同的反射率属性。不同的指数能提高对应地物的可辨识度，如归一化植被指数（NDVI）能拉大植被信息，同时压缩非植被信息。因此，指数的计算能在一定程度上提高遥感影像分类的精度，克服地形带来的影响等。不同的数据具有不同属性与特征，反应不同的信息。异构数据的融合是为了将不同来源的数据结合在一起，相互取长补短，从而融合成信息量更大的数据，提高制图精度。

Landsat 5 TM影像与Landsat 7 ETM+影像均有处理好的CDR（climate data records）数据，即已完成大气校正。由于Landsat 8 OLI数据非常新，因而没有对应的CDR数据可供使用，因此我们采用FLAASH模型对Landsat 8 OLI影像进行大气校正。

在本次非洲土地覆盖制图项目中，所用到的指数主要有两个：①NDVI：NDVI = （NIR – Red）/（NIR + Red）；②改进的归一化差异水面指数（MNDWI）：MNDWI = （SWIR – Green）/（SWIR + Green）。

异构数据融合主要目的是将来自不同数据源的多种规格的数据融合到一起，如不同分辨率的数据，或者不同幅宽的数据，使之能在同一个标准框架下完成土地覆盖制图。

2）土地覆盖制图

本次非洲土地覆盖制图利用机器学习的方法，自动化地对遥感影像进行地物提取，采用的机器学习算法是随机森林，它是一个包含多个决策树的分类器，并且其输出的类别是由个别树输出的类别的众数而定。随机森林有诸多优点：对于很多种资料，它可以产生高准确度的模型、处理大量的输入变量、学习过程快。

3）制图后处理

在全局模型优化的时候，只能照顾到全局的制图效果，却容易忽略局部的细节，针对这样的问题，还需要对初步的制图结果做进一步的优化。针对有问题的位置进行特殊处理，针对性地修复它们存在的问题。基于制图结果的面积统计在1∶100万比例尺、等积投影（古德投影）下进行。

1.5 精度评价

非洲土地覆盖制图结果采用一批验证样本来检验。样本位置的选择采用分层（全球六边形等面积剖分）和随机（在每个六边形内随机产生5个点位）二级采样方式，在非洲区域得到7436个点位，排除因云影响比较大的2251个样本，留取5185个样本用于精度检验（图7）。

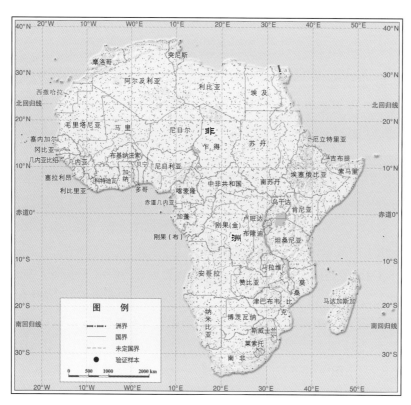

图7 验证样本分布

验证样本类型的判读采用"1.3样本采集"里介绍的流程开展。采用这些样本对制图结果进行精度评价，得到总体精度为86.03%。其中，农田的平均精度为68.40%，森林的平均精度83.81%，草地的平均精度65.79%，灌丛的平均精度79.86%，水面的平均精度97.58%，裸地的平均精度99.44%，冰雪的平均精度100%。由于在遥感制图中，水面与云阴影、山体阴影极易产生混淆（三者反射率都较低），水面在局部区域存在高估的现象（表1）。

表1　精度评价混淆矩阵

	农田	森林	草地	灌丛	水面	裸地	冰雪	计数	使用者精度/%
农田	305	11	89	69	0	0	0	474	64.35
森林	5	445	17	63	0	0	0	530	83.96
草地	61	16	435	103	2	22	0	639	68.08
灌丛	50	60	143	973	1	1	0	1228	79.23
水面	0	0	0	0	59	0	0	59	100
裸地	0	0	1	1	0	2183	0	2185	99.91
冰雪	0	0	0	0	0	0	5	5	100
计数	421	532	685	1209	62	2206	5	5185	
生产者精度 / %	72.45	83.65	63.50	80.48	95.16	98.96	100		86.03

2. 变化分析方法与流程

1）农田/森林/城市变化分析方法与流程

4.1节埃及尼罗河下游农田变化，4.2节刚果盆地东部森林变化，4.3节维多利亚湖周边城市化分析均采用同样的数据处理流程。具体处理步骤包括：①收集2000年覆盖研究区的多季节（四季+生长季）Landsat TM遥感影像；②采用如附录1.4节所示的制图流程对2000年数据开展土地覆盖制图；③对2000年和2014年分别开展制图精度评价得到总体精度均优于80%；④对2000年和2014年土地覆盖数据进行变化分析，统计变化量。

2）萨赫勒草原时序数据处理方法

关于萨赫勒草原动态分析所使用的数据包括：①2014年非洲土地覆盖产品；②1982~2012年每8天的GLASS-LAI产品；③美国波士顿大学所开发的2013~2014年每8天的全球LAI；④英国东安格利亚大学气候研究中心所开发的1982~2012年全球月降水数据。研究分析以GLASS-LAI为主，国外LAI数据为补充，具体分析植被与气候之间的联系。

分析步骤具体包括数据预处理、数据趋势与相关性分析，以及统计检验等几个方面。因为分析使用的数据产品具有不同的空间分辨率，首先将所有数据预处理并重采样至0.5°×0.5°的空间分辨率。将非洲土地覆盖产品进行空间统计，逐像元统计像元内最多的土地覆盖类型作为0.5°下的土地覆盖类型，从而提取草原空间分布。将全球每8天的叶面积指数产品进行空间平均，进一步进行时间平均，并结合土地覆盖产品，获得0.5°下年均草原叶面积指数分布。将全球降水月数据进行时间平均，并结合土地覆盖产品，获得0.5°下年均草原降水分布。对年均叶面积指数做线性趋势分析，得到叶面积指数变化趋势的斜率。对年均叶面积指数逐像元做曼-肯德尔统计检验，从而获得该像元在2000~2014年的趋势变化显著性。对年均叶面积指数与年均降水，逐像元做相关性分析，并对其显著性进行双边检验。对整个10°~20°N非洲草原的年均叶面积指数及降水，进行空间平均，并分析其相关关系及长期趋势。

3. 参考文献

非洲发展银行. 2015. http://www.afdb.org/en/.2015-2-1.

刘玉满, 祝自冬. 2009. 刚果（金）的农业、农民及农业开发. 中国农村经济, （03）:91-96.

游雯, 周泉发, Raphael O P. 2013. 刚果（布）农业发展概况及对策. 热带农业工程, （06）:36-41.

中国商务部. 2015. http://www.mofcom.gov.cn/.2015-2-1.

Ahmed A, Fogg G. 2014. The impact of groundwater and agricultural expansion. Journal of African Earth Sciences, 95: 93~104.

AfriCover. http://www.glcn.org/activities/africover_en.jsp.2015-2-1.

Allan J. 1983. Some phases in extending the cultivated area in the nineteenth and twentieth centuries in Egypt. Middle Eastern Studies, 19（4）: 470~481.

Anderson J. 1976.A land use and land cover classification system for use with remote sensor data （Vol. 964）. US Government Printing Office.

Barnes J. 2012. Pumping possibility: Agricultural expansion through desert reclamation in Egypt. Social Studies of Science, 42（4）: 517~538.

Bright E, Coleman P, Rose A, et al. 2011. LandScan 2010. http://web.ornl.gov/sci/landscan/. 2015-2-1.

Center for International Earth Science Information Network （CIESIN）, Columbia University; United Nations Food and Agriculture Programme （FAO） and Centro Internacional de Agricultura Tropical （CIAT）. 2005. Gridded Population of the World: Future Estimates （GPWFE）.http://sedac.ciesin.columbia.edu/gpw.2015-2-1.

Di Gregorio A. 2005. FAO Land cover classification system. FAO Environment and Natural Resources Service Series, No. 8 – FAO, Rome.

Ernst C, Philippe M, Astrid V, et al. 2013. National forest cover change in congo basin: deforestation, reforestation, degradation and regeneration for the years 1990, 2000 and 2005. Global Change Biology, 19（4）:1173~1187.

FAO. 2010. Global forest resources assessment 2010. Main report. Food and Agriculture Organization of the United Nations: Rome, Italy.

FAOSTAT （Faostat Statistics Database）. 2015. http://faostat.fao.org/.2015-2-1.

Ghosh T, Powell R, Elvidge C D, et al. 2010.Shedding light on the global distribution of economic activity. The Open Geography, Journal , （3）: 148~161.

Gong P, Howarth P J. 1990. The use of structural information for improving land-cover classification accuracies at the rural-urban fringe. Photogramm Eng Remote Sens, 56:67~73.

Gong P, Wang J, Yu L, et al 2013. Finer resolution observation and monitoring of global land cover: First mapping results with Landsat TM and ETM+ data.International Journal of Remote Sensing, 34（7）: 2607~2654.

Grubler A, O'Neill B, Riahi K, et al. 2007. Regional, national, and spatially explicit scenarios of demographic and economic change based on SRES. Technological Forecasting & Social Change, 74（7）: 980~1029.

Haarsma R, Selten F, Weber S, et al. 2005. Sahel rainfall variability and response to greenhouse warming. Geophysical Research Letters, 32.L17702.

Hansen M, Potapov P, Moore R, et al. 2013. High-resolution global maps of 21st—century forest cover change. Science, 342: 850~853.

Harris I, Jones P, Osborn T, et al. 2014. Updated high-resolution grids of monthly climatic observations—the CRU TS3.10 dataset. International Journal of Climatology, 34: 623~642.

Helsel D, Hirsch R. 2002. Statistical methods in water resources. Center for Integrated Data Analytics, Wisconsin Science Center.

Herrmann S, Anyamba A, Tucker C. 2005. Recent trends in vegetation dynamics in the African sahel and their relationship to climate. Global Environmental Change, 15: 394~404.

Hickler T, Eklundh L, Seaquist J, et al. 2005. Precipitation controls sahel greening trend. Geophysical Research Letters, 32.L21415.

Hijmans R, Cameron J, Parra P, et al. 2005. Very high resolution interpolated climate surfaces for global land areas. International Journal of Climatology, 25: 1965~1978.

Masanobu S, Takuya I, Takeshi M, et al. 2014. New global forest/non-forest maps from ALOS PALSAR data（2007–2010）. Remote Sensing of Environment, 155: 13~31.

Myneni R, Hoffman S, Knyazikhin Y, et al. 2002. Global products of vegetation leaf area and fraction absorbed PAR from year one of MODIS data. Remote Sensing of Environment, 83: 214~231.

Potapov P, Turubanova S, Hansen M, et al. 2012. Quantifying forest cover loss in democratic Republic of the Congo, 2000–2010, with Landsat ETMC data. Remote Sensing of Environment, 122: 106~116.

Small C. 2005. A global analysis of urban reflectance. Int J Remote Sens, 95: 335~344.

Sowers J. 2011. Remapping the nation, critiquing the state: Narrating land reclamation for Egypt's 'New Valley'. In: Davis D, Burke T. Environmental Imaginaries of the Middle East. Athens, OH: Ohio University Press, 158~191.

Sultan M, Fiske M, Stein T, et al. 1999. Monitoring the urbanization of the nile delta, Egypt. AMBIO, 28（7）: 628~631.

UNEP. 2006. Africa Lakes: Atlas of our changing environment. Division of Early Warning and Assessment （DEWA）. United Nations Environment Programme, Nairobi. African Development Bank Group, African Union, Economic Commission for Africa. African Statistical Yearbook. 2014.

UNEP （United Nations Environment Programme）. http://www.unep.org/.2015–2–1.

UN-Habitat. 2014. State of African Cities 2014. Re-imagining sustainable urban transitions, 159.

Wang L, Li C, Ying Q, et al. 2012. China's urban expansion from 1990 to 2010 determined with satellite remote sensing. Chin Sci Bull, 57: 2802~2812.

Xiao Z, Liang S, Wang J, et al. 2014. Use of general regression neural networks for generating the GLASS leaf area index product from time-series MODIS surface reflectance. IEEE Transactions on Geoscience and Remote Sensing, 209~223.

Yu L, Wang J, Li X, et al. 2014. A multi-resolution global land cover dataset through multisource data aggregation. Science China Earth Sciences, 57 （10）: 2317~2329.

Zhuravleva I, Turubanova S, Potapov P, et al. 2013. Satellite-based primary forest degradation assessment in the Democratic Republic of the Congo, 2000–2010. Environmental Research Letters, 8 （2）:11~13.

非洲土地覆盖专题

附　表

地名表

地名	英文名
阿法尔州（埃塞俄比亚行政区）	Afar Regional State
阿拉伯河	Bahr al-Arab
阿姆哈拉州（埃塞俄比亚行政区）	Amhara Regional State
阿齐齐亚	Aziziya
阿斯旺（埃及城市）	Aswan
阿斯旺高坝	Aswan High Dam
阿特拉斯	Atlas
阿特拉斯山区	Atlas Mountains
阿瓦什河	Awash River
埃塞俄比亚高原	Ethiopia Plateau
艾伯丁裂谷山地森林	Albertine Rift Montane Forests
艾伯特湖	Albert Lake
艾德库湖	Lake Edku
奥加登地区	Ogaden Region
奥兰治河	Orange River
奥罗米亚州（埃塞俄比亚行政区）	Oromia Regional State
巴勒斯坦	Palestine
巴泰凯高原	Batéké Plateau
班加西（利比亚城市）	Benghazi
包奇（尼日利亚城市）	Bauchi
北达尔富尔州（苏丹行政区）	North Darfur State
北非高原	North African Plateau
北基伍省（刚果金行政区）	North Kivu Province
北开普省（南非行政区）	Northern Cape Province
北科尔多凡州（苏丹行政区）	North Kurdufan State
贝尔山国家公园	Bale Mountains National Park
贝努埃河	Benué River
本尚古勒-古马兹州（埃塞俄比亚行政区）	Benshangul-Gumaz
比勒陀利亚（南非城市）	Pretoria
博尔诺州（尼日利亚行政区）	Borno State

地名	英文名
博勒纳地区	Borena Zone
布拉柴维尔（刚果布城市）	Brazzaville
布隆方丹（南非城市）	Bloemfontein
布如勒斯湖	Lake Burullus
达拉基勒洼地	Danakil Depression
达累斯萨拉姆（坦桑尼亚城市）	Dar es Salaam
达洛尔洼地	Dallol Depression
大苦湖	Great Bitter Lake
大迈哈莱（埃及城市）	El-Mahalla El-Kubra
德班（南非城市）	Durban
德尔纳（利比亚城市）	Deurne
德拉肯斯堡山地草原	Drakensberg Montane Grasslands
德拉肯斯堡山脉	Drakensberg Mountains
的黎波里塔尼亚	Tripolitania
获加（气候区）	Dega
地中海	Mediterranean Sea
第一瀑布（埃及）	First Cataract
东部非洲金合欢属稀树草原	East African Acacia Savannas
东察沃国家公园	Tsavo East National Park
东非大裂谷	Great Rift Valley
东非高原	The East African Plateau
东开普省（南非行政区）	Eastern Cape Province
东开赛省（刚果金行政区）	Kasai-Oriental Province
东伦敦（南非港口）	East London
东苏丹稀树草原区	East Sudanian Savanna
非洲之角金合欢属稀树草原	Horn of Africa Acacia Savannas
费赞	Fezzan
福格尔峰	Vogel Peak
福卡多斯（尼日利亚港口）	Forcados
盖拉地块	Guéra massif
盖塔拉洼地	Qattara Depression
甘贝拉州（埃塞俄比亚行政区）	Gambela Region
刚果河	Congo river
刚果河流域	Congo Basin
刚果盆地湿润森林	Congo Basin Moist Forests

续表

地名	英文名
刚果沿海森林	Congolian Coastal Forests
高地草原	Highveld Grasslands
豪萨兰高地	High Plains of Hausaland
红海	Red Sea
霍加皮野生动物保护区	Okapi Wildlife Reserve
基戈马省（坦桑尼亚行政区）	Kigoma Region
吉萨（埃及城市）	Giza
几内亚湿润森林	Guinean Moist Forests
几内亚湾	Gulf of Guinea
加达里夫州（苏丹行政区）	Al Qadarif
加丹加高原	Katanga plateau
嘉兰巴国家公园	Garamba National Park
贾发拉平原	Jefara Plain
杰济拉州（苏丹行政区）	Al Jazirah State
喀土穆（苏丹城市）	Khartoum
卡胡兹别加国家公园	Kahuzi−Biega National Park
卡拉哈里盆地	Kalahari Basin
卡拉哈里沙漠	Kalahari Desert
卡诺（尼日利亚城市）	Kano
卡齐纳州（尼日利亚行政区）	Katsina State
开普敦（南非城市）	Capetown
康翁波地区	Kom Ombo
克拉（气候区）	Kolla
肯尼亚山	Mount Kenya
肯尼亚山国家公园	Mount Kenya National Park
夸祖鲁-纳塔尔省（南非行政区）	KwaZulu−Natal Province
宽果高原	Plateau Kwango
奎卢-尼阿里河	Kouilou − Niari River
奎卢省（刚果金行政区）	Kwilu Province
拉斯达善峰	Ras Dashen
莱库穆省（刚果布行政区）	Lékoumou Department
理查兹湾	Richards Bay
林波波河省（南非行政区）	Limpopo Province
隆达高原	Lunda Plateau
卢克索（埃及城市）	Luxor

地名	英文名
鲁夸湖	Lake Rukwa
鲁夸省（坦桑尼亚行政区）	RukwaRegion
洛贡河	Logone River
绿山	Jebel Akhdar
马丁古市（刚果布城市）	Madingou
马格里布地区	Maghreb
马加特湖	Lake Maritt
马拉维湖	Lake Malawi
马赛耐旱草地	Masai Xeric Grasslands
马特鲁（埃及行政区）	Matruh
玛格丽塔山	Margherita Peak
迈杜古里（尼日利亚城市）	Maiduguri
迈拉火山	Jabel Marrah
曼沙来湖	Lake Manzala
曼苏拉（埃及城市）	Mansoura
米通巴山脉	Mitumba Mountains
莫洛戈罗省（坦桑尼亚行政区）	Morogoro Region
莫瑟尔湾	Mercer Bay
姆特瓦拉（坦桑尼亚行政区）	Mtwara
纳米布沙漠	Namib Desert
纳赛尔水库	Lake Nasser
南达尔富尔州（苏丹行政区）	South Darfur State
南方州（埃塞俄比亚行政区）	Southern Nations, Nationalities, and Peoples' Region
南非高原	South African Plateau
南科尔多凡州（苏丹行政区）	South Kordofan State
尼阿里省（刚果布行政区）	Niari Department
尼罗河	Nile River
尼罗河谷地	Nile Valley
尼罗河三角洲	Nile Delta
尼日尔河	Niger River
盆地省（刚果布行政区）	Cuvette Department
普马兰加	Mpumalanga
乞力马扎罗山	Mount Kilimanjaro
乔斯高原	Jos Plateau
日尼尔三角洲	Niger Delta

地名	英文名
撒哈拉阿特拉斯山脉	Saharan Atlas
撒哈拉盆地	Sahara Basin
撒哈拉沙漠	Sahara Desert
萨尔达尼亚	Saldanha
萨赫勒	Sahel
萨赫勒金合欢属稀树草原	Sahelian Acacia Savanna
萨隆加国家公园	Salonga National Park
塞德港（埃及港口）	Port Said
桑给巴尔（坦桑尼亚岛屿）	Zanzibar
桑加省（刚果布行政区）	Sangha Department
森纳尔州（苏丹行政区）	Sennar State
沙里河	Chari
上埃及	Upper Egypt
舒卜拉海迈	Shubra El-Kheima
苏丹稀树草原	Sudanian Savannas
苏尔特盆地	Sirte Basin
苏伊士（埃及城市）	Suez
苏伊士运河	Suez Canal
索马里金合欢属-没药属灌丛区	Somali Acacia-Commiphora bushlands and thickets
塔巴纳恩特莱尼亚纳山	Thabana Ntlenyana
塔哈特山	Mount Tahat
塔纳湖	Lake Tana
泰勒阿特拉斯山脉	Tell Atlas
坦噶（坦桑尼亚行政区）	Tanga
坦噶尼喀湖	Lake Tanganyika
坦塔（埃及城市）	Tanta
提格雷州（埃塞俄比亚行政区）	Tigray Province
提姆萨赫湖	Lake Timsah
图瓦特绿洲	Touat Oasis
维多利亚湖	Lake Victoria
维隆加国家公园	Virunga National Park
翁多州（尼日利亚行政区）	Ondo State
沃意那荻加（气候区）	Woina Dega
乌班吉河	Ubangi River
西北省（南非行政区）	North West Province

地名	英文名
西开塞省（刚果金行政区）	Western Kasai Province
西科尔多凡州（苏丹行政区）	West KurdufanState
西奈半岛	Sinai Peninsula
西盆地省（刚果布行政区）	Cuvette－Ouest Department
昔兰尼加	Cyrenaica
下埃及	Lower Egypt
谢利夫河	Chelif River
亚贝洛野生动物避难所	Yabelo Wildlife Sanctuary
亚历山大城（埃及城市）	Alexandria
伊丽莎白港（南非港口）	Port Elizabeth
伊林加省（坦桑尼亚行政区）	Iringa Region
印度洋	Indian Ocean
约贝州（尼日利亚行政区）	Yobe State
约鲁巴高地	Yoruba Highlands
赞比西冲积稀树草原	Zambezian Flooded Savannas
乍得湖	Lake Chad
乍得湖平原	Chad Lake Plain

非洲土地覆盖专题